SHIPIN
JIANYAN JISHU
JIANMING JIAOCHENG

高职高专“十二五”规划教材

★食品类系列

食品检验技术简明教程

张境 师邱毅 主编

化学工业出版社

·北京·

内 容 提 要

本书按照食品检验岗位核心检测能力要求，将食品检验关键技术分解为九大模块，内容涉及定量分析过程质量控制、容量分析、重量分析、紫外-可见吸收光谱分析、原子吸收光谱分析、气相色谱分析、高效液相色谱分析及食品微生物检验等食品检验技术，书末设置的色谱-质谱联用技术模块可供各校灵活选择。各模块包括分析技术的理论依据、分析技术的应用以及分析技术操作评价标准，力求实现食品检验技能与岗位技能要求零距离的对接。同时，本书首次分类列出各检测技术目前所涉及的所有国标项目，可满足学生进入食品检验岗位深入学习的需要。

本书适合作为高职高专食品类相关专业师生的教材，以及食品企业技术人员培训及技能鉴定、职业技能竞赛的培训教材，也可供从事食品工业生产、食品质量与安全、食品质量监督与检验类的技术人员及管理人员参考。

图书在版编目（CIP）数据

食品检验技术简明教程/张境，师邱毅主编.
北京：化学工业出版社，2013.3（2025.2重印）
高职高专“十二五”规划教材★食品类系列
ISBN 978-7-122-16413-1

Ⅰ.①食…　Ⅱ.①张…②师…　Ⅲ.①食品检验-高等职业教育-教材　Ⅳ.①TS207.3

中国版本图书馆CIP数据核字（2013）第018300号

责任编辑：梁静丽　李植峰　　文字编辑：昝景岩
责任校对：边　涛　　装帧设计：尹琳琳

出版发行：化学工业出版社（北京市东城区青年湖南街13号　邮政编码100011）
印　　装：北京科印技术咨询服务有限公司数码印刷分部
787mm×1092mm　1/16　印张13¼　字数323千字　2025年2月北京第1版第3次印刷

购书咨询：010-64518888　　售后服务：010-64518899
网　　址：http://www.cip.com.cn
凡购买本书，如有缺损质量问题，本社销售中心负责调换。

定　　价：38.00元　

《食品检验技术简明教程》编写人员名单

主　　编　张　境　师邱毅

副 主 编　谢　昕　程春梅　李　欣

编写人员　（按照姓名汉语拼音排序）

卞生珍　新疆轻工职业技术学院

曹小敏　浙江医药高等专科学校

陈乐乐　浙江医药高等专科学校

程春梅　浙江医药高等专科学校

何　雄　浙江医药高等专科学校

江　凯　浙江医药高等专科学校

李　欣　广东科贸职业技术学院

闵玉涛　中州大学

师邱毅　浙江医药高等专科学校

宋慧波　浙江医药高等专科学校

宋彦显　中州大学

谢　昕　河南职业技术学院

张　境　浙江医药高等专科学校

前　言

《食品检验技术简明教程》编写秉承了科学性和实用性原则，依据高职高专人才培养目标，以培养应用型食品检验人才为宗旨。

《食品检验技术简明教程》以食品行业相关技术标准或规范为依据，紧贴行业或产业领域的最新发展变化，参照对接职业岗位（群）任职要求，通过工作任务与职业能力分析设计课程体系结构。本书共分九大模块：定量分析过程质量控制技术、容量分析技术、重量分析技术、紫外-可见吸收光谱分析技术、原子吸收光谱分析技术、气相色谱分析技术、高效液相色谱分析技术、食品微生物检验技术及色谱-质谱联用技术。各模块内容包括分析技术的理论，分析技术的应用，以及分析技术操作评价标准。此种设计不仅改变了以往食品检验教材依据检测项目设置章节内容，将理化检验和仪器分析交叉编排的状况，而且更加侧重了学生职业技能的训练，突出了培养学生就业能力的职业教育改革方向，践行了“学生为主体，教师为主导”的高职高专教材编写原则。

本书技能操作性较强，还适合从事食品检验的技术人员、专业技能自评、职业技能竞赛等使用，以及初步接触食品分析检测工作的人员自学。本书首次分类列出各检测技术目前所涉及的所有国标项目，可为食品分析检验工作者的进一步研究提供参考。

本书在编写过程中得到了多方支持和帮助，参考了各类专著与文献。为此，在本书出版之际，对他们表示由衷的感谢，谢谢！

由于编者学识和水平有限，书中有不妥之处在所难免，恳请各位专家、读者批评指正，以便不断完善和丰富。非常感谢！

编者

2012 年 11 月浙医药

目　录

模块一　定量分析过程质量控制

根据食品分析任务的不同，化学分析方法可分为定性分析、定量分析和结构分析。其中，定量分析任务是测定物质中某种或某些组分的含量。食品分析检测的主要任务之一即是运用物理、化学、生物化学等学科的基本理论及各种科学技术，对食品工业生产中的物料（原料、辅助材料、半成品、成品、副产品等）的成分含量进行检测。

任务一　定量分析过程及其结果表示

一、定量分析过程

无论对于何种样品，完成一次定量分析，通常需要下述步骤。

1. 取样

根据分析对象是气体、液体或固体，采用相应的方法进行取样。取样过程中的关键点是分析试样必须有代表性，否则进行的分析工作将毫无意义，甚至产生谬误。

2. 试样分解

定量化学分析属于湿法分析，通常需要将试样分解后转入溶液中，然后进行测定。根据试样的性质不同，采用不同的分解方法。最常用的是酸溶法和碱溶法，或者熔融法也可采用。

3. 测定

选择确定最合适的化学分析方法或仪器分析方法进行测定，主要参考两方面要求：①待测组分性质、含量和对分析结果准确度的要求；②实验室的具体情况。不同测定方法的灵敏度、选择性和适用范围有较大差异，必须熟悉各种方法的特点才能做到正确选择使用。

测定中其他组分可能会产生干扰，消除干扰的方法主要有两种：①分离，如沉淀分离法、萃取分离法和色谱分离法等；②掩蔽，如沉淀掩蔽法、络合掩蔽法和氧化还原掩蔽法等。

4. 计算分析结果

根据试样质量、测量数据和分析过程中有关反应的计量关系，计算试样中待测组分含量。

二、定量分析结果表示

1. 待测组成的化学表示形式

分析结果通常以待测组分实际存在形式的含量表示。例如，测定试样中的氮含量，根据实际情况，以 NH_3、NO_3^-、N_2O_5、NO_2^- 或 N_2O_3 等形式的含量表示分析结果。

若待测组分的实际存在形式不能确定，分析结果最好以氧化物或元素形式含量表示。如矿石分析中，各种元素的含量常以其氧化物形式（K_2O、Na_2O、CaO、MgO、FeO、Fe_2O_3 等）的含量表示；金属材料和食品分析中，常以元素形式（Fe、Zn、Cu、Mo 等）的含量表示。

工业分析中，有时可用所需组分含量表示分析结果，比如铁矿石是以金属铁含量表示分析结果。电解质溶液的分析结果，常以其中存在的离子含量表示，如 K^+、Na^+、Ca^{2+}、SO_4^{2-}、Cl^- 等。

2. 待测组分的含量表示方法

（1）固体试样　固体试样中待测组分含量，通常以相对含量表示。即试样中待测物质 x 的质量 m_x 与试样质量 m_s 之比，称为质量分数 w_x，即

$$w_x=\frac{m_x(g)}{m_s(g)} \tag{1.1}$$

w_x 乘以 100%即为所测组分 x 的百分含量

$$x=\frac{m_x(g)}{m_s(g)}\times 100\% \tag{1.2}$$

或

$$x(\%)=\frac{m_x(g)}{m_s(g)}\times 100 \tag{1.3}$$

待测组分含量很低时，也可以用 μg/g、ng/g 和 pg/g 表示；若在溶液中，则分别用 μg/mL、ng/mL 和 pg/mL 表示。

（2）液体试样　液体试样中待测组分含量通常用以下几种方式表示。

① 质量分数：表示待测组分在试液中所占质量百分率。

② 体积分数：表示 100mL 试液中待测组分所占体积（mL）。

③ 体积质量：表示 100mL 试液中待测组分的质量（g）。对于试液中的微量组分，通常用 mg/L、μg/L、mg/L 或 μg/mL、ng/mL、pg/mL 等表示其含量。

（3）气体试样　气体试样中的常量或微量组分含量，通常用体积分数表示。

任务二　溶液配制及浓度计算

一、化学试剂

化学试剂（chemical reagent，C. R.）是进行化学研究、成分分析的相对标准物质，是化学工作者的眼睛。化学试剂品种繁多，根据纯度及杂质含量多少，可分为四个等级（表 1.1）。

表 1.1　化学试剂的分级

级别	习惯等级与代号	标签	附　注
一级	保证试剂 优级纯(G. R.)	绿色	主成分含量很高、纯度很高，适用于精确分析和研究工作，有的可作为基准物质
二级	分析试剂 分析纯(A. R.)	红色	纯度略低于优级纯，杂质含量略高于优级纯，适用于工业分析及一般性研究工作
三级	化学试剂 化学纯(C. P.)	蓝色	主成分含量和纯度均低于分析纯，适用于化学实验和合成制备
四级	实验试剂 (L. R.)	棕色	纯度比化学纯差，但高于工业品，只适用于一般化学实验

化学试剂除上述等级外，还有基准试剂和光谱纯试剂等。基准试剂的纯度高于或相当于优级纯试剂，专做滴定分析的基准物质，用来确定未知溶液的准确浓度或直接配制标准溶液，主成分含量一般为 99.95%～100.0%，杂质总量不超过 0.05%。光谱纯试剂主要用来作为光谱分析中的标准物质，其杂质用光谱法不能测出，纯度在 99.99%以上。

我国化学试剂符合国家标准的附有 GB 代号，符合部级标准的附有 HG 或 HGB 代号。

二、一般溶液的配制

正确配制溶液是化学分析测定取得正确结果的保证。要正确配制溶液，首先必须弄清楚是配制哪种类型浓度的溶液，再根据所需配制溶液的浓度、量与溶质的量三者的关系，计算出溶质的量。表 1.2 中列出分析化学中溶液浓度的一般表示方法。

1. 物质的量浓度溶液配制

物质的量浓度（c_x）是指 1L 溶液中所含溶质 x 的物质的量（mol）。凡涉及物质的量时，必须用元素符号或化学式指明基本单元，见表 1.2。此浓度类型的溶液在配制时，将涉及下述量的关系：物质 x 的摩尔质量（M_x）、质量（m_x）与物质的量（n_x），即

$$m_x=n_xM_x$$

所以

$$m_x=c_xVM_x(V\text{ 的单位为 L})$$

或

$$m_x=c_xV\frac{M_x}{1000}(V\text{ 的单位为 mL})$$

（1）溶质为固体物质，根据计算结果直接称取，然后以规定的溶剂配制。

【例 1.1】 欲配制 $c(Na_2CO_3)=0.5mol/L$ 溶液 500mL，如何配制？

解： $m_x=c_xV\frac{M_x}{1000}$，$M(Na_2CO_3)=106g/mol$

$$m(Na_2CO_3)=0.5(mol/L)\times500(mL)\times\frac{106(g/mol)}{1000(mL/L)}=26.5\ (g)$$

配法：称取 Na_2CO_3 26.5g，溶于适量水中，并稀释至 500mL，混匀。

（2）溶质为溶液，即以浓溶液稀释后配制成相应浓度稀溶液时，需进一步将计算所得质量换算为体积，以便于量取。

【例 1.2】 欲配制 $c(H_3PO_4)=0.5mol/L$ 溶液 500mL，如何配制？[浓 H_3PO_4 密度 $\rho=1.69g/mL$，w（H_3PO_4）为 85%，浓度为 15mol/L]

解： $m_x=c_xV\frac{M_x}{1000}$，$M(H_3PO_4)=98g/mol$

$$m(H_3PO_4)=0.5(mol/L)\times500(mL)\times\frac{98(g/mol)}{1000(mL/L)}=24.5\ (g)$$

$$V(H_3PO_4)=\frac{m(H_3PO_4)}{\rho w(H_3PO_4)}=\frac{24.5(g)}{1.69(g/mL)\times85\%}\approx17\ (mL)$$

配法：量取 17mL 浓 H_3PO_4，加水稀释至 500mL，混匀。

2. 质量浓度溶液配制

质量浓度（ρ_x）是以单位体积溶液中所含溶质的质量来表示的浓度。

【例 1.3】 欲配制 $\rho(Na_2SO_3)=20g/L$ 溶液 100mL，如何配制？

解： $m(Na_2SO_3)=\rho(Na_2SO_3)V=20(g/L)\times100(mL)\times\frac{1}{1000(mL/L)}=2(g)$

配法：称取亚硫酸钠 2g，溶于适量水中，并稀释定容至 100mL，混匀。

3. 质量分数溶液的配制

质量分数（w_x）是指混合物中溶质的质量与混合物质量之比。质量百分含量（A_x）为其另一种表达形式。

（1）溶质为固体

【例 1.4】 配制 $A=10\%$ 的 NaCl 溶液 500g，如何配制？

表 1.2　分析化学中溶液浓度的一般表示方法

量的名称(符号)	定义	常用单位	应用实例	备　注
物质 x 的物质的量浓度(c_x)	物质 x 的物质的量除以混合物的体积 $c_x=\frac{n_x}{V}$	mol/L mmol/L	$c(H_2SO_4)=0.1003mol/L$ $c(1/2H_2SO_4)=0.2006mol/L$	一般用于标准滴定液或基准溶液
物质 x 的质量浓度(ρ_x)	物质 x 的质量除以混合物的体积 $\rho_x=\frac{m_x}{V}$	g/L mg/L mg/mL μg/mL	$\rho(NaCl)=50g/L$ $\rho(Zn)=2mg/mL$ $\rho(Cu)=1\mu g/mL$	一般用于元素标准溶液或基准溶液，亦可用于一般溶液
滴定度($T_{x/A}$)	单位体积的标准溶液 A，相当于被测物质 x 的质量	g/mL mg/mL	$T_{Ca/EDTA}=3mg/mL$，即每毫升此 EDTA 溶液可定量滴定 3mg Ca	用于标准滴定液
物质 x 的质量分数(w_x)	物质 x 的质量与混合物质量之比 $w_x=\frac{m_x}{m}$	无量纲	$\omega(NaOH)=10\%$，即表示每 100mL 该溶液中含有 NaOH 10g	常用于一般溶液
物质 x 的体积分数(φ_x)	物质 x 的体积与混合物溶液体积之比 $\varphi_x=\frac{V_x}{V}$	无量纲	$\varphi(HCl)=5\%$，即表示 100mL 该溶液中含有浓 HCl 5mL	常用于溶质为液体的一般溶液
体积比浓度(V_1+V_2)	两种溶液分别以 V_1 体积和 V_2 体积相混，或 V_1 体积的特定溶液与 V_2 体积的水相混	无量纲	HCl(1+2)，即 1 体积浓盐酸与 2 体积水相混；$HCl+HNO_3=3+1$，即表示 3 体积的浓盐酸与 1 体积的浓硝酸相混	常用于溶质为液体的一般溶液，或两种一般溶液相混时的浓度表示

解： 已知 $m=500g$，$A=10\%$，那么：

$$m(NaCl)=500(g)\times 10\%=50(g)$$

$$m(H_2O)=500(g)-50(g)=450(g)$$

配法：称取 50g NaCl，加水 450mL，混匀。

(2) 溶质为液体　由于溶液以体积取用较为方便，故首先查酸、碱溶液浓度与密度关系表，以查得密度，将计算所得质量换算为体积。

【例 1.5】 欲配制 $A_1=30\%$的 H_2SO_4 溶液（$\rho_1=1.22$）500mL（V），如何配制？（市售硫酸 $\rho_2=1.84$，$A_2=96\%$）

解： 稀溶液中溶质的质量：

$$m=\rho_1V_1A_1=1.22(g/mL)\times 500(mL)\times 30\%=183(g)$$

所需浓硫酸的体积：

$$V_2=\frac{m}{\rho_2A_2}=\frac{183(g)}{1.84(g/mL)\times 96\%}\approx 104(mL)$$

配法：量取市售硫酸 104mL，在不断搅拌下慢慢倒入适量水中，冷却后用水稀释至 500mL，混匀。

4. 体积分数溶液的配制

体积分数（φ）与体积百分含量为同一含义概念，无量纲量。$\varphi(HCl)=5\%$即表示

100mL 溶液中含有 5mL 浓 HCl。如欲配制 2%（体积分数）HNO_3 溶液 500mL，即量取市售 HNO_3 10mL，加水稀释至 500mL，混匀即可。

5. 体积比浓度溶液配制

体积比浓度溶液是指一定体积的溶质与一定体积的溶剂相混合得到的溶液。HCl(1+5) 溶液表示 1 体积市售 HCl 与 5 体积水相混合而成。

三、标准溶液配制

标准溶液就是已知其主体成分或其他特性量值的溶液。按照用途不同，分为三类：滴定分析用标准溶液、杂质测定用标准溶液和 pH 测量用标准溶液。制备方法有下述两种。

1. 直接法

直接法就是准确称取一定量的基准试剂，溶解后配成准确体积的溶液。根据称取的基准试剂质量和配成的溶液体积即可得到该标准溶液的准确浓度。基准试剂必须具备下述条件。

① 试剂纯度高，一般要求在 99.95%以上，杂质含量少。

② 物质的组成必须与化学式（包括结晶水在内）完全符合。

③ 试剂必须稳定，在配制和贮存过程中不发生变化，如烘干时不分解，称量时不吸湿，不吸收空气中 CO_2，不易被空气氧化等等。

④ 具有较大的摩尔质量，以减少称量的相对误差。

2. 间接法

不符合基准试剂条件的试剂，不能直接配制标准溶液，可采用间接法。间接法也称为标定法，是将溶液先配制成近似浓度，然后用基准物质或者另一种已知浓度的标准溶液来确定其准确浓度。

【例 1.6】 配制 $c(HCl)=1mol/L$ 的标准溶液。

① 配制　量取 90mL 浓盐酸，注入 1000mL 水中，摇匀。

② 标定　称取 1.6g（准确至 0.0001g）在 270～300℃灼烧至恒重的基准无水碳酸钠，溶于 50mL 水中，加 3～5 滴溴甲酚绿-甲基红混合指示剂，用配好的盐酸溶液滴定溶液由绿色变为暗红色，煮沸 2min，冷却后继续滴定至溶液呈暗红色。同时做空白试验。

③ 计算　盐酸标准溶液浓度按下式计算

$$c(HCl)=\frac{m}{(V_1-V_2)\times 0.05299}$$

式中　m——无水碳酸钠质量，g；

V_1——盐酸溶液用量，mL；

V_2——空白试验盐酸溶液用量，mL；

0.05299——与 1.00mL 盐酸标准溶液 [$c(HCl)=1.000mol/L$] 相当的无水碳酸钠的质量（g）。

④ 比较方法　量取 30.00～35.00mL NaOH 标准溶液（1mol/L），加 50mL 无 CO_2 水及 2 滴酚酞指示液（10g/L），用配制好的盐酸溶液滴定，近终点时加热至 80℃，继续滴定至溶液呈粉红色。盐酸标准溶液浓度按下式计算

$$c(HCl)=\frac{V_1c_1}{V}$$

式中　V_1——NaOH 标准溶液用量，mL；

c_1——NaOH 标准溶液的物质的量浓度，mol/L；

V——盐酸溶液用量，mL。

任务三 误差、有效数字及数据处理

准确测定试样中各有关组分的含量是定量分析的重要任务。不准确的分析结果不仅会给生产带来较大的损失，甚至在科学上也可能得出错误结论。但是，在化学分析过程中，即使由一个仪器操作很熟练的人仔细进行测定，同时使用当前最精密的仪器，误差依然不可避免，它是客观存在的。故对于化学分析工作者来说，建立正确的误差和有效数字的概念，掌握分析和处理实验数据的科学方法十分必要。

一、误差

1. 误差的分类——系统误差和随机误差

根据误差产生的原因和性质，可将误差分为系统误差和随机误差两大类。

(1) 系统误差　系统误差又称可测误差，它是由化验操作过程中某种固定的原因造成的。系统误差具有单向性，即正负、大小都有一定的规律性，多次测定中会重复出现。其来源主要包括实验方法、所用仪器、试剂、实验条件的控制以及实验者本身的一些主观因素。

增加平行测定次数，采用数理统计的方法不能消除系统误差。系统误差的校正方法为：采用标准方法与标准样品进行对照实验；根据系统误差产生的原因采取相应的措施，如进行仪器的校正以减小仪器的系统误差；采用纯度高的试剂或进行空白实验，校正试剂误差；严格训练与提高操作人员的技术水平，以减少操作误差等。

(2) 随机误差　随机误差也称偶然误差，由某些难以控制、无法避免的偶然因素造成。随机误差的大小和正负都是不固定的。如操作中温度、湿度的变化等都会引起分析数据波动。偶然误差服从正态分布规律，具有下述特点：一定条件下，在有限次数测量值中，误差的绝对值不会超过一定界限；同样大小的正负值的偶然误差，几乎有相等的出现概率，小误差出现的概率大，大误差出现的概率小。

欲减少随机误差，应该重复多次平行实验并取结果的平均值。在消除了系统误差的条件下，多次测定结果的平均值应该更接近真实值。

当然，两种误差的划分不是绝对的，有时较难区别。随机误差比系统误差更具有普遍意义。实验过程中有时还会因过失而产生误差，如工作人员粗心而造成的溶液溅失、加错试剂、读错或记错数据、计算错误等等，它们都属于“过失误差”，操作时应尽量避免。

2. 误差的表示方法——准确度和精密度

准确度是指实验值与真实值接近的程度，它们的差别越小，即准确度越高，实验测定的误差越小；反之，差别越大，准确度越低，实验测定的误差越大。误差可以由两种方式来衡量：

$$\text{绝对误差}(E)=\text{测定值}(X)-\text{真实值}(T)$$

$$\text{相对误差}(RE\text{ 或 }E\%)=\frac{\text{测定值}(X)-\text{真实值}(T)}{\text{真实值}(T)}\times 100\%$$

测得值大于真实值，误差为正值。否则，误差为负值。相对误差反映了误差在测定结果中所占百分数，具有实际意义。在此，真实值是一个相对概念，因为客观存在的真实值是难以获得的，实际工作中通常以“标准值”代替真实值。

为了获得可靠的分析结果，在实际工作中通常要对同一样品在相同条件下进行多次平行测定，然后以平均值作为最终测定结果。几次测定结果很接近就可以说明实验的精密度很高。所以精密度是指几次平行测定结果相互接近的程度。偏差用来衡量精密度高低：即

$$绝对偏差(d)=单次测定值(x)-n\ 次测定结果的算术平均值(\overline{x})$$

$$相对偏差(d,\%)=\frac{单次测定值(x)-n\ 次测定结果的算术平均值(\overline{x})}{n\ 次测定结果的算术平均值(\overline{x})}\times 100\%$$

食品分析中常使用极差（R）来衡量测量数据的精密度。一组测量数据中，最大值（x_{max}）和最小值（x_{min}）的差值为极差，即 $R=x_{max}-x_{min}$，又称全距或范围误差，适用于少数几次测定中估计误差的范围，不足之处在于它未能利用全部测量数据。相对极差（$R,\%$）为一组数据的极差与平均值的比：即

$$相对极差(R,\%)=\frac{R}{\overline{x}}\times 100\%$$

二、有效数字

1. 有效数字的使用

为了得到准确测定结果，在要求测量精度的前提下，还要正确记录数字的位数，因为数据位数不但表示数量的大小，还反映测量的精确程度。有效数字是指实际能测到的数字，其保留位数由分析方法和仪器的准确度决定，应使数值中只有一位可疑。除另外说明外，一般可理解为可疑数字的位数上有±1 个单位，或在其下一位上有±5 个单位的误差。例如：12.5000g，是六位有效数字，它不仅表明试样的质量是 12.5000g，还表示称量误差在±0.0001g，是用分析天平称量的；但若记录为 12.50g，则表示试样是在台秤上称量的，其称量误差为±0.01g。另外，使用有效数字时，还有下述问题需注意。

（1）有效数字的位数反映了测量的相对误差。如称取某试剂 0.5320g，表示该试剂质量是（0.5320±0.0001）g，其相对误差（RE）为

$$RE\%=\frac{\pm 0.0001}{0.5320}\times 100\%\approx \pm 0.02\%$$

若少取一位有效数字，则该试剂的质量表示为（0.532±0.001）g，其相对误差为

$$RE\%=\frac{\pm 0.001}{0.5320}\times 100\%\approx \pm 0.2\%$$

从上述分析可看出，测量的准确度前者比后者高 10 倍。因此，记录实验数据时不能随意舍去最后位数的数字，即使是“0”。

（2）有效数字位数与量使用的单位无关。如称得试样质量为 12g，两位有效数字；用 mg 为单位时，还应保持两位有效数字，记做 1.2×10^4 mg；同样以 kg 为单位时可写为 1.2×10^{-2} kg 或 0.012kg。

（3）数据中的“0”需做具体分析。整数中间的“0”，如 10086 中的“00”都是有效数字，后面的“0”，如 3600，有效位数比较含糊，其有效数字位数可能是 4、3 或 2 位，须看具体情况，记录为 3.600×10^3，3.60×10^3 或 3.6×10^3 会更清楚。小数中的“0”，可以是有效数字，也可以不是。如 0.03820 中，前面的两个“0”只起定位作用，不是有效数字，因为它们只与所取的单位有关，与测量的精密度无关；后面一个“0”才是有效数字。

（4）简单的计数、分数或倍数，属于准确数或自然数，其有效位数是无限的。

（5）分析化学中常遇到的 pH、pK 等，其有效数字的位数仅取决于小数部分数字的位

数，整数部分只说明原数值的方次。如 pH＝2.49，表示 $[H^+]=3.2\times10^{-3}$ mol/L，是两位有效数字；pH＝13.0 表示 $[H^+]=1\times10^{-13}$ mol/L，有效数字一位。

2. 有效数字的修约和计算规则

各测量值的有效数字的位数确定后，就要将其后面多余的数字舍弃。舍弃多余数字的过程称为“数值修约”，应遵循的规则是“四舍六入五成双”。即当测量值中被修约的那个数字等于或小于 4 时，舍去；等于或大于 6 时，进位；等于 5 时，规则的具体运用需进行下述说明：

① 5 之后的数字没有或全部为 0，则应视保留的末位数是奇数还是偶数，5 前为偶数应将 5 舍去，5 前为奇数则将 5 进位。如 28.350，28.250 修约为三位有效数字时分别为 28.4 和 28.2。

② 5 之后还有数字，由于这个数字均系测量所得，故可看出，该数字总是比 5 大，在这种情况下，该数字以进位为宜。如 28.2501，28.3501 修约为三位有效数字时分别为 28.3 和 28.4。

修约数字时，只允许对原测量值一次修约到所需位数，不能连续修约。如将 2.5491 修约为两位有效数字，不能先修约为 2.55，再修约为 2.6，而是要一次修约到 2.5。在用计算机处理数据时，对于运算结果，亦应按照有效数字的计算规则进行修约。

在分析测定结果的计算中，每个测量值的误差都要传递到最后结果，因此需用有效数字的运算规则，进行合理取舍修约，再进行下一步计算。

(1) 加减运算　加减运算是各个数值绝对误差的传递，所以应以参加运算的各数据中绝对误差最大的数据，即小数点后位数最少的数值为修约标准，确定最终结果的有效位数。

【例 1.7】 10.15＋0.0116＋5.6903＝？

解： 绝对误差最大的数据为 10.15，以此数据为修约标准

$$10.15+0.01+5.69=15.85$$

(2) 乘除运算　乘除运算是各个数值相对误差的传递，所以应以参加运算的各数据中相对误差最大的数据，即有效数字位数最少的数值为修约标准，确定最终结果的有效位数。

【例 1.8】 0.0121×25.64×1.05782＝？

解： 相对误差最大的数据为 0.0121，以此数据为修约标准

$$0.0121\times25.6\times1.06=0.328$$

3. 化学分析工作中正确运用有效数字及其运算法则

(1) 正确记录测量数据　记录的数据一定要如实反映实际测量的准确度。例如，分析天平可称至±0.0001g，若称得某物质量为 0.2500g，必须记作 0.2500g，0.25g 或 0.250g 均是错误的。

(2) 正确确定样品用量，选用适当的仪器　常量组成的分析测定常用质量分析或容量分析，其方法的准确度一般可达 0.1%。因此，整个测定过程中每一步骤的误差应小于 0.1%，如分析天平称取样品的质量一般应大于 0.2g。称取的试样质量大于 3g 时，用千分之一的天平即可满足称量准确度的要求，称量误差小于 0.1%。为使滴定时的读数误差小于 0.1%，常量滴定管的刻度精度为 0.1mL，能估读至±0.01mL，滴定剂的用量至少要大于 20mL，才能使滴定时的读数误差小于 0.1%。

(3) 正确报告分析结果　分析结果的准确度要如实反映各测定步骤的准确度。分析结果的准确度不会高于各测定步骤中误差最大的那一步的准确度。

【例 1.9】 分析煤中含硫量时，称量 3.5g，甲乙两人各做两次平行实验，报告结果为：甲，$S_1\%=0.042\%$，$S_2\%=0.041\%$；乙，$S_1\%=0.04201\%$，$S_2\%=0.04109\%$。上述报告哪一个可取？

解：称量相对误差$(RE)=\dfrac{\pm 0.1}{35}\times 100\%\approx\pm 3\%$

甲报告的相对误差$(RE)=\dfrac{\pm 0.001}{0.042}\times 100\%\approx\pm 2\%$

乙报告的相对误差$(RE)=\dfrac{\pm 0.00001}{0.04201}\times 100\%\approx\pm 0.02\%$

从上述数据分析可看出，乙报告的相对误差是称量的相对误差的 1/100，显然不可能，不合理，甲报告可取。

(4) 正确掌握对准确度的要求　对测定准确度的要求要根据需要和客观可能而定。不合理的过高要求，既浪费人力、物力、时间，对结果也毫无益处。常量组分测定常用的重量法与容量法，方法误差约为±0.1%，一般取四位有效数字。对于微量物质的分析，分析结果的相对误差能够在±2%～±30%，即可满足实际需要。

(5) 计算机运算结果中有效数字的取舍　计算机的使用很普遍，它给多位数计算带来很大方便。但记录计算结果时切勿照抄计算机上显示的全部数字，而是应该按照有效数字的修约和计算法则来确定所记录结果的有效数字位数的取舍。

三、数据处理

1. 测定结果中的可疑值

定量分析工作中，经常重复测定试样，然后求出平均值。但多次测量的数值是否都能参加平均值的计算，这需要进一步判断。对于化学分析，误差是客观存在的，对于每次的测定，即使尽量保证各部分实验条件完全一致，重复测定的多个结果也不能重合，存在一定的离散性是必然的。有时一组数据中会出现一两个明显大于或小于其余测定值的结果，这样的值通常被认为是可疑值。对于这些可疑值，首先应该从技术上设法弄清其出现的原因。若明确查出是操作过程中明显的失误引入，如称样时损失，溶样有溅出，滴定时滴定管漏液等等，不管此值怎样都应舍弃，不必进行统计检验。但是，有些数据出现异常的原因根本无从查起。此时，既不能轻易保留这些数值，也不能随便舍去，要对其进行统计检验，从统计学上给予判定方可最终取舍。

2. 可疑值取舍的判定

避免主观轻易取舍实验可疑值，而是根据统计学方法进行分析和判断，这才是化学分析工作者应有的科学态度。对于可疑值的取舍判定，常用的方法有下列几种。

(1) Q 检验法　Q 检验法为迪克森（W. J. Dixon）1951 年专为分析化学中少量观测次数（$n<10$）提出的一种简易判据式。当测量次数为 3～10 次时，根据置信水平（常用 90%），确定可疑数据取舍。

第一步：将一组测定值按从小到大的顺序排列

$$x_1<x_2<x_3<\cdots<x_{n-1}<x_n;$$

第二步：计算 Q 值

$$Q\text{值}=\frac{|x_?-x|}{x_{max}-x_{min}}$$

式中　$x_?$——可疑值；

x——与 $x_?$ 相邻的值；

x_{max}——测定值中的最大值；

x_{min}——测定值中的最小值。

第三步：查 Q 表（表 1.3），比较由 n 次测量求得的 Q 值和表中查到的相同测量次数下的 $Q_{0.90}$（$Q_{0.90}$表示 90%的置信度）。

$Q>Q_{0.90}$，则可疑值 $x_?$ 应弃去；

$Q<Q_{0.90}$，则可疑值 $x_?$ 应保留。

表 1.3　置信水平的 Q 值

测量次数	3	4	5	6	7	8	9	10
$Q_{0.90}$	0.94	0.76	0.64	0.56	0.51	0.47	0.44	0.41
$Q_{0.95}$	1.53	1.05	0.86	0.76	0.69	0.64	0.60	0.58

【例 1.10】 标定某标准溶液时，测得以下 6 个数据：0.1014mol/L，0.1012mol/L，0.1019mol/L，0.1009mol/L，0.1026mol/L，0.1016mol/L，其中 0.1026 为可疑值，是否应舍弃？

解：按递增序列排序：0.1009，0.1012，0.1014，0.1016，0.1019，0.1026

$$Q\text{值}=\frac{|x_?-x|}{x_{max}-x_{min}}=\frac{|0.1026-0.1019|}{0.1026-0.10009}=0.41$$

查表 1.3，$n=6$ 时，$Q_{0.90}=0.56$，因为 $Q<Q_{0.90}$，所以数据 0.1026mol/L 不应被舍去。

（2）$4d$ 法　$4d$ 法即 4 倍于平均偏差法，是较早用来判断数据取舍的方法，简单易行，但该法不够严格，只能用于一些要求不高的实验数据的处理。该法一般适用于判断 4～6 个平行数据的取舍。具体操作方法如下。

第一步：除了可疑值，将其余数据相加求算术平均值$\overline{x}$及平均偏差$\overline{d}$；

第二步：将可疑值与平均值相减（$x_?-\overline{x}$）。

若（$x_?-\overline{x}$）$\geqslant 4\overline{d}$，则可疑值应舍去；

若（$x_?-\overline{x}$）$<4\overline{d}$，则可疑值应保留。

【例 1.11】 测得如下一组数据：30.18，30.56，30.23，30.35，30.32，其中最大值是否应舍去？

解：30.56 为最大值，定为可疑值，

则
$$\overline{x}=\frac{30.18+30.23+30.35+30.32}{4}=30.27$$

$$\overline{d}=\frac{0.09+0.04+0.08+0.05}{4}=0.065$$

因为　$x_?-\overline{x}=30.56-30.27=0.29>4\overline{d}$

故　30.56 应该舍去。

3. 测定结果的校正

食品分析中常常因为系统误差，使得测定结果高于或低于样品中的实际含量，即回收率

大于或小于 100%，所以需要在样品测定时，用加入回收法测定回收率，再利用回收率按下式对样品的测定结果进行校正。

$$X=\frac{X_0}{P}$$

式中　X——试样中被测组分含量；

X_0——试样中测得的被测组分含量；

P——回收率，%。

模块二　容量分析

容量分析法（volumetric analysis），又称滴定分析法，是一种重要的定量分析方法。此法是将一种已知准确浓度的试剂溶液（标准溶液）滴加到被测物质溶液中，直至所加试剂与被测物质按化学计算定量反应为止，然后根据试剂溶液的浓度和用量，计算被测物质的含量。容量分析所用的仪器简单，还具有方便、迅速、准确（可准确至0.1%）的优点，特别适用于常量组分（被测组分含量在1%以上）测定和大批样品的例行分析。

容量分析中，滴加标准滴定溶液的过程称为滴定；滴加的标准滴定溶液与待测组分恰好反应完全这一点，称为化学计量点。在化学计量点时，反应往往不能显现易为人察觉的外部特征，因此需要通过物理化学性质（如电位）的突变，或是指示剂颜色的突变，来判断化学计量点的到达。通常，在电位突变或指示剂颜色突变时停止滴定，这一点即为滴定终点。实际分析操作中，滴定终点与理论上的化学计量点不能恰好符合，它们之间往往存在很小的差别，由此而引起的误差称为滴定误差。滴定误差的大小，取决于滴定反应和指示剂的性能及用量，因此，选择适当的指示剂是容量分析的一个重要环节。

任务一　容量分析操作与计算

项目一　容量分析法的种类及测定原理

一、容量分析法的分类及其测定原理

根据反应类型的不同，容量分析法主要分为酸碱滴定法、络合滴定法、氧化还原滴定法和沉淀滴定法四大类，各有优点和局限性。对于同种物质，有时可用几种不同的方法进行测定。因此选择分析方法时，应考虑被测物质的性质、含量、试样组分和对准确度的要求等。

1. 酸碱滴定法

酸碱滴定法是一种以酸碱反应（质子传递）为基础的滴定分析方法。作为标准物质的滴定剂应选用强酸或强碱，如 HCl、NaOH 等；待测的则是具有适当强度的酸碱物质，如 NaOH、NH_3、Na_2CO_3、HAc、H_3PO_4 和 HCl 等。一般的酸、碱以及能与酸、碱直接或间接起定量反应的物质，几乎都可以利用酸碱滴定法测定。

(1) 强酸强碱的滴定　以 NaOH（0.1000mol/L）滴定 20.00mL HCl（0.1000mol/L）为例：滴定开始前，pH＝1.00；滴入 NaOH 溶液 19.98mL 时，pH＝4.30；化学计量点时，pH＝7.00；滴入 NaOH 溶液 20.02mL 时，pH＝9.70。

从滴定曲线（图 2.1）可以看出：

① 根据滴定突跃选择指示剂　滴定曲线显示，滴定突跃（在计量点附近突变的 pH 值范围）范围很宽，为 4.30～9.70，凡是变色范围全部或部分落在滴定突跃范围内的指示剂都可以用来指示终点，所以酸性指示剂（甲基橙、甲基红）和碱性指示剂（酚酞）都可以用来指示强碱滴定强酸的滴定终点。

② 选择滴定液的浓度　浓度大，突跃范围宽，指示剂选择范围广；但是，浓度太大，

称样量也要加大，所以一般使用浓度为 0.1mol/L 的滴定液。

(2) 强碱滴定一元弱酸　以 NaOH (0.1000moL/L) 滴定 20.00mL 乙酸 (HAc, 0.1000mol/L) 为例：滴定开始前，pH＝2.88；滴入 NaOH 19.98mL 时，pH＝7.75；化学计量点时，pH＝8.73；滴入 NaOH 溶液 20.02mL 时，pH＝9.70。

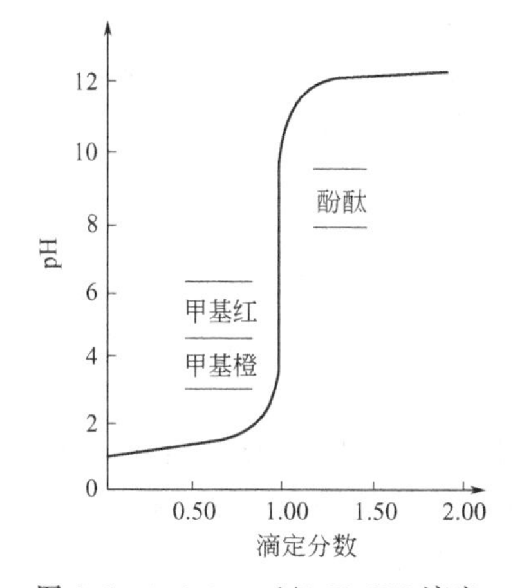

图 2.1　0.1000mol/L NaOH 滴定 0.1000mol/L HCl 的滴定曲线

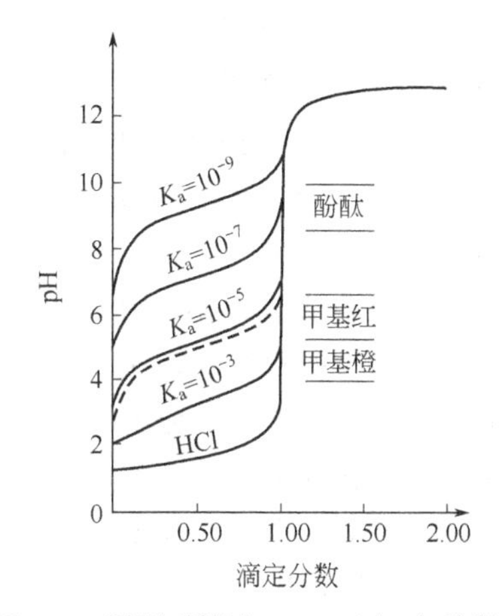

图 2.2　用强碱滴定 0.1mol/L 各种强度酸的滴定曲线（其中虚线为 HAc）

从滴定曲线（图 2.2）可以看出：

① 只能选择碱性指示剂（酚酞或百里酚酞等），不能选用酸性范围内变色的指示剂（如甲基橙、甲基红等）。因为突跃范围较小，pH 值在 7.75～9.70 之间，计量点在碱性区。

② 弱酸被准确滴定的判据是 $cK_a > 10^{-8}$。因为 K_a 愈大，突跃范围愈大。而 $K_a < 10^{-8}$ 时，已没有明显突跃，无法用指示剂来确定终点；另外，酸的浓度愈大，突跃范围也愈大。

(3) 强酸滴定一元弱碱　以 HCl (0.1000mol/L) 溶液滴定 20.00mL $NH_3 \cdot H_2O$ (0.1000mol/L) 溶液为例：滴定开始前，pH＝11.12；滴入 HCl 溶液 19.98mL 时，pH＝6.24；化学计量点时，pH＝5.27；滴入 HCl 溶液 20.02mL 时，pH＝4.30。所以，只能选择酸性指示剂（甲基橙或溴甲酚绿），不能选用碱性范围内变色的指示剂（酚酞）；弱碱被准确滴定的判据是 $cK_b > 10^{-8}$。

2. 络合滴定法

络合滴定法是以配位反应为基础的滴定分析法，又称配位滴定法。络合反应也是路易斯酸碱反应，所以络合滴定法与酸碱滴定法有许多相似之处，但更复杂。

在络合滴定中，若被滴定的是金属离子，则随着络合滴定剂的加入，金属离子不断被络合，其浓度不断减小。达到化学计量点附近时，溶液的 pM 值发生突变。据此可确定络合滴定的终点，实现金属离子的定量测定。该方法常以 EDTA 作为配位剂（即标准溶液），EDTA 可与大多数金属离子形成 1∶1 的络合物，其反应为

$$M^{n+} + Y^{4-} \rightleftharpoons MY^{(4-n)-}$$

式中　M^{n+}——金属离子；

Y^{4-}——EDTA 的阴离子。

(1) 影响滴定突跃的主要因素　滴定突跃的大小是从滴定曲线上得到的，而滴定突跃的大小是决定配位滴定准确度的重要依据。滴定突跃越大，滴定的准确度越高。影响配位滴定突跃范围的主要因素为表观形成常数 (K'_{MY}) 和金属离子的起始浓度 (c_M)。当 c_M 一定

时，K'_{MY}值越大，突跃也愈大；当K'_{MY}值一定时，c_M愈低，滴定曲线的pM值就愈高，滴定突跃愈小。

（2）金属离子能被准确滴定的判据　一种金属离子能否被准确滴定取决于滴定时突跃范围大小，而突跃范围的大小取决于K'_{MY}和c_M。在配位滴定中，采用指示剂目测终点时，要求滴定突跃有0.4个pM单位的变化。实验证明，在指示剂指示终点时，只有满足$K'_{MY}c_M \geqslant 10^6$，滴定才会有明显的突跃。因此，$K'_{MY}c_M \geqslant 10^6$称为金属离子能否进行准确滴定的条件。在配位滴定中，金属离子与EDTA的起始浓度常为0.02mol/L，所以$K'_{MY} \geqslant 10^8$或$\lg K'_{MY} \geqslant 8$即为金属离子能否被定量滴定的条件。

3. 氧化还原滴定法

氧化还原滴定法是以溶液中氧化剂和还原剂之间的电子转移为基础的一种滴定分析方法。与酸碱滴定法和配位滴定法相比较，氧化还原滴定法应用非常广泛，它不仅可用于无机分析，而且可广泛用于有机分析。

在氧化还原滴定中，随着滴定剂的加入，被滴定物质的氧化态和还原态的浓度逐渐改变，电对的电势也随之不断改变，这种情况可用滴定曲线表示。滴定曲线一般通过实验方法测得。氧化还原过程中，除了用电位法确定终点外，还可利用某些物质在化学计量点附近时颜色的改变来指示滴定终点。常用的指示剂有三种：自身指示剂、显色指示剂和本身发生氧化还原反应的指示剂。氧化还原滴定法又可分为高锰酸钾法、重铬酸钾法、碘量法等，其基本原理分别为

$$MnO_4^- + 8H^+ + 5e = Mn^{2+} + 4H_2O$$

$$Cr_2O_7^{2-} + 14H^+ + 6e = 2Cr^{3+} + 7H_2O$$

$$I_2 + 2e = 2I^-$$

4. 沉淀滴定法

沉淀滴定法是以沉淀反应为基础的滴定分析法。沉淀滴定法必须满足的条件：溶解率小，且能定量完成；反应速率大；有适当指示剂指示终点；吸附现象不影响终点观察。所以，尽管沉淀反应很多，但能用于沉淀滴定的沉淀反应并不多，因为很多沉淀的组成不恒定，或溶解度较大，或容易形成过饱和溶液，或达到平衡的速度缓慢，或共沉淀现象严重，或缺少合适的指示剂等等。目前，沉淀滴定法多见测定卤素离子及SCN^-等能形成微溶性银盐的离子，故又称为银量法。银量法可进一步分为三种：

（1）莫尔法　在中性或弱碱性（pH 6.5～10.5）的含Cl^-试液中，加入指示剂铬酸钾，用硝酸银标准溶液滴定，氯化银先沉淀，当砖红色的铬酸银沉淀生成时，表明Cl^-已被定量沉淀，指示终点已经到达。此法方便、准确，应用很广。莫尔法测定条件如下。

① 指示剂用量　K_2CrO_4用量直接影响终点误差，用量过高时，终点提前，用量过低时，终点推迟。所以，K_2CrO_4的实际用量为0.005mol/L，即终点体积为100mL时，加入50g/L K_2CrO_4溶液2mL，实践证明终点误差小于0.1%。

② 溶液的酸度　莫尔法只能在pH 6.5～10.5的溶液中进行。酸性过强或碱性过强分别会对CrO_4^{2-}和Ag^+的浓度造成影响而产生误差。若待测溶液酸性较强，可用$NaHCO_3$、$CaCO_3$或硼砂中和；若碱性太强，可用稀HNO_3中和至甲基红变橙，再滴加稀NaOH至橙色变黄。

③ 干扰离子　能与Ag^+形成微溶性沉淀的阴离子和能与CrO_4^{2-}生成沉淀的阳离子都会干扰测定，应采用适当方法去除。莫尔法不宜在氨性溶液中进行，因为Ag^+与NH_3形成

$Ag(NH_3)_2^+$，影响结果的准确度。若待测溶液中含有 NH_3，可用 HNO_3 中和；若有 NH_4^+ 存在，测定的溶液 pH 应控制在 6.5～7.2 之间。

④ 吸附　AgCl 沉淀容易吸附 Cl^- 而使终点提前，因此滴定时必须剧烈摇动，以使 Cl^- 释放，获得正确的终点。该法不能用于 I^- 和 SCN^- 的定量测定，因为 AgI 及 AgSCN 沉淀具有强烈的吸附作用。

(2) 佛尔哈德法　用铁铵矾 [$NH_4Fe(SO_4)_2$] 作指示剂的银量法称为佛尔哈德法。本法又可分为直接滴定法和返滴定法。

① 直接滴定法　在含 Ag^+ 的酸性试液中，加 $NH_4Fe(SO_4)_2$ 为指示剂，以 NH_4SCN 为滴定剂，先生成 AgSCN 白色沉淀，当红色的 [$Fe(SCN)$]$^{2+}$ 出现时，表示 Ag^+ 已被定量沉淀，终点已到达。此法主要用于 Ag^+ 测定。测定中，Fe^{3+} 浓度应控制在 0.015mol/L；由于 AgSCN 沉淀能吸附 Ag^+，使终点提前，因此滴定时要剧烈摇动，以使 Ag^+ 释放出来。

② 返滴定法　含卤素离子的酸性溶液中，先加入过量 $AgNO_3$ 标准溶液，再加指示剂 $NH_4Fe(SO_4)_2$，以 NH_4SCN 标准溶液滴定过剩的 Ag^+，直至出现红色为止。两种试剂用量之差即为卤素离子的量。此法的优点是选择性高，不受弱酸根离子的干扰。但用本法测 Cl^- 时，宜加入硝基苯，将沉淀包住，以免部分 Cl^- 由沉淀转入溶液。本法应在 HNO_3 介质中进行，酸度应控制在 0.1～1mol/L，若酸度过低，Fe^{3+} 将水解，影响终点的确定。本测定中，当终点体积为 50～60mL 时加铁铵矾（400g/L）1mL。本测定要避免沉淀转化，K_{sp}（AgSCN）$<K_{sp}$（AgCl），可于返滴定前滤除沉淀或加入硝基苯等有机溶剂以隔离沉淀；避免氧化还原副反应干扰。本方法可用于 Br^-、I^-、SCN^- 的测定，但在测定 I^- 时，必须先加入过量的 $AgNO_3$ 标准溶液后再加指示剂，以防止 Fe^{3+} 被 I^- 还原而造成误差。

(3) 法扬司法　法扬司法是以吸附指示剂指示终点的银量法。在中性或弱碱性的含 Cl^- 试液中，加入吸附指示剂荧光黄，当用 $AgNO_3$ 标准溶液滴定时，在化学计量点以前，溶液中 Cl^- 过剩，AgCl 沉淀表面吸附 Cl^- 而带负电，指示剂不变色。在化学计量点后，Ag^+ 过剩，沉淀的表面吸附 Ag^+ 而带正电，会吸附带负电的荧光黄离子，使沉淀表面显示粉红色，从而指示终点到达。此法的优点是方便。法扬司法测定条件如下。

① 溶液酸度　根据所选指示剂而定，使指示剂呈离子状态，如荧光黄是弱酸，酸度高时阻止其电离，因此适合于 pH 7～10 时使用；曙红适合在 pH 2～10 使用。

② 指示剂选择　根据实际需要选择带正或负电荷的指示剂离子。

③ 沉淀表面积大，有利于对指示剂离子的吸附，使终点颜色变化明显。

④ 滴定时应尽量避光。

⑤ 胶体颗粒对指示剂离子的吸附，应略小于对被测离子的吸附，否则指示剂将在化学计量点前变色。但对指示剂离子的吸附力也不能太小，否则化学计量点后也不能立即变色。滴定卤化物时，卤化银对卤化物和几种常用的吸附指示剂的吸附力的大小次序如下：$I^->$ 二甲基二碘荧光黄 $>Br^->$ 曙红 $>Cl^->$ 荧光黄。

二、滴定分析法的要求

滴定分析法是以化学反应为基础的分析方法，但并不是所有的化学反应都可作为滴定分析方法的基础。适用于滴定分析的化学反应必须具备下述要求。

(1) 反应必须定量地完成，即化学反应须按一定的化学反应方程式进行，无副反应发生，而且进行得完全（≥99.9%），这是定量计算的基础。

（2）化学反应必须具有较快的反应速率，对于速率较慢的化学反应，可通过加热或加入催化剂来加速反应的进行。

（3）主反应不受共存物质的干扰，或有消除干扰的措施。

（4）必须能用简便的方法确定终点。

因此，进行滴定分析，必须具备下述3个条件。

（1）要有准确称量物质质量的分析天平和测量溶液体积的器皿。

（2）要有能进行滴定分析的标准溶液。

（3）要有准确确定化学计量点的指示剂。

三、标准溶液

1. 酸碱标准溶液的配制和标定

酸碱滴定法中常用的碱标准溶液是NaOH，酸标准溶液是HCl或H_2SO_4（当需要加热或在温度较高情况下，使用H_2SO_4溶液）。

（1）NaOH标准溶液配制和标定

① 配制方法　NaOH有很强的吸水性和吸收空气中的CO_2的能力，因而市售NaOH常含有Na_2CO_3，由于Na_2CO_3的存在，对指示剂的使用影响较大，应设法除去。最常用的除去方法是将NaOH先配成饱和溶液（约50%），在此浓碱中Na_2CO_3几乎不溶解，并慢慢沉淀出来。可吸取上层清液配制所需NaOH标准溶液。具体配制方法如下：

称取100g NaOH，溶于100mL水中，摇匀，注入聚乙烯容器中，密闭放置至溶液清亮。用塑料管虹吸规定体积的上层清液，注入1000mL无CO_2蒸馏水中，摇匀。

配制NaOH标准溶液浓度/(mol/L)	1	0.5	0.1
吸取NaOH饱和溶液体积/mL	52	26	5

② 标定方法　称取规定量的（准确至0.0001g），在105～110℃下烘至恒重的基准邻苯二甲酸氢钾，放入250mL锥形瓶中，以一定量不含CO_2的蒸馏水溶解，加2滴酚酞指示剂（10g/L，pH突跃范围8.0～9.6），用配制好的NaOH溶液滴定至溶液由无色变为粉红色，30s不褪色为终点。同时做空白试验。计算NaOH溶液浓度。

配制NaOH溶液浓度/(mol/L)	1	0.5	0.1
基准邻苯二甲酸氢钾称取质量/g	6	3	0.6
无CO_2蒸馏水体积/mL	80	80	50

$$c_{\mathrm{NaOH}}=\frac{m}{(V-V_0)\times\dfrac{M_{\text{邻苯二甲酸氢钾}}}{1000}}$$

式中　m——邻苯二甲酸氢钾的质量，g；

V——滴定消耗NaOH溶液的体积，mL；

V_0——空白消耗NaOH溶液的体积，mL；

$M_{\text{邻苯二甲酸氢钾}}$——邻苯二甲酸氢钾的摩尔质量，204.22g/mol。

（2）HCl标准溶液的配制和标定

① 配制方法　量取规定体积的浓HCl，注入1000mL水中，摇匀。

配制 HCl 溶液浓度/(mol/L)	1	0.5	0.1
吸取浓 HCl 体积/mL	90	45	9

② 标定方法　称取规定量的（准确至 0.0001g），于 270～300℃灼烧至恒重的基准无水碳酸钠，溶于 50mL 水中，加 5 滴溴甲酚绿-甲基红混合指示剂。用配制好的 HCl 溶液滴定至溶液由绿色变为暗红色，煮沸 2min，冷却后继续滴定至溶液再呈暗红色。同时做空白试验。计算 HCl 溶液的浓度。

配制 HCl 溶液浓度/(mol/L)	1	0.5	0.1
基准无水碳酸钠称取质量/g	1.6	0.8	0.2

$$c_{HCl}=\frac{m}{(V-V_0)\times\frac{M(1/2Na_2CO_3)}{1000}}$$

式中　m——无水 Na_2CO_3 质量，g；

V——滴定消耗 HCl 溶液体积，mL；

V_0——空白消耗 HCl 溶液体积，mL；

$M(1/2Na_2CO_3)$——以（$1/2Na_2CO_3$）为基本单元的摩尔质量，52.99g/mol。

2. EDTA 标准溶液的配制和标定

（1）配制　在络合滴定中，常用的 EDTA 标准溶液浓度为 0.02～0.1mol/L，一般用乙二胺四乙酸二钠（$Na_2H_2Y \cdot 2H_2O$）配制。

称取规定量的 $Na_2H_2Y \cdot 2H_2O$，加热溶解于 1000mL 水中，冷却，摇匀。

配制 EDTA 溶液浓度/(mol/L)	0.1	0.05	0.02
称取 EDTA 的质量/g	40	20	8

（2）标定　标定 EDTA 的基准物较多，例如 ZnO、$CaCO_3$、MgO 等。但要注意应使标定时条件尽可能与测定时条件相同，以减少系统误差。下面以 ZnO 标定 $c_{EDTA}=0.02$mol/L 溶液为例：

称取 0.4g 于 800℃灼烧至恒重的基准 ZnO，准确至 0.0002g。用少量水润湿，加 HCl 溶液（1＋1）至样品溶解，移入 250mL 容量瓶中，稀释至刻度，摇匀。取 30.00～35.00mL，加水 70mL，用氨水（10%）中和至 pH 7～8，加 10mL 氨-氯化铵缓冲溶液（pH＝10）及 5 滴铬黑 T 指示液（5g/L），用待标定的 EDTA 溶液滴定至溶液由紫红色变为纯蓝色为终点。同时做空白试验。

$$c_{EDTA}=\frac{m}{(V-V_0)\times\frac{M_{ZnO}}{1000}}$$

式中　m——基准 ZnO 质量，g；

V——滴定消耗 EDTA 溶液体积，mL；

V_0——空白消耗 EDTA 溶液体积，mL；

M_{ZnO}——ZnO 的摩尔质量，81.38g/mol。

3. 氧化还原滴定法标准溶液配制和标定

（1）$KMnO_4$ 标准溶液　市售 $KMnO_4$ 纯度仅在 99%左右，其中含有少量的 MnO_2 及其他杂质，同时蒸馏水中也常含有还原性物质如尘埃、有机物等，这些物质都能促使 $KMnO_4$ 还原，因此，$KMnO_4$ 不能直接配制，必须先配成近似浓度，然后用基准物质标定。

① 配制　称取稍多于理论计算量的 $KMnO_4$，溶解于一定体积的蒸馏水中，将溶液加热煮沸，保持微沸 15min，并放置 2 周，使还原性物质完全被氧化。用微孔玻璃漏斗过滤，除去 MnO_2 沉淀，滤液移入棕色瓶中保存，避免 $KMnO_4$ 见光分解。

一般配制的 $KMnO_4$ 溶液，经小心配制后存放在暗处，在半年内浓度改变不大，但 0.02mol/L 的 $KMnO_4$ 溶液不宜长期存放。

$c(1/5KMnO_4)$＝0.1mol/L $KMnO_4$ 溶液：称取 3.3g $KMnO_4$，溶于 1050mL 水中，缓慢煮沸 15min，冷却后置于暗处保存两周，用 P_{16} 号玻璃砂芯漏斗（事先用相同浓度的 $KMnO_4$ 溶液煮沸 5min）过滤于棕色瓶（用 $KMnO_4$ 溶液洗 2～3 次）中。

② 标定　称取 0.2g（准确至 0.0001g）于 105～110℃烘至恒重的基准草酸钠，溶于 100mL 硫酸溶液（8＋92）中，用配制好的 $KMnO_4$ 溶液滴定，近终点时加热至 65℃，继续滴定至溶液呈粉红色保持 30s。同时做空白试验。

注意：开始滴定时反应速率慢，所以滴定速率要慢；待反应开始后，由于 Mn^{2+} 的催化作用，反应速率变快，滴定速率方可加快；近终点时加热至 65℃，是为了 $KMnO_4$ 和 $Na_2C_2O_4$ 的反应完全。

$KMnO_4$ 标准溶液浓度按下式计算：

$$c(1/5KMnO_4)=\frac{m}{(V-V_0)\times\frac{M(1/2Na_2C_2O_4)}{1000}}$$

式中　　m——基准草酸钠质量，g；

V——滴定消耗 $KMnO_4$ 溶液体积，mL；

V_0——空白消耗 $KMnO_4$ 溶液体积，mL；

$M(1/2Na_2C_2O_4)$——以（$1/2Na_2C_2O_4$）为基本单元的摩尔质量，67.00g/mol。

（2）$K_2Cr_2O_7$ 标准溶液　$K_2Cr_2O_7$ 标准溶液通常用直接法配制，如配制 $c(1/6K_2Cr_2O_7)$＝0.05000mol/L $K_2Cr_2O_7$ 溶液 250mL，将 $K_2Cr_2O_7$ 在 120℃烘至恒重，在干燥器中冷却至室温，准确称取 0.6129g 干燥后的 $K_2Cr_2O_7$ 于小烧杯中，加水溶解，转移至 250mL 容量瓶中，加水稀释至刻度，摇匀。

（3）$Na_2S_2O_3$ 标准溶液

① 配制　称量 25g 硫代硫酸钠（$Na_2S_2O_3 \cdot 5H_2O$），溶于 1000mL 新煮沸并已放冷的水中，此溶液浓度约为 0.1mol/L。加入 0.2g 无水碳酸钠，贮存于棕色瓶内，放置一周后，再标定其准确浓度。

② 标定　称取 0.15g（准确至 0.0001g）于 120℃下烘至恒重的基准 $K_2Cr_2O_7$，置于碘量瓶中，加入 25mL 蒸馏水溶解，加 2g 碘化钾及 20mL H_2SO_4（20%），摇匀，于暗处放置 10min。加 150mL 水，用配制好的硫代硫酸钠溶液滴定。近终点时加 3mL 淀粉指示剂（5g/L），继续滴定至溶液由蓝色变为亮绿色。同时做空白试验。

$$c(Na_2S_2O_3)=\frac{m}{(V-V_0)\times\frac{M(1/6K_2Cr_2O_7)}{1000}}$$

式中　　m——基准 $K_2Cr_2O_7$ 质量，g；

V——滴定消耗硫代硫酸钠溶液体积，mL；

V_0——空白消耗硫代硫酸钠溶液体积，mL；

$M(1/6K_2Cr_2O_7)$——以（$1/6K_2Cr_2O_7$）为基本单元的摩尔质量，49.03g/mol。

4. 基准物质应满足条件

（1）纯度要高　一般要求试剂纯度必须在99.9%以上，杂质含量要小于0.1%。

（2）组成恒定　试剂组成必须与化学式完全相符，若含有结晶水，其结晶水的数目也要与化学式完全符合。

（3）性质稳定　在配制和贮存的过程中，其质量和组成不能发生变化。

（4）摩尔质量大　摩尔质量越大，称量的相对误差越小。

（5）滴定反应中能按化学计量关系定量地、迅速地进行。

5. 提高标准溶液标定准确度的方法

（1）标定时应平行测定3～4次，测定结果的相对偏差不大于0.2%。

（2）称取基准物质的量不能太少，应大于0.2000g。

（3）滴定时消耗标准溶液的体积不应太少，需20～25mL。

（4）配制和标定溶液时使用的量器，如滴定管、容量瓶和移液管等，在必要时应校正其体积，并考虑温度的影响。

项目二　容量分析基本操作

一、容量分析的滴定方式

容量分析常用的滴定方式有以下四种。

（1）直接滴定法　凡能够满足滴定分析对化学反应要求的一类反应，都可以用标准溶液直接滴定被测物质，这类滴定方式称为直接滴定法。例如：以HCl滴定NaOH，以$KMnO_4$标准溶液滴定Fe^{2+}等，都属于直接滴定法。直接滴定法是滴定分析中最常用和最基本的滴定方式。当标准溶液与被测物质之间的反应不符合滴定分析对化学反应的要求时，无法直接滴定，可采用下述几种方式进行滴定。

（2）返滴定法　当试液中被测物质与滴定剂反应速率较慢，或者由于缺乏合适的指示剂等原因不能采用直接滴定方式时，可采用返滴定。即先向被测物质溶液中准确地加入已知量且过量的标准溶液，与被测物质反应，待反应完全后，再用另一种标准溶液滴定剩余的第一种标准溶液。这种滴定方式主要用于滴定反应速率较慢或反应物是固体，加入符合计量关系的标准滴定溶液后，反应常常不能立即完成的情况。例如，Al^{3+}与EDTA的配位反应速率很慢，测定Al^{3+}时不宜采用直接滴定方式，但可以先加入过量的EDTA标准溶液，待反应完全后，剩余的EDTA再用Zn^{2+}标准溶液返滴定，根据两种标准溶液的体积和浓度，就可求出待测物Al^{3+}的含量。有时返滴定法也可用于没有合适指示剂的情况，如在酸性溶液中，用$AgNO_3$标准溶液滴定Cl^-时，若缺乏合适的指示剂，可先加过量$AgNO_3$标准溶液，再以三价铁盐作指示剂，用标准溶液返滴定过量的Ag^+，出现$Fe(SCN)^{2+}$的淡红色即为终点。

（3）置换滴定法　对于不按确定的反应式进行（伴有副反应）的反应，可以不直接滴定被测物质，而是先用适当试剂与被测物质起反应，使其定量置换出另一生成物，再用标准溶液滴定此生成物，然后由滴定剂的消耗量、反应生成的物质与待测组分等物质的量的关系计算出待测组分的含量。此方式主要用于因滴定反应没有定量关系或伴有副反应而无法直接滴定的测定。例如，用 $K_2Cr_2O_7$ 标定 $Na_2S_2O_3$ 溶液的浓度时，就是以一定量的 $K_2Cr_2O_7$ 在酸性溶液中与过量的KI作用，析出相当量的 I_2，以淀粉为指示剂，用 $Na_2S_2O_3$ 溶液滴定析出的 I_2，进而求得 $Na_2S_2O_3$ 溶液的浓度。

（4）间接滴定法　当被测物不能直接与标准溶液作用，但却能和另一种可以与标准溶液直接作用的物质起反应时，便可采用间接滴定法进行滴定。例如，Ca^{2+} 既不能直接用酸或碱滴定，也不能直接用氧化剂或还原剂滴定，但可采用间接滴定法测定。先利用 $C_2O_4^{2-}$ 使其沉淀为 CaC_2O_4，再加 H_2SO_4 溶解沉淀便得到与 Ca^{2+} 等物质的量的草酸。最后用 $KMnO_4$ 标准溶液滴定生成的草酸，以间接测定 Ca^{2+} 的含量。

二、容量分析实验操作要点

滴定分析中常用容量瓶、移液管和滴定管等来准确测量溶液的体积。其结果的计算与溶液的体积有关，因此，能否准确测量溶液体积，将是保证析结果准确度的一个重要方面。为了满足滴定分析允许的误差要求，必须准确测量溶液的体积，而要准确量取溶液体积，一方面取决于容量器皿的容积刻度是否准确；另一方面还取决于能否正确使用容量器皿。

容量器皿按其精度（容量允差）和水流出时间分为A级、A_2 级和B级三种。A上所标的“20℃”是指容量器皿在标准温度20℃时的标称容量。如果不在20℃温度下使用，对精度要求较高时，可按下式修正体积

$$V_t=V_{20}[1+\beta(t-20)]$$

式中　V_t——t℃时器皿的容量，mL或L；

V_{20}——20℃时器皿的容量，mL或L；

β——玻璃的体膨胀系数（钠钙玻璃 2.6×10^{-5}℃$^{-1}$，硅硼玻璃 1.6×10^{-5}℃$^{-1}$）；

t——器皿使用时温度，℃。

对使用的容量器皿应该一年校正一次，以保证容积的准确性。

1. 滴定管的准备和使用

（1）滴定管准备

① 滴定管选择　根据实验要求选择合适的滴定管。例如实验要求滴定的相对误差不大于0.4%，设耗用标准溶液的体积为20mL，则体积测量误差必须小于 $20\times0.4\%=0.08$mL。根据滴定管的规格，A级50mL的容量允差为±0.05mL，加上读数误差0.02mL，小于实验允许的体积测量误差；B级50mL的容量允差为±0.10，本身已大于实验允许的容量误差。所以，应该选用A级50mL滴定管。

② 试漏

a. 酸式滴定管　采用水压法检定。将不涂油脂的活塞芯用水润湿，插入活塞套内，滴定管应夹在垂直的位置上，然后充水至最高标线，活塞全关闭，静止15min，漏水不得超过一小格（最小分度值），否则不能使用。

b. 碱式滴定管　要求橡皮管内的玻璃珠大小合适，能灵活控制液滴。碱式滴定管试漏时，只需装水至一定刻度直立约2min，仔细观察刻度线上的液面是否下降，滴定管下端尖嘴上有无水滴滴下。如有漏水，应更换胶管或其中的玻璃珠再试。

③ 涂油　针对酸式滴定管。将活塞取出，用干净滤纸擦干活塞及塞腔，将少量凡士林涂在活塞两头（图2.3中1和2处），沿圆周涂一薄层，紧靠活塞孔两旁不能涂，以防凡士林堵住活塞上的小孔。

将涂好凡士林的活塞直插入塞套中（不要转着插），按紧后向一个方向转动（图2.4），

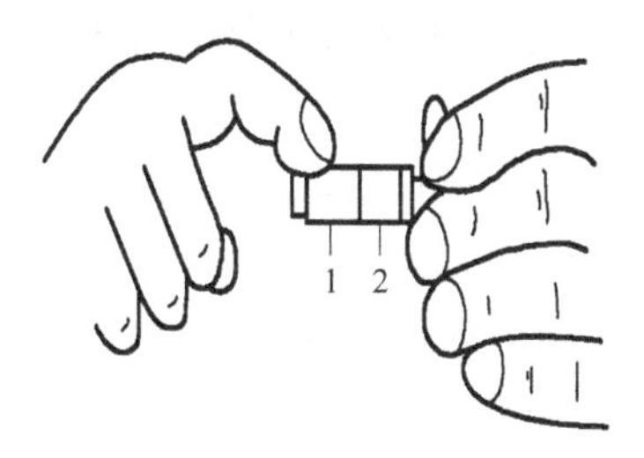

图 2.3　玻璃活塞涂凡士林

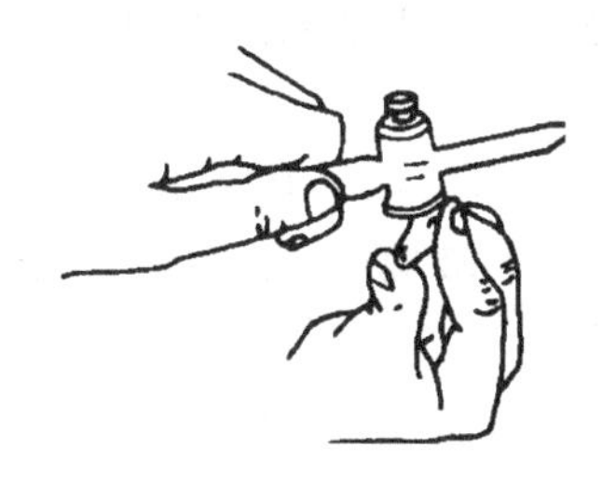

图 2.4　一个方向转动活塞

使活塞内的油脂均匀分布呈透明状态，然后用橡皮圈塞住，将活塞控制在塞腔内，以防活塞滑出打碎。

碱式滴定管不涂油，只要用洗净的胶管将滴头和滴定管主体部分连接好即可。

④ 洗涤　无油污的滴定管可直接用自来水冲洗，或用肥皂水或洗衣粉泡洗，但不可用去污粉刷洗以免划伤内壁，影响体积的准确测量。若有油污不易洗涤时，可用铬酸洗液洗涤。

酸式滴定管洗涤时，先将管中的水放尽，关闭活塞，倒入洗液约 10～15mL，然后一手拿住滴定管上端，另一手拿住活塞上部，边转动边向管口倾斜，使洗液布满滴管壁为止。直立后打开活塞将洗液放回原洗液瓶中。如果滴定管内壁很脏，则用洗液充满滴定管（包括活塞下部的出口管），浸泡数分钟以至数小时。用洗液洗过的滴定管，用自来水充分冲洗后，再用少量蒸馏水洗 3 次（每次约 10～15mL）。

碱式滴定管洗涤时，为了避免洗液腐蚀橡皮，取下橡皮管，套上一个旧橡皮乳胶管先用自来水检查是否漏水，再用洗液洗涤，洗涤方法同前。

⑤ 装溶液和赶气泡　滴定管装入溶液之前，先用该溶液洗涤（置换）3 次，每次 5～10mL，以除去管内残留水分，确保滴定溶液浓度不变。操作时从下口放出少量溶液以洗涤尖嘴部分，然后关闭活塞，倾斜滴定管并慢慢转动，使溶液与管内壁各处接触，最后将溶液从管口倒出，反复 3 次后即可装入滴定溶液待用。

滴定溶液装入滴定管后，检查其下端有无气泡。如有气泡，应将其排出。酸式滴定管排气时打开活塞迅速放出液流，把气泡带走。如果这种方法不行，可用右手拿住滴定管，使滴定管出口倾斜约 30°角，左手迅速打开活塞，使溶液冲出，赶走气泡。碱式滴定管的橡皮管及出口处如有气泡，可把橡皮管向上弯曲，再用手捏挤玻璃珠上方的橡皮管，使溶液从尖嘴喷出以使气泡完全排出。碱式滴定管的气泡一般藏在玻璃珠附近，必须对光检查胶管内气泡是否排尽。如图 2.5、图 2.6 所示。

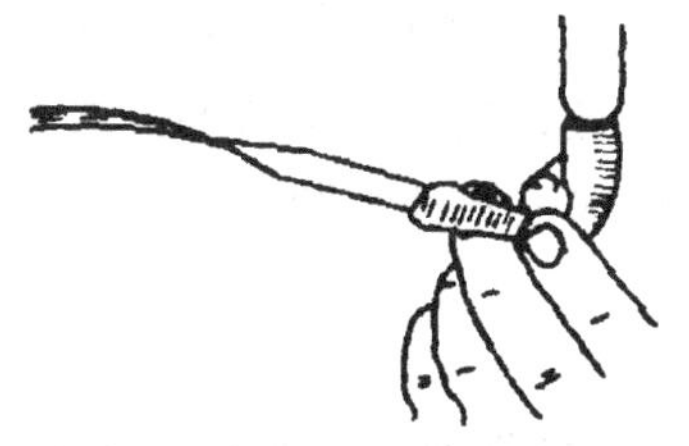

图 2.5　碱式滴定管赶气泡

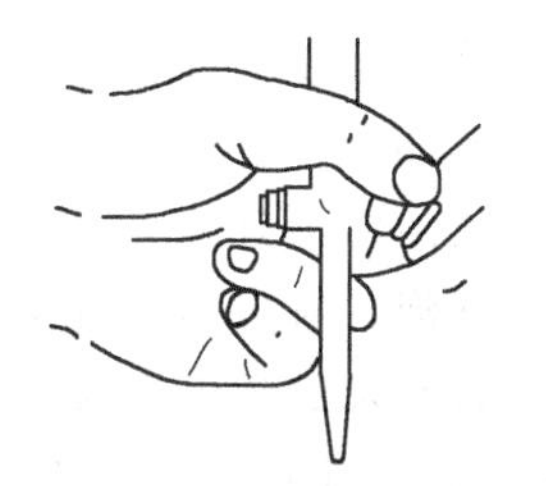

图 2.6　玻璃活塞的控制

（2）滴定管的使用

a. 酸式滴定管　左手拇指在前，食指和中指在后，转动活塞使溶液流出。转动时手指微微弯曲，轻轻用力把活塞向内扣住，手心空握，以免活塞松动或顶出活塞，使溶液从缝隙渗出（图 2.7）。

b. 碱式滴定管　左手拇指在前，食指在后，捏住乳胶管内玻璃珠偏上部，往一旁捏乳胶管，使乳胶管与玻璃珠之间形成一条缝隙，溶液即从缝隙处流出（图 2.8）。注意滴定时不要用力捏玻璃珠，不能使玻璃珠上下移动；不能捏玻璃珠下部的乳胶管，以免空气进入形成气泡；停止滴定时，应先松开大拇指和食指，然后再松开无名指和小指。

图 2.7　酸式滴定管操作

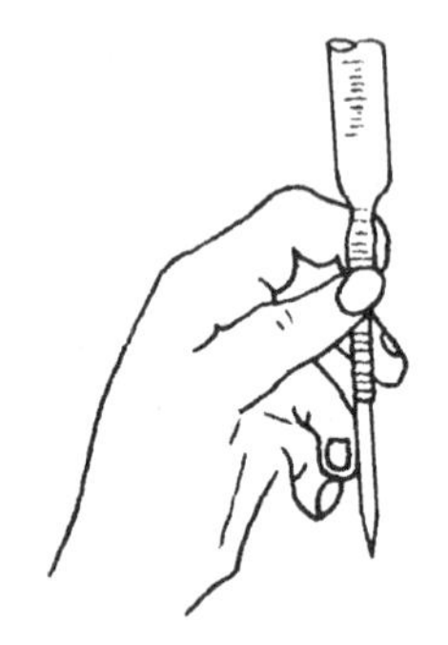
图 2.8　碱式滴定管操作

滴定前，先记下滴定管液面的初读数，并用干净的小烧杯内壁碰一下滴定管尖端的液滴。

滴定时，应使滴定管尖嘴部分插入锥形瓶口（或烧杯口）下 1～2cm 处。滴定速度不能太快，以每秒 3～4 滴为宜，切不可成液柱流下。边滴边摇（或用玻璃棒搅拌烧杯中溶液），向同一方向作圆周旋转。临近终点时，应 1 滴或 0.5 滴加入，并用洗瓶吹入少量水冲洗锥形瓶内壁，使附着的溶液全部流下，然后摇动锥形瓶，观察终点是否已达到。

滴定注意事项：

① 加 0.5 滴（或 1/4 滴）溶液的方法如下：微微转动旋塞，使溶液悬挂在管尖，形成半滴（或 1/4 滴），用锥形瓶内壁将其沾落，再用洗瓶以少量纯水将附于瓶壁上的溶液冲下，注意用纯水冲洗次数最多不超过 3 次，用水量不能太多，否则溶液太稀，导致终点时变色不敏锐。在烧杯中进行滴定时，加 0.5 滴（或 1/4 滴）溶液，用玻璃棒下端承接悬挂的溶液，但不要接触滴定管尖。

碱式滴定管滴加半滴溶液时，应先松开拇指和食指，将悬挂的半滴溶液沾在锥形瓶内壁上，以免管尖端出现气泡。

② 平行测定中，每次滴定都必须从“0.00mL”处开始（或都从“0mL”附近的某一固定刻度线开始），这样可以固定使用滴定管的某一段，以减少体积误差。

(3) 滴定管的读数　滴定开始前，首先将装入滴定管中的溶液调至“0”刻度上约 5mm，静置 1～2min，再调至“0.00”处，即为初读数，滴定结束后停留 0.5～1min（因滴定至近终点时放出溶液速度较慢），进行终读数。每次读数前要检查一下管壁是否挂液珠，下管口是否有气泡，管尖是否挂液珠。

规范化的读数应遵循以下规则：

① 读数时应将滴定管从滴定架上取下，用右手大拇指和食指捏住滴定管上部无刻度处（终读数捏住无溶液处即可），其他手指从旁辅助，使滴定管保持自然垂直向下。

② 读数时（操作者身体要站正）应读弯液面下缘实线的最低点，即视线应与弯液面下缘线的最低点处在同一水平面上［图 2.9(a)］。对于有色溶液（如高锰酸钾、碘等溶液），

其弯液面不够清晰，读数时，可读液面两侧最高点，即视线应与液面两侧最高点成水平［图2.9(b)］。注意初读数与终读数应采用同一标准。

③ 对于蓝线衬背滴定管的读数，如是有色溶液读数方法与上述普通滴定管相同；如是无色溶液，视线应与溶液的两个弯液面与蓝线相交点保持在同一水平面上［图2.9(c)］。

④ 读数要求读到小数点后第二位，即估计到±0.01mL。并将数据立即记录在原始记录本上。

⑤ 滴定溶液不宜长时间放在滴定管中，滴定结束后，应将管中溶液弃去（不得将其倒回原试剂瓶中，以免沾污整瓶溶液），并立即洗净倒置在滴定台上。如果滴定管长期不使用，酸式滴定管洗净后，将旋塞部分垫上纸，以免时间过久，塞子不易打开；碱式滴定管则应取下胶管，以免腐蚀。

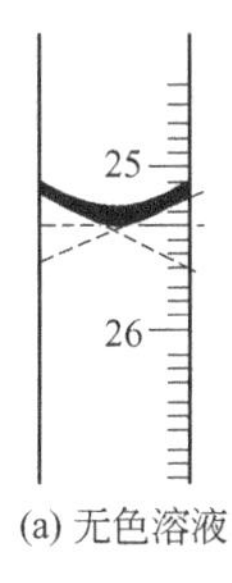

(a) 无色溶液

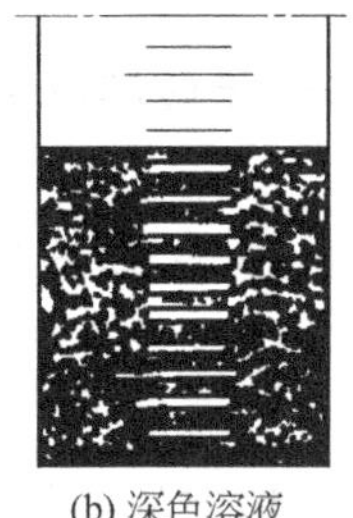

(b) 深色溶液

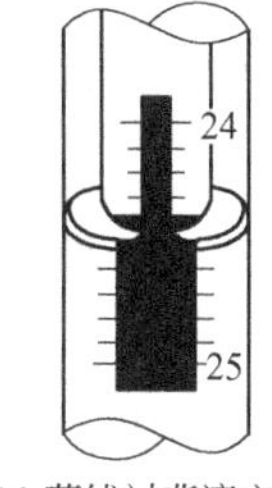

(c) 蓝线衬背滴定管

图2.9　滴定管读数

2. 容量瓶（单标线容量瓶）的使用

容量瓶主要用于配制准确浓度的溶液或定量地稀释溶液。容量瓶有无色和棕色两种。

(1) 试漏　使用前应先检查容量瓶的密合性。加自来水至容量瓶的最高标线处，盖好瓶塞，一手用食指按住瓶塞，其余手指拿住瓶颈标线以上部分，另一手用指尖托住瓶底边缘，将瓶倒置2min（图2.10）。然后用滤纸片检查瓶塞周围是否有水渗出，如不漏水，将瓶直立，把瓶塞旋转180°后，再试一次，如不漏水，即可使用。

(2) 溶液转移　如用水溶解固体物质配制一定体积的标准溶液，先将准确称取的固体物质置于洁净的、大小合适的烧杯中，用纯水将其溶解；然后再将溶液定量转移到预先洗净的容量瓶中。转移方法：右手拿玻璃棒并将其伸入容量瓶使下端靠住颈内壁，上端不碰瓶口，左手拿烧杯，并将烧杯嘴边缘紧贴玻璃棒中下部，慢慢倾斜烧杯，使溶液沿玻璃棒和容量瓶内壁流入，要防止溶液从瓶口溢出（图2.11）。待溶液全部流完后，将玻璃棒沿烧杯嘴慢慢上提，使附着在烧杯嘴上的液滴流回烧杯，并将玻璃棒放回烧杯中。残留在烧杯内和玻璃棒上的少许溶液，用纯水自上而下吹洗5～6次（每次加5～6mL），再按上述方法全部转移至容量瓶中以完成定量转移。

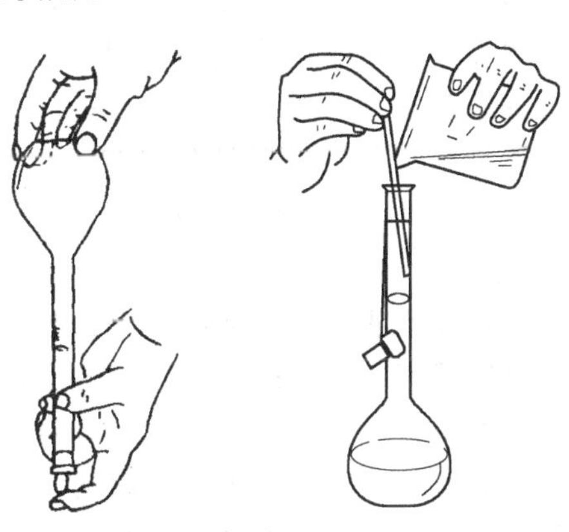

图2.10　容量瓶试漏　图2.11　溶液转移操作

(3) 定容　溶液定量转入容量瓶后，加纯水至容量瓶总容量的2/3左右时，右手拿起容量瓶，按水平方向旋转几周，使溶液初步混匀。继续加纯水至距离标线约1cm处，放置1～

2min，使瓶颈内壁的溶液流下，再用洗瓶或细长滴管滴加纯水（注意切勿使滴管接触溶液）至弯液面下缘与标线相切为止，盖紧瓶塞。

（4）摇匀　定容后，用一只手的食指按住瓶塞上部，其余四指拿住瓶颈标线上部分，用另一只手的指尖托住瓶底边缘将容量瓶倒置并振摇数次，使瓶内气泡上升至顶部，然后使其正立，待溶液完全流下至标线处，如此反复操作使溶液充分混合均匀。

容量瓶使用注意事项：

① 选择容量瓶的环形刻线应在颈部的适中位置。

② 为了防止瓶塞沾污、丢失或用错，操作时可用食指与中指（或中指与无名指）夹住瓶塞的扁头，也可用橡皮筋或细绳将瓶塞系在瓶颈上，绝不能将其放在桌面上。

③ 容量瓶不允许放在烘箱内烘干，以免由于容积变化而影响测量的准确度，不允许放热溶液。

④ 不要把容量瓶当作试剂瓶使用，配制好的溶液应转移到干燥、洁净的磨口试剂瓶中保存。

⑤ 容量瓶用完后应立即用水冲洗干净，若长期不用，磨口塞处应衬有纸片，以免久置黏结。

3. 移液管和吸量管使用

移液管和吸量管为量出式玻璃仪器。按精度的高低分为A级和B级，A级为较高级。

（1）润洗　移取溶液前，要将待移取溶液倒入干燥洁净的小烧杯中一小部分，用来润洗管内壁：吸入待移取溶液至移液管（吸量管）一定高度处，迅速移去洗耳球，用右手食指按住上管口，将管取出待测溶液，用左手扶住管的下端，慢慢松开右手食指，一边转动管子，一边降低上管口，使溶液接触到标线上部位和全管内壁，以置换内壁上的水分，然后将吸取的溶液从管的下口放出弃去，如此润洗3次，以保证移取溶液浓度不变。

（2）吸取溶液　移取溶液前，为避免管壁及尖端上残留的水进入所要移取的溶液中，使溶液浓度改变，应先用吸水纸或滤纸将管尖内外的水吸干。吸取溶液时，一般用右手大拇指及中指拿住管颈标线上方，将管直接插入待吸溶液液面下2～3cm处（不要插入太深，以免管外壁黏附有过多的溶液，影响量取溶液体积的准确性；也不要插入太浅，以免液面下降后造成吸空），左手拿洗耳球，将食指或拇指放在球体上方，先把球内空气压出，然后把球的尖端紧按到管口上，慢慢松开手指，溶液逐渐吸入管内，与此同时眼睛既要注意管中正在上升的液面，又要注意管尖的位置，管尖应随液面下降而下降（图2.12）。

（3）调节液面　待溶液吸取至移液管或吸量管刻度线以上5mm左右时，迅速移去洗耳球，立即用右手的食指按住管口，将管向上提使其离开液面，并将管下部黏附的少量溶液用滤纸擦干。另取一洁净的小烧杯，将管垂直管尖紧贴已倾斜的小烧杯内壁，微微松动食指，并用拇指和中指轻轻捻转吸管，使液面平稳下降，直至调至零点，立即用食指按住管口，使溶液不再流出，此时管尖不能有气泡。

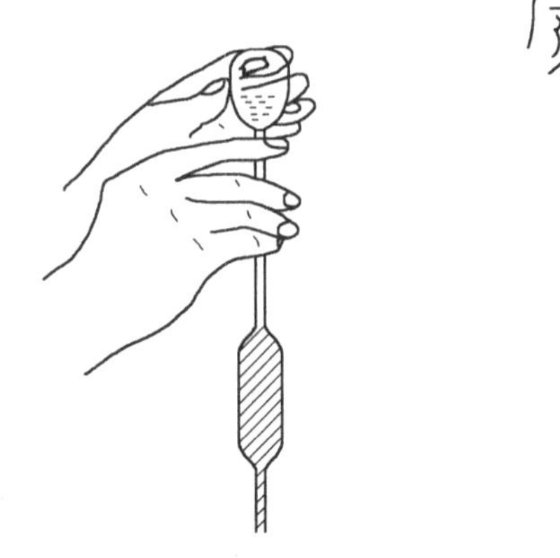

图2.12　吸取溶液　　图2.13　溶液的移取

（4）放出溶液　左手拿接受容器，并使之

倾斜30°，将管尖紧贴接受容器内壁，松开右手食指，使溶液自然流出移液管或吸量管（图2.13）。流完后，管尖接触接收器内壁约15s后，再将移液管或吸量管移去。残留在管末端的少量溶液，不可用外力使其流出。

移液管和吸量管使用注意事项：

① 移液管和吸量管不允许放在烘箱中加热烘干。移液管和容量瓶一般应配合使用，因此，使用前应作相对容积校准。

② 为了减小测量误差，使用移液管和吸量管吸取溶液后，不能随便将其放在实验台上或其他地方。

③ 为了减少测量误差，吸量管每次都应从最上面的刻度为起点向下放出所需体积的溶液，而不是需放出多少体积就吸取多少体积。

④ 使用吸量管吸取溶液时，若其管上标有“吹”字，则在溶液流出至管尖后在管口轻轻吹一下即可。无“吹”字的吸管则不要吹出。

项目三　容量分析计算

一、计算的基本单元选择

利用等物质的量规则进行容量分析计算时，关键在于正确选择基本单元。因此，表示物质的量浓度时，必须指明基本单元。基本单元的选择一般是以化学反应的计量关系为依据。各种容量分析的基本单元选择如下。

（1）酸碱滴定法　其反应实质为质子传递过程。因此，是以该物质在酸碱滴定中给出或接受一单位质子的特定组合为基本单元。可以是原子、离子、分子或基团。

（2）氧化还原滴定法　其反应实质是电子转移过程，因此，是以得失一单位电子的特定组合为基本单元。

（3）络合滴定法和沉淀滴定法　这两种反应的化学计量关系简单，一般为1∶1，所以通常以其自身作基本单元。

如酸碱反应中常以NaOH、HCl、$1/2H_2SO_4$为基本单元；氧化还原反应中常以$1/2I_2$、$Na_2S_2O_3$、$1/5KMnO_4$、$1/2H_2C_2O_4$等为基本单元。即物质B在反应中的转移质子数或得失电子数为Z_B时，其基本单元即为$1/Z_B$。某硫酸溶液的浓度，由于选择不同的基本单元，其摩尔质量就不同，浓度亦不同

$$c(H_2SO_4)=0.1mol/L$$
$$c(1/2H_2SO_4)=0.2mol/L$$
$$c(2H_2SO_4)=0.05mol/L$$

由此可得出

$$c(Z_B)=\frac{1}{2}c\left(\frac{1}{2}Z_B\right)=2c(2Z_B)$$

其通式为

$$c\left(\frac{b}{a}Z_B\right)=\frac{a}{b}c(Z_B)$$

对于下述反应

$$5C_2O_4^{2-}+2MnO_4^-+16H^+ = 10CO_2\uparrow+2Mn^{2+}+8H_2O$$

$KMnO_4$基本单元选择为$\frac{1}{5}KMnO_4$，$H_2C_2O_4$基本单元选择为$\frac{1}{2}H_2C_2O_4$。

二、滴定剂与被滴定剂之间的关系

设滴定剂 A 与被测组分 B 发生下列反应：

$$aA+bB = cC+dD$$

则被测组分 B 的物质的量与滴定剂 A 的物质的量之间的关系可用两种方式求得。

（1）根据滴定剂 A 与被测组分 B 的化学计量数的比计算

由上述反应式可得 $$n_A : n_B = a : b$$

因此 $$n_A=\frac{a}{b}n_B \quad 或 \quad n_B=\frac{b}{a}n_A$$

$\frac{a}{b}$和$\frac{b}{a}$称为化学计量比（也称摩尔比），表明了该反应的化学计量关系，是滴定分析定量测定的依据。

（2）根据等物质的量规则计算　等物质的量规则是指对于一定的化学反应，如选定适当的基本单元，那么在任何时刻所消耗的反应物的物质的量均相等。滴定分析中，若根据滴定反应选取适当的基本单元，则滴定达到化学计量点时，被测组分的物质的量就等于所消耗标准滴定溶液的物质的量。即

$$n\left(\frac{1}{Z_B}B\right)=n\left(\frac{1}{Z_A}A\right)$$

如：酸性溶液中用 $K_2Cr_2O_7$ 标准溶液滴定 Fe^{2+} 时，滴定反应为

$$Cr_2O_7^{2-}+6Fe^{2+}+14H^+ = 2Cr^{3+}+6Fe^{3+}+7H_2O$$

$K_2Cr_2O_7$ 的电子转移数为 6，以 $1/6K_2Cr_2O_7$ 为基本单元；Fe^{2+} 的电子转移数为 1，以 Fe^{2+} 为基本单元，则

$$n(1/6K_2Cr_2O_7)=n(Fe^{2+})$$

三、滴定度与物质的量浓度之间的换算

滴定度是指每毫升滴定剂溶液相当于被测物质的质量（g 或 mg）或质量分数。例如，若每毫升 $K_2Cr_2O_7$ 标准溶液恰能与 0.005000g Fe^{2+} 反应，则该 $K_2Cr_2O_7$ 标准滴定溶液的滴定度可表示为 $T_{Fe/K_2Cr_2O_7}=0.005000g/mL$。如果分析对象固定，用滴定度计算其含量时，只需将滴定度乘以所消耗标准溶液的体积即可求得被测物的质量。如在滴定中消耗 $K_2Cr_2O_7$ 标准溶液 21.50mL，则被滴定溶液中铁的质量为

$$m_{Fe}=0.005000g/mL\times21.50mL=0.1075g$$

滴定度与物质的量浓度之间可以换算，则上述 $K_2Cr_2O_7$ 标准滴定溶液的物质的量浓度为

$$c_{K_2Cr_2O_7}=\frac{T_{Fe/K_2Cr_2O_7}\times1000mL/L}{M_{Fe}\times6}=0.01492mol/L$$

如果用通式表示上述计算关系，那么设标准溶液物质的量浓度为 c_A，滴定度为 $T_{B/A}$，根据等物质的量规则（或化学计量比）和滴定度定义可得

$$T_{B/A}=\frac{c\left(\frac{1}{Z_A}A\right)M\left(\frac{1}{Z_B}B\right)}{1000}$$

$$c\left(\frac{1}{Z_A}A\right)=\frac{T_{B/A}\times1000}{M\left(\frac{1}{Z_B}B\right)}$$

式中，$M\left(\frac{1}{Z_B}B\right)$表示基本单元为$\frac{1}{Z_B}$B 的 B 物质的摩尔质量。

四、容量分析计算实例

完成一次滴定分析的全过程，可以得到三个测量数据，即称取试样的质量 m_s（g）、标准溶液的浓度 $c\left(\frac{1}{Z_A}A\right)$（mol/L）、滴定至终点时消耗标准溶液体积 V_A（mL）。如果设被测试样中待测组分 B 的质量为 m_B（g），则待测组分 B 的质量分数 w_B（数值以%表示）为

$$w_B=(m_B/m_s)\times 100\%$$

又因为

$$\frac{m_B}{M\left(\frac{1}{Z_B}B\right)}=c\left(\frac{1}{Z_A}A\right)\times\frac{V_A}{1000}\Rightarrow m_B=c\left(\frac{1}{Z_A}A\right)\times M\left(\frac{1}{Z_B}B\right)\times\frac{V_A}{1000}$$

则

$$w_B=\frac{c\left(\frac{1}{Z_A}A\right)\times V_A\times M\left(\frac{1}{Z_B}B\right)}{m_s\times 1000}\times 100\%$$

【例】 用 $c(1/2H_2SO_4)=0.2020$mol/L 的硫酸标准溶液测定 Na_2CO_3 试样的含量。称取 0.2009g Na_2CO_3 试样，消耗 18.32mL 上述硫酸标准溶液，求试样中 Na_2CO_3 的质量分数。已知 $M(Na_2CO_3)=106.0$g/mol。

解： 滴定反应方程式为：

$$H_2SO_4+Na_2CO_3 = Na_2SO_4+CO_2\uparrow+H_2O$$

所以，Na_2CO_3 和 H_2SO_4 得失质子数分别为 2，其基本单元分别取 $1/2H_2SO_4$ 和 $1/2Na_2CO_3$，则

$$w_{H_2SO_4}=\frac{c(1/2H_2SO_4)\times V_{H_2SO_4}\times M(1/2Na_2CO_3)}{m_s\times 1000}\times 100\%$$

代入数据，得

$$w_{H_2SO_4}=\frac{0.2020\times 18.32\times\frac{1}{2}\times 106.0}{1000\times 0.2009}\times 100\%=97.62\%$$

该被测试样中 Na_2CO_3 的质量分数为 97.62%。

任务二　实训项目

项目一　食品中总酸的测定

食品中的酸性物质构成了食品的酸度，酸性物质主要是指溶于水的有机酸和无机酸。在水果及其制品中，有机酸以柠檬酸、苹果酸、酒石酸、醋酸等为主；在鱼、肉及乳类食品中，有机酸以乳酸为主；无机酸则包括盐酸、磷酸。它们在食品中的来源主要包括三个方面：食品本身所固有；生产、加工中人工添加；储运过程中产生。

那么，对食品的酸度进行检测的意义在于哪里？对于果蔬来说，根据酸度可断定其成熟程度，例如不同种类的水果和蔬菜，酸的含量因成熟度、生长条件而异，一般成熟度越高，酸含量越低。番茄在成熟过程中，总酸度从绿熟期的 0.94%降到完熟期的 0.64%，故通过对酸度的测定可断定原料的成熟度。根据酸的种类和含量改变可断定食品的新鲜程度，例如

牛乳及其制品、番茄制品、啤酒等乳酸含量过高，表明已由乳酸菌发酵而产生腐败；水果制品中有游离的半乳糖醛酸，说明受到霉烂水果的污染；某些发酵制品中有甲酸积累，说明已发生细菌性腐败。酸度还影响食品的香味、滋味、颜色、稳定性和质量等等。

目前，对食品酸度的表示方法主要有3种。

① 总酸度（可滴定酸度） 食品中所有酸性物质的总量，包括已离解部分和未离解部分，通常用酸碱滴定法进行测定。

② 有效酸度 样品中呈游离状态 H^+ 的浓度，严格地说应是溶液中 H^+ 活度，用pH表示。

③ 挥发酸 食品中易挥发的有机酸，如甲酸、乙酸及丁酸等，通过水蒸气蒸馏法分离，再用标准碱溶液滴定。

本节列出酸碱滴定测定食品中总酸的方法，国标代号为GB/T 12456—2008。

1. 原理

根据酸碱中和原理，用碱液滴定试液中的酸，以酚酞为指示剂确定滴定终点。按碱液的消耗量计算食品中的总酸含量。

2. 试剂

所有试剂均为分析纯；分析用水应符合GB/T 6682规定的二级水规格或蒸馏水，使用前应经煮沸、冷却。

(1) 0.1mol/L氢氧化钠标准滴定溶液 按GB/T 601配制和标定。

(2) 0.01mol/L氢氧化钠标准滴定溶液 量取100mL 0.1mol/L氢氧化钠标准滴定溶液稀释到1000mL（使用当天稀释）。

(3) 0.05mol/L氢氧化钠标准滴定溶液 量取100mL 0.1mol/L氢氧化钠标准滴定溶液稀释到200mL（使用当天稀释）。

(4) 1%酚酞指示剂溶液 称取1g酚酞，溶于60mL 95%乙醇（GB 679）中，用水稀释至100mL。

3. 仪器和设备

(1) 组织捣碎机；

(2) 水浴锅；

(3) 研钵；

(4) 冷凝管。

4. 分析步骤

(1) 试样的制备

① 液体样品

a. 不含二氧化碳的样品：充分混匀，置于密闭玻璃容器内。

b. 含二氧化碳的样品：至少称取200g样品于500mL烧杯中，置于电炉上，边加热边搅拌至微沸，保持2min，称量，用煮沸过的水补充至煮沸前的质量，置于密闭玻璃容器中。

② 固体样品 去除不可食部分，取有代表性的样品至少200g，置于研钵或组织捣碎机中，加入与试样等量的煮沸过的水，研碎或捣碎，混匀后置于密闭玻璃容器内。

③ 固、液体样品 按样品的固、液体比例至少取200g，去除不可食部分，用研钵或组织捣碎机研碎或捣碎，混匀后置于密闭玻璃容器内。

(2) 试液的制备

① 总酸含量小于或等于4g/kg的试样：将试样用快速滤纸过滤，收集滤液，用于测定。

② 总酸含量大于4g/kg的试样：称取10～50g样品，精确至0.001g，置于100mL烧杯中。用约80℃煮沸过的水将烧杯中的内容物转移到250mL容量瓶中（总体积约150mL）。置于沸水浴中煮沸30min（摇动2～3次，使样品中的有机酸全部溶解于溶液中），取出，冷却至室温（约20℃），用煮沸过的水定容至250mL。用快速滤纸过滤，收集滤液，用于测定。

(3) 测定　称取25.000～50.000g试液，使之含0.035～0.070g酸，置于250mL三角瓶中。加40～60mL水及0.2mL 1%酚酞指示剂，用0.1mol/L氢氧化钠标准滴定溶液（如样品酸度较低，可用0.01mol/L或0.05mol/L氢氧化钠标准滴定溶液）滴定至微红色，30s不褪色。记录消耗氢氧化钠标准滴定溶液的体积（V_1）。同一样品须平行测定两次。

空白试验：用水代替试样，按照样品测定的步骤进行测定，记录消耗氢氧化钠标准滴定溶液的体积（V_2）。

5. 结果计算

食品中总酸含量以质量分数X计，数值以克/千克（g/kg）表示

$$X=\frac{c(V_1-V_2)KF}{m}\times 1000$$

式中　c——氢氧化钠标准滴定溶液的浓度，mol/L；

V_1——滴定试液时消耗氢氧化钠标准滴定溶液的体积，mL；

V_2——空白试验时消耗氢氧化钠标准滴定溶液的体积，mL；

m——试样的质量，g；

F——试液的稀释倍数；

K——酸的换算系数，即1mmol NaOH相当于主要酸的质量，g/mmol。各种酸的换算系数分别为：苹果酸，0.067；乙酸，0.060；酒石酸，0.075；柠檬酸，0.064；柠檬酸（含一分子结晶水），0.070；乳酸，0.090；盐酸，0.036；磷酸，0.049。

计算结果精确到小数点后第二位。

6. 允许差

同一样品，两次测定结果之差，不得超过两次测定结果平均值的2%。

7. 实验说明

(1) 上述方法适用于果蔬制品、饮料、乳制品、饮料酒、蜂产品、淀粉制品、谷物制品和调味品等食品中总酸的测定。

(2) 本方法不适合于有颜色或浑浊不透明的试液测定。如果是深色样品可采取以下措施：稀释或电位滴定法测定。

(3) 整个实验中应使用除CO_2的蒸馏水。含有CO_2的样品应先去除CO_2再进行测定。

(4) 滴定产物为强碱弱酸盐，因此应选用酚酞做指示剂。

(5) 测定时量取的试液也可以是25.00～50.00mL，按试液的密度换算为质量数值。

8. 评分标准

考核内容	分值	考核记录(以“√”表示)		得分
天平称量(11分)				
天平检查 ①零点 ②水平 ③称盘清扫	2	未检查水平，−0.5分		
		未清扫称盘，−0.5分		
		未检查天平零点，−1分		

续表

考核内容	分值	考核记录(以"√"表示)		得分
天平称量(11分)				
样品取放	1	样品未按照规定方式取放,−0.5分		
		称样器皿未放在称盘中央,−0.5分		
称量操作 ①开关天平门 ②称量操作 ③读数记录	1.5	未做到随手开关天平门,一次−0.5分		
		称量前未及时将天平回零,一次−0.5分		
		未及时记录或用铅笔记录数据,一次−0.5分		
称量结束后 样品、天平复位	1.5	未将天平回零,−0.5分		
		未关天平门或天平开关,−0.5分		
		未清扫天平,−0.5分		
基准物质的称量范围	3	±5%<称量范围≤±10%,一个−1分		
		称量范围>±10%,−3分		
试样的称量范围	2	±5%<称量范围≤±10%,一个−1分		
		称量范围>±10%,−2分		
基准物质溶解及试剂加入(2分)				
溶样方式	2	壁上固体未能全部冲下,−1分		
		试剂未沿瓶壁加入,−1分		
定量转移并定容(20分)				
定量转移 ①容量瓶洗涤 ②容量瓶试漏 ③溶液转移	16	容量瓶洗涤不正确,不洁,−1分		
		未进行容量瓶试漏操作,−1分		
		溶样未完全转移(有固体颗粒),−2分		
		引流时玻棒插入瓶口深度为玻璃棒下端在容量瓶磨口以下,不正确,−1分		
		玻璃棒下端未靠近瓶颈内壁,−1分		
		烧杯离瓶口的位置2cm左右,过高,−1分		
		烧杯嘴未靠近玻璃棒,−1分		
		溶液流完后,烧杯和玻璃棒移出不正确,−1分		
		未用蒸馏水淋洗玻棒、容量瓶口,−1分		
		洗涤次数少于3次,−1分		
		溶液转移洒落,−5分		
定容、摇匀	4	加蒸馏水约至容量瓶2/3处未进行水平摇动,以作初步混匀,−1分		
		蒸馏水加至近刻线时未正确停留2min左右,−1分		
		未能准确稀释至刻线,−1分		
		摇匀动作不正确,−1分		
溶液移取(10分)				
吸量管润洗	3	未用蒸馏水润洗或润洗少于3次,一次−1分		
		润洗时有吸空现象,一次−1分		
		未用待装液润洗或润洗少于3次,一次−1分		

续表

考核内容	分值	考核记录(以"√"表示)		得分
溶液移取(10分)				
吸量管插入溶液前及调节液面前应用滤纸擦拭管尖	2	吸量管插入溶液前未用滤纸擦拭管尖,−1分		
		调节液面前未用滤纸擦拭管尖,−1分		
吸量管调节液面	4	视线与刻度线不平齐,一次−2分		
		吸量管不垂直,一次−1分		
		调节液面的废液放回原容量瓶,一次−1分		
溶液放尽后,吸量管停留15s后移开	1	未进行或停留时间太短,−1分		
溶液滴定(19分)				
滴定管的正确使用	6	未进行检漏,−2分		
		未用蒸馏水以及待测溶液润洗或润洗少于3次,−1分		
		装液后未进行排空气操作,−1分		
		未进行调零或调零不正确,−1分		
		调零后,滴定管尖嘴外悬挂溶液未正确处理(应靠在锥形瓶的外壁),−1分		
滴定操作	10	锥形瓶、滴定管操作不正确、手法不规范,−3分		
		滴定速度不合理,−2分		
		未有明显的半滴操作,−1分		
		终点判断不正确,−2分		
		每次滴定开始前,未及时补足滴定液,未调零,−2分		
读数	3	读数时,滴定管未垂直,−2分		
		读数时,未平视,−1分		
数据记录及处理(4分)				
数据填写	2	不清楚、有涂改,−2分		
计算过程	2	公式不正确,−2分		
		公式正确但代入数据不正确,−1分		
标定结果评价(20分)				
极差与平均值之比(%)	10	比值≤0.25%	−0分	
		0.25%<比值≤0.50%	−2分	
		0.50%<比值≤1.0%	−5分	
		1.0%<比值≤2.0%	−8分	
		比值>2%	−10分	
准确度	10	相对误差≤0.10%	−0分	
		0.10%<相对误差≤0.15%	−2分	
		0.15%<相对误差≤0.20%	−4分	
		0.20%<相对误差≤0.25%	−6分	
		0.25%<相对误差≤0.30%	−8分	
		相对误差>0.30%	−10分	

续表

考核内容	分值	考核记录(以“√”表示)		得分
测定结果精密度(10分)				
极差与平均值之比(%)	10	比值≤0.25%	−0分	
		0.25%<比值≤0.50%	−2分	
		0.50%<比值≤1.0%	−5分	
		1.0%<比值≤2.0%	−8分	
		比值>2%	−10分	
文明操作(4分)				
实验过程台面	1	未整洁、混乱,−1分		
废弃物处理	1	未按规定正确处理,−1分		
试剂归位	1	实验完成后,全部试剂、器皿、用具没有归位,−1分		
器皿清洗	1	器皿未清洗,或清洗不净,−1分		
合计				

项目二　食品中还原糖的测定

分子结构中含有还原性基团（如游离醛基、酮基、半缩醛羟基）的糖叫做还原糖。所有的单糖，不论醛糖、酮糖都是还原糖。大部分双糖也是还原糖，如麦芽糖、乳糖，但蔗糖例外。链状果糖含有游离的羰基，环状果糖含半缩醛羟基，所以果糖也属于还原糖。

在食品加工中，糖类对改变食品形态、组织结构、物理化学性质以及色、香、味等都有很大的影响，如糖果中糖的组成及比例直接关系到其风味和质量；糖的焦糖化作用及羰氨反应既可赋予食品诱人的色泽和风味，又能引起食品褐变。还原糖含量还是食品的主要质量指标，它可指示食品营养价值的高低。我国现行食品中还原糖的测定方法标准为GB/T 5009.7—2008，直接滴定法为其仲裁方法，具体测定过程如下。

1. 原理

试样经除去蛋白质后，在加热条件下，以亚甲蓝作指示剂，滴定标定过的碱性酒石酸铜溶液（用还原糖标准溶液标定），根据样品液消耗体积计算还原糖含量。

2. 试剂

除非另有规定，本方法中所用试剂均为分析纯。

(1) 盐酸（HCl）。

(2) 硫酸铜（$CuSO_4 \cdot 5H_2O$）。

(3) 亚甲蓝（$C_{16}H_{18}ClN_3S \cdot 3H_2O$） 指示剂。

(4) 酒石酸钾钠（$C_4H_4O_6KNa \cdot 4H_2O$）。

(5) 氢氧化钠（NaOH）。

(6) 乙酸锌［$Zn(CH_3COO)_2 \cdot 2H_2O$］。

(7) 冰醋酸（$C_2H_4O_2$）。

(8) 亚铁氰化钾［$K_4Fe(CN)_6 \cdot 3H_2O$］。

(9) 碱性酒石酸铜甲液　称取15g硫酸铜（$CuSO_4 \cdot 5H_2O$）及0.05g亚甲蓝，溶于水中并稀释至1000mL。

(10) 碱性酒石酸铜乙液　称取50g酒石酸钾钠、75g氢氧化钠，溶于水中，再加入4g亚铁氰化钾，完全溶解后，用水稀释至1000mL。贮存于橡胶塞玻璃瓶内。

(11) 乙酸锌溶液（219g/L）　称取21.9g乙酸锌，加3mL冰醋酸，加水溶解并稀释至100mL。

(12) 亚铁氰化钾溶液（106g/L）　称取10.6g亚铁氰化钾，加水溶解并稀释至100mL。

(13) 氢氧化钠溶液（40g/L）　称取4g氢氧化钠，加水溶解并稀释至100mL。

(14) 盐酸溶液（1+1）　量取50mL盐酸，加水稀释至100mL。

(15) 葡萄糖标准溶液　称取1g（精确至0.0001g）经过98～100℃干燥2h的葡萄糖，加水溶解后加入5mL盐酸，并以水稀释至1000mL。此溶液每毫升相当于1.0mg葡萄糖。

(16) 果糖标准溶液　称取1g（精确至0.0001g）经过98～100℃干燥2h的果糖，加水溶解后加入5mL盐酸，并以水稀释至1000mL。此溶液每毫升相当于1.0mg果糖。

(17) 乳糖标准溶液　称取1g（精确至0.0001g）经过96℃±2℃干燥2h的乳糖，加水溶解后加入5mL盐酸，并以水稀释至1000mL。此溶液每毫升相当于1.0mg乳糖。

(18) 转化糖标准溶液　准确称取1.0526g蔗糖，用100mL水溶解，置具塞三角瓶中，加5mL盐酸（1+1），在68～70℃水浴中加热15min，放置至室温，转移至1000mL容量瓶中，定容。每毫升标准溶液相当于1.0mg转化糖。

3. 仪器及设备

(1) 酸式滴定管　25mL。

(2) 可调电炉　带石棉板。

4. 分析步骤

(1) 试样处理

① 一般食品　称取粉碎后的固体试样2.5～5g或混匀后的液体试样5～25g，精确至0.001g，置250mL容量瓶中，加50mL水，慢慢加入5mL乙酸锌溶液及5mL亚铁氰化钾溶液，加水至刻度，混匀，静置30min，用干燥滤纸过滤，弃去初滤液，取续滤液备用。

② 酒精性饮料　称取约100g混匀后的试样，精确至0.01g，置于蒸发皿中，用氢氧化钠（40g/L）溶液中和至中性，在水浴上蒸发至原体积的1/4后，移入250mL容量瓶中，慢慢加入5mL乙酸锌溶液及5mL亚铁氰化钾溶液，加水至刻度，混匀，静置30min，用干燥滤纸过滤，弃去初滤液，取续滤液备用。

③ 含大量淀粉的食品　称取10～20g粉碎后或混匀后的试样，精确至0.001g，置250mL容量瓶中，加200mL水，在45℃水浴中加热1h，并时时振摇。冷却后加水至刻度，混匀，静置、沉淀。吸取200mL上清液置另一250mL容量瓶中，慢慢加入5mL乙酸锌溶液及5mL亚铁氰化钾溶液，加水至刻度，混匀，静置30min，用干燥滤纸过滤，弃去初滤液，取续滤液备用。

④ 碳酸类饮料　称取100g混匀后的试样，精确至0.01g，试样置蒸发皿中，在水浴上微热搅拌除去二氧化碳后，移入250mL容量瓶中，并用水洗涤蒸发皿，洗液并入容量瓶中，再加水至刻度，混匀后，备用。

(2) 标定碱性酒石酸铜溶液　吸取5.0mL碱性酒石酸铜甲液及5.0mL碱性酒石酸铜乙液，置于150mL锥形瓶中，加水10mL，加入玻璃珠两粒，用滴定管滴加约9mL葡萄糖或其他还原糖标准溶液，控制在2min内加热至沸，趁沸以1滴/2s的速度继续滴加葡萄糖或其他还原糖标准溶液，直至溶液蓝色刚好褪去为终点，记录消耗葡萄糖或其他还原糖标准溶液的总体积，同时平行操作 3 份，取其平均值，计算每 10mL（甲、乙液各 5mL）碱性酒石酸铜溶液相当于葡萄糖的质量或其他还原糖的质量（mg）[也可按上述方法标定 4～20mL 碱性酒石酸铜溶液（甲、乙液各半）来适应试样中还原糖的浓度变化]。

(3) 试样溶液预测　吸取 5.0mL 碱性酒石酸铜甲液及 5.0mL 碱性酒石酸铜乙液，置于 150mL 锥形瓶中，加水 10mL，加入玻璃珠两粒，控制在 2min 内加热至沸，趁沸以先快后慢的速度，从滴定管中滴加试样溶液，并保持溶液沸腾状态，待溶液颜色变浅时，以 1 滴/2s 的速度滴定，直至溶液蓝色刚好褪去为终点，记录样液消耗体积。当样液中还原糖浓度过高时，应适当稀释后再进行正式测定，使每次滴定消耗样液的体积控制在与标定碱性酒石酸铜溶液时所消耗的还原糖标准溶液的体积相近，约 10mL，结果按式(2.1) 计算。当浓度过低时则直接加入 10mL 样品液，免去加水 10mL，再用还原糖标准溶液滴定至终点，记录消耗的体积与标定时消耗的还原糖标准溶液体积之差相当于 10mL 样液中所含还原糖的量，结果按式(2.2) 计算。

(4) 试样溶液测定　吸取 5.0mL 碱性酒石酸铜甲液及 5.0mL 碱性酒石酸铜乙液，置于 150mL 锥形瓶中，加水 10mL，加入玻璃珠两粒，从滴定管滴加比预测体积少 1mL 的试样溶液至锥形瓶中，使在 2min 内加热至沸，保持沸腾继续以 1 滴/2s 的速度滴定，直至蓝色刚好褪去为终点，记录样液消耗体积，同法平行操作 3 份，得出平均消耗体积。

5. 结果计算

试样中还原糖的含量（以某种还原糖计）按式(2.1) 进行计算

$$X=\frac{m_1}{m\times\frac{V}{250}\times1000}\times100 \tag{2.1}$$

式中　X——试样中还原糖含量（以某种还原糖计），g/100g；

m_1——碱性酒石酸铜溶液（甲、乙液各半）相当于某种还原糖的质量，mg；

m——试样质量，g；

V——测定时平均消耗试样溶液体积，mL；

250——试样处理后的总体积，mL。

当浓度过低时试样中还原糖的含量（以某种还原糖计）按式(2.2) 计算

$$X=\frac{m_2}{m\times\frac{10}{250}}\times100\times1000 \tag{2.2}$$

式中　X——试样中还原糖含量（以某种还原糖计），g/100g；

m_2——标定时体积与加入样品后消耗的还原糖标准溶液体积之差相当于某种还原糖的质量，mg。

m——试样质量，g；

10——加入的样品液体积，mL；

250——试样处理后的总体积，mL。

还原糖含量≥10g/100g 时计算结果保留三位有效数字；还原糖含量＜10g/100g 时，计算结果保留两位有效数字。

6. 精密度

在重复条件下获得的两次独立测定结果的绝对值差不得超过算术平均值的 10%。

7. 实验说明

(1) 当称样量为5.0g时，直接滴定法的检出限为0.25g/100g。

(2) 本法适用于各类食品中还原糖的测定。但测定酱油、深色果汁等样品时，因色素干扰，滴定终点常常模糊不清，影响准确性。

(3) 此法所用氧化剂碱性酒石酸铜的氧化能力较强，醛糖和酮糖都可被氧化，所以测定的是总还原糖量。

(4) 本法是根据一定量的碱性酒石酸铜溶液（Cu^{2+}量一定）消耗的样液量来计算样液中还原糖含量，反应体系中Cu^{2+}的含量是定量的基础，所以样品处理时不能用铜盐作澄清剂，以免引入Cu^{2+}，得到错误的结果。

(5) 亚甲蓝也是一种氧化剂，但在测定条件下氧化能力比Cu^{2+}弱，故还原糖先与Cu^{2+}反应，反应完全后稍过量的还原糖才与亚甲蓝指示剂反应，使之由蓝色变为无色，指示到达终点。

(6) 为消除氧化亚铜沉淀对滴定终点观察的干扰，在碱性酒石酸铜乙液中加入少量亚铁氰化钾，使之与Cu_2O生成可溶性的无色络合物，而不再析出红色沉淀。

(7) 碱性酒石酸铜甲、乙液应分别贮存，用时才混合，否则酒石酸钾钠铜络合物长期在碱性条件下会慢慢分解析出氧化亚铜沉淀，使试剂有效浓度降低。

(8) 滴定必须在沸腾条件下进行。一是可加快还原糖与Cu^{2+}的反应速率；二是亚甲蓝变色反应是可逆的，还原型亚甲蓝遇空气中的氧又会被氧化为氧化型。此外，氧化亚铜也极不稳定，易被空气中氧所氧化。保持反应液沸腾可防止空气进入，避免亚甲蓝和氧化亚铜被氧化而增加耗糖量。

(9) 滴定时，不能随意摇动锥形瓶，更不能将锥形瓶从热源上取下滴定，以防止空气进入反应溶液中；滴定结束时，锥形瓶离开热源后，由于空气中氧的氧化，溶液又重新变蓝，此时不应再滴定。

(10) 本方法中，测定条件如反应液碱度、热源强度、加热时间、滴定速度等均会对测定结果造成影响，因此应严格按照规定的条件操作。反应液的碱度直接影响二价铜与还原糖反应的速度、反应进行的程度及测定结果。在一定范围内，溶液碱度愈高，二价铜的还原愈快。因此，必须严格控制反应液的体积，标定和测定时消耗的体积应接近，使反应体系碱度一致。热源一般采用800W电炉，电炉温度恒定后才能加热，热源强度应控制在使反应液在2min内沸腾，且应保持一致。否则加热至沸腾所需时间就会不同，引起蒸发量不同，使反应液碱度发生变化，从而引入误差。沸腾时间和滴定速度对结果影响也较大，一般沸腾时间短，消耗糖液多，反之，消耗糖液少；滴定速度过快，消耗糖量多，反之，消耗糖量少。因此，测定时应严格控制上述实验条件，力求一致。平行试验样液消耗量相差不应超过0.1mL。

(11) 样品溶液预测目的：一是本法对样品溶液中还原糖浓度有一定要求（0.1%左右），测定时样品溶液的消耗体积应与标定葡萄糖标准溶液时消耗的体积相近，通过预测可了解样品溶液浓度是否合适，浓度过大或过小应加以调整，使预测时消耗样液量在10mL左右；二是通过预测可知样液大概消耗量，以便在正式测定时，预先加入比实际用量少1mL左右的样液，只留下1mL左右样液在续滴定时加入，以保证在1min内完成续滴定工作。

(12) 测定时先将反应所需样液的绝大部分加入到碱性酒石酸铜溶液中，与其共沸，仅留1mL左右由滴定方式加入，而不是全部由滴定方式加入，其目的是使绝大多数样液与碱性酒石酸铜在完全相同的条件下反应，减少因滴定操作带来的误差，提高测定精度。

8. 评分标准

考核内容	分值	考核记录(以"√"表示)		得分
天平称量(11分)				
天平检查 ①零点 ②水平 ③称盘清扫	2	未检查水平,−0.5分		
		未清扫称盘,−0.5分		
		未检查天平零点,−1分		
样品取放	1	样品未按照规定方式取放,−0.5分		
		称样器皿未放在称盘中央,−0.5分		
称量操作 ①开关天平门 ②称量操作 ③读数记录	1.5	未做到随手开关天平门,一次−0.5分		
		称量前未及时将天平回零,一次−0.5分		
		未及时记录或用铅笔记录数据,一次−0.5分		
称量结束 样品、天平复位	1.5	未将天平回零,−0.5分		
		未关天平门或天平开关,−0.5分		
		未清扫天平,−0.5分		
基准物质的称量范围	3	±5%＜称量范围≤±10%,一个−1分		
		称量范围＞±10%,−3分		
试样的称量范围	2	±5%＜称量范围≤±10%,一个−1分		
		称量范围＞±10%,−2分		
样品前处理(9分)				
试样制备	3	试样处理方法不当,未混合均匀,−3分		
定容	2	未逐滴加入蒸馏水稀释至刻度,−1分		
		静置时间不足30min,−1分		
过滤	4	未使用干滤纸,−1.5分		
		滤纸边缘未低于漏斗边缘,漏斗中的液面未低于滤纸边缘,−1分		
		未弃去初滤液,−1.5分		
标定碱性酒石酸铜溶液(27分)				
移液管润洗	2	移液管不干燥,−1分		
		未用待测液润洗或润洗少于3次,一次−1分		
吸量管插入溶液前及调节液面前应用滤纸擦拭管尖	2	吸量管插入溶液前未用滤纸擦拭管尖,−1分		
		调节液面前未用滤纸擦拭管尖,−1分		
移液管调节液面	2	视线与刻度线不平齐,−0.5分		
		移液管不垂直,−0.5分		
		调节液面的废液放回原容量瓶,−1分		
放出溶液	2	移液管不垂直,−1分		
		移液管尖碰在带塞容器磨砂口处,−1分		
溶液放出后,移液管靠壁15s后移开	1	未进行或停留时间过短,−1分		

续表

考核内容	分值	考核记录(以"√"表示)		得分
标定碱性酒石酸铜溶液(27 分)				
滴定管的正确使用	6	未进行检漏,-2 分		
		未用蒸馏水及待测溶液润洗或润洗少于 3 次,-1 分		
		装液后未进行排气操作,-1 分		
		未进行调零或调零不正确,-1 分		
		调零后,滴定管尖嘴外悬挂溶液未正确处理(应靠在锥形瓶外壁),-1 分		
滴定	10	未能控制溶液 2min 内沸腾,-1 分		
		滴定速度未能控制在 1 滴/2s 左右,-1 分		
		滴定时未能保持溶液处于沸腾状态,-2 分		
		滴定时,随意摇动锥形瓶,或将锥形瓶从热源上取下滴定,-2 分		
		滴定终点控制不当,-2 分		
		平行试验的样液消耗量相差超过 0.1mL,-2 分		
读数	2	读数时,滴定管未垂直,-1 分		
		读数时,未平视,-1 分		
试样溶液测定(42 分)				
预测	37	滴定的基本操作参照标定碱性酒石酸铜溶液部分的评分标准,不正确-27 分		
		未能严格控制反应液体积,标定和测定时消耗的体积不接近,使反应体系碱度不一致,-5 分		
		预测时消耗样液量不在 10mL 左右,-5 分		
正式测定	5	未保证 1min 内完成续滴定工作,-5 分		
数据记录与处理(7 分)				
原始记录	2	数据不清楚,有涂改,-2 分		
计算过程	2	公式不正确,-2 分		
		公式正确但代入数据不正确,-1 分		
结果评价 精密度=(极差/平均值)×100%	3	10%<比值≤12%,-1 分		
		12%<比值≤15%,-2 分		
		比值≥15%,-3 分		
文明操作(4 分)				
实验过程台面	1	不整洁、混乱,-1 分		
废弃物处理	1	未按规定正确处理,-1 分		
试剂归位	1	实验完成后,全部试剂、器皿、用具没有归位,-1 分		
器皿清洗	1	器皿未清洗,或清洗不净,-1 分		
合计				

项目三 络合滴定法测定水中 Ca^{2+} 含量

水中钙含量直接与水的硬度相关。通常，水的总硬度指水中钙、镁离子的总浓度，其中包括碳酸盐硬度和非碳酸盐硬度。碳酸钙硬度主要是由钙、镁的碳酸氢盐，如$Ca(HCO_3)_2$、$Mg(HCO_3)_2$ 形成的硬度，还有少量的碳酸盐硬度。碳酸氢盐硬度经加热之后分解成沉淀物从水中除去，故亦称为暂时硬度。非碳酸盐硬度主要是由钙、镁的硫酸盐、氯化物和硝酸盐等盐类形成的硬度，如 $CaSO_4$、$MgSO_4$、$CaCl_2$、$MgCl_2$、$Ca(NO_3)_2$、$Mg(NO_3)_2$等。这类硬度不能用加热分解的方法除去，故也称之为永久硬度。水中 Ca^{2+} 的含量称为钙硬度。

目前，国际上对水硬度的表示方法尚未统一。我国使用较多的表示方法有两种：一种是将所测得的钙、镁折算成 CaO 的质量，即以每升水中含有 CaO 的质量来表示，单位为mg/L；另一种以度计：1 硬度单位表示 10 万份水中含 1 份 CaO（即每升水中含 10mg CaO），1°=10mg/kg CaO，这种硬度的表示方法称作德国度。

一般来说，水的硬度于卫生并无妨害，适当地饮用硬水反而有益健康。研究表明，饮用有一定硬度的水的人群，死于心脏病、癌症和慢性病的概率要比软水区的人低大约 10%～15%。但硬度过高的水饮用不适口，会引起肠胃不适，尤其是非碳酸盐硬度过高时，会有苦涩味。长期饮用硬度过低的水也不好，会使骨骼发育不健全。日常生活中，用硬水洗涤时会消耗大量肥皂，而且硬水在煮沸时会生成水垢，带来不便。另外，使用硬水给工业生产带来的影响也十分明显。因此，硬度的测定是确定水质是否适于生活饮用或工业用水要求的重要指标，也是确定选用软化方法和控制操作过程的重要因素。我国现行的生活饮用水的总硬度测定标准为 GB 5750.4—2006。在此只选择了针对水中 Ca^{2+} 含量测定的方法。

1. 原理

钙黄绿素能与水中钙离子生成荧光黄绿色络合物，在 pH>12 时，用 EDTA 标准溶液滴定钙，当接近终点时，EDTA 夺取与指示剂结合的钙，溶液荧光黄绿色消失，呈混合指示剂的红色，即为终点。

2. 试剂和材料

除非另有规定，本方法所用试剂均为分析纯，水为 GB/T 6682 规定的三级水。

(1) 盐酸溶液（1+1）。

(2) 20%氢氧化钾溶液。

(3) 0.01mol/L EDTA 标准溶液。

(4) 钙黄绿素-酚酞混合指示剂：称取钙黄绿素 0.2g、酚酞 0.07g，置于研钵中，再加入 20g 氯化钾，研细混匀，贮于广口瓶中。

3. 仪器

(1) 滴定管：25mL；

(2) 移液管：5mL。

4. 分析步骤

吸取经中速滤纸干过滤的水样 50mL，移入 250mL 锥形瓶中，加入盐酸溶液（1+1）3滴，混匀，加热煮沸半分钟，冷却至 50℃以下，加 5mL 20%氢氧化钾溶液，再加约 80mg 钙黄绿素-酚酞混合指示剂，用 0.01mol/L EDTA 标准溶液滴定至荧光黄绿色消失，出现红色即为终点。

5. 结果计算

水样中 Ca^{2+} 含量 X（mg/L，以 $CaCO_3$ 计）按下式计算：

$$X=\frac{Vc_{\mathrm{EDTA}}\times 100.08\times 1000}{V_{\mathrm{w}}}$$

式中　V——滴定时 EDTA 标准溶液消耗体积，mL；

c_{EDTA}——EDTA 标准溶液浓度，mol/L；

V_w——水样体积，mL；

100.08——碳酸钙摩尔质量，g/mol。

取平行测定两次结果的算术平均值作为水样的钙离子含量。

6. 允许差

水中钙离子含量在 500mg/L（以 $CaCO_3$ 计）时，平行测定两次结果差不大于 2mg/L。

7. 实验说明

(1) 本方法适用于循环冷却水和天然水体中 Ca^{2+} 含量测定。

(2) 若测定时有轻度返色，可滴至不返色为止。

(3) 若返色严重可用慢速滤纸对水样进行“干过滤”。

(4) 也可采用钙指示剂或紫脲酸铵作指示剂。

8. 评分标准

考核内容	分值	考核记录(以“√”表示)		得分
天平称量(11 分)				
天平检查 ①零点 ②水平 ③称盘清扫	2	未检查水平，－0.5 分		
		未清扫称盘，－0.5 分		
		未检查天平零点，－1 分		
样品取放	1	样品未按照规定方式取放，－0.5 分		
		称样器皿未放在称盘中央，－0.5 分		
称量操作 ①开关天平门 ②称量操作 ③读数记录	1.5	未做到随手开关天平门，一次－0.5 分		
		称量前未及时将天平回零，一次－0.5 分		
		未及时记录或用铅笔记录数据，一次－0.5 分		
称量结束 样品、天平复位	1.5	未将天平回零，－0.5 分		
		未关天平门或天平开关，－0.5 分		
		未清扫天平，－0.5 分		
基准物质的称量范围	3	±5%<称量范围≤±10%，一个－1 分		
		称量范围>±10%，－3 分		
试样的称量范围	2	±5%<称量范围≤±10%，一个－1 分		
		称量范围>±10%， 2 分		
样品前处理(5 分)				
过滤	5	未使用干滤纸，－3 分		
		滤纸边缘未低于漏斗边缘，漏斗中的液面未低于滤纸边缘，－2 分		
标定 EDTA 溶液(30 分)				
移液管润洗	2	移液管不干燥，－1 分		
		未用待测液润洗或润洗少于 3 次，－1 分		
吸量管插入溶液前及调节液面前应用滤纸擦拭管尖	2	吸量管插入溶液前未用滤纸擦拭管尖，－1 分		
		调节液面前未用滤纸擦拭管尖，－1 分		

续表

考核内容	分值	考核记录（以“√”表示）		得分
标定 EDTA 溶液（30 分）				
移液管调节液面	2	视线与刻度线不平齐，−0.5 分		
		移液管不垂直，−0.5 分		
		调节液面的废液放回原容量瓶，−1 分		
放出溶液	2	移液管不垂直，−1 分		
		移液管尖碰在带塞量器磨砂口处，−1 分		
溶液放出后，移液管靠壁 15s 后移开	1	未进行或停留时间过短，−1 分		
滴定管的正确使用	6	未进行检漏，−2 分		
		未用蒸馏水以及待测溶液润洗或润洗少于 3 次，−1 分		
		装液后未进行排气操作，−1 分		
		未进行调零或调零不正确，−1 分		
		调零后，滴定管尖嘴外悬挂溶液未正确处理（应靠在锥形瓶的外壁），−1 分		
滴定	13	锥形瓶、滴定管操作不正确、手法不规范，−3 分		
		滴定速度不合理，−2 分		
		未有明显的半滴操作，−2 分		
		终点判断不正确，−3 分		
		每次滴定开始前，未及时补足滴定液，未调零，−3 分		
读数	2	读数时，滴定管未垂直，−1 分		
		读数时，未平视，−1 分		
试样溶液测定（43 分）				
测定	43	滴定的基本操作参照标定 EDTA 溶液部分的评分标准，不正确−30 分		
		未加热煮沸，−5 分		
		未冷却充分即加入氢氧化钾和指示剂，−5 分		
		平行样中指示剂的加入量不一致，−3 分		
数据记录与处理（7 分）				
原始记录	2	数据不清楚，有涂改，−2 分		
计算过程	2	公式不正确，−2 分		
		公式正确但代入数据不正确，−1 分		
结果评价 精密度＝（极差/平均值）×100％	3	0.20％＜比值≤0.3％，−1 分		
		0.3％＜比值≤0.4％，−2 分		
		比值≥0.4％，−3 分		
文明操作（4 分）				
实验过程台面	1	不整洁、混乱，−1 分		
废弃物处理	1	未按规定正确处理，−1 分		
试剂归位	1	实验完成后，全部试剂、器皿、用具没有归位，−1 分		
器皿清洗	1	器皿未清洗，或清洗不净，−1 分		
合计				

模块三　重量分析

重量分析法（gravimetric analysis）是通过物理手段或化学反应使试样中的待测组分以单质或化合物的形式与其他组分分离，然后用称量方式测定该组分含量。由此可知，重量法是直接通过称量而得到分析结果，不需要与标准试样或基准物质进行比较，所以其准确度较高。但是，重量分析又因手续繁琐、费时，且难以测定微量成分等原因，已逐渐为其他分析方法所代替。不过对于某些常量元素（如硫、硅、钨等）及水分、灰分、挥发物等的测定仍沿用重量法。在校对其他分析方法的准确度时，也常用重量法的测定结果作为标准。目前，食品中水分、灰分、粗脂肪等组分的测定即使用该法。

任务一　重量分析操作与计算

项目一　重量分析法的种类及测定原理

根据分离方式的不同，重量分析法可分为挥发法、萃取法和沉淀法三类。

一、挥发法

挥发法是利用物质的挥发性，通过加热或其他方法使试样中待测组分挥发逸出，然后根据试样减少的质量计算待测组分含量。根据称量对象不同，挥发法又可分为直接法和间接法。

1. 直接法

待测组分与其他组分分离后，如果称量的是待测组分或其衍生物，通常称为直接法。例如在进行碳酸盐测定时，加入盐酸与碳酸盐反应放出 CO_2 气体，再用石棉与烧碱的混合物吸收，后者所增加的质量就是 CO_2 的质量，据此可求得碳酸盐含量。食品中灰分测定即属于该类方法

$$灰分(\%)=\frac{灰分量}{试样量}\times100\%$$

2. 间接法

待测组分与其他组分分离后，通过称量其他组分，以测定样品减失的重量，从而求得待测组分含量，此法称为间接法。具体操作步骤是：精密称取适量样品，在一定条件下加热干燥至恒重（所谓恒重是指样品连续两次干燥或灼烧后称得的质量之差小于 0.3mg），用减失的质量和取样量相比来计算干燥失重（包括水分和挥发分）。

实际应用中，间接法常用于测定样品中的水分。样品中水分挥发的难易，与环境的干燥程度和水在样品中存在的状态有关。通常，存在于物质中的水分主要有吸湿水和结晶水两种形式。吸湿水是物质从空气中吸收的水，其含量与空气的相对湿度和物质的粉碎程度有关。环境湿度越大，吸湿量越大；物质颗粒越细小（表面积大），则吸湿量也越大。不过，吸湿水一般在不太高的温度下即能除去。结晶水是水合物内部的水，具有固定的量，可在化学式中表示出来。例如，$Na_2S_2O_3\cdot5H_2O$、$CuSO_4\cdot5H_2O$ 等。

根据物质性质不同，在去除物质中的水分时，常采用以下几种干燥方法。

(1) 常压加热干燥　适用于性质稳定，受热不易挥发、氧化或分解的物质。通常将样品置于电热干燥箱中，加热到105～110℃，保持2h左右，此时吸湿水已被除去。对某些吸湿性强或不易除去的结晶水来说，可适当提高温度或延长干燥时间。例如，氯化钠的干燥失重测定可在130℃下进行。另有一些含结晶水的试样，如 $Na_2SO_4 \cdot 10H_2O$、$NaH_2PO_4 \cdot 2H_2O$、$C_6H_{12}O_6 \cdot H_2O$ 等，虽然受热后不易变质，但因熔点较低，若直接加热至105℃干燥，往往会发生表面熔化结成一层薄膜，致使水分不易挥发而难以至恒重。因此，必须将这些样品先在较低温度或用干燥剂去除大部分水分后，再置于规定温度下干燥至恒重。例如：葡萄糖先在60～80℃干燥1～2h后，再调到105℃干燥至恒重。

(2) 减压加热干燥　适用于高温易变质，或熔点较低的物质。将此类样品置于恒温减压干燥箱中，进行减压加热干燥。由于真空泵能抽走干燥箱内大部分空气，降低了样品周围空气的水分压，所以使其相对湿度较低，有利于样品中水分的挥发，再适当提高温度，干燥效率可进一步提高。

(3) 干燥剂干燥　适用于受热易分解、挥发及能升华的物质。干燥剂干燥，可在常压下进行，也可在减压下进行。将样品置于盛有干燥剂的密闭容器中进行干燥。

干燥剂通常是一些与水分子有强结合力的脱水化合物，它更易吸收空气中水分，使相对湿度降低，从而促进样品中水分挥发。利用干燥剂干燥时，应注意干燥剂选择。常用的干燥剂有无水氯化钙、硅胶、浓硫酸及五氧化二磷，其吸水效率以每升空气中残留水分的质量进行衡量，五氧化二磷（2×10^{-5}）>浓硫酸＝硅胶（3×10^{-3}）>无水氯化钙（1.5）。但从使用方便考虑，以硅胶为最佳。市售商品硅胶为蓝色透明的指示硅胶，若蓝色变为红色，即表示该硅胶已失效，应在105℃左右加热干燥到硅胶重显蓝色，冷却后可再重复使用。

二、萃取法

萃取法，又称提取重量法，利用被测组分在两种互不相溶的溶剂中的溶解度不同，将被测组分从一种溶剂萃取到另一种溶剂中来，然后将萃取液中溶剂蒸去，干燥至恒重，称量萃取出的干燥物质量。根据萃取物的质量，计算被测组分的含量。

分析化学中应用的溶剂萃取主要是液-液萃取，这是一种简单、快速，应用范围相当广泛的分离方法。

1. 分配系数和分配比

各种物质在不同溶剂中有不同的溶解度。例如，当溶质A同时接触两种互不相溶的溶剂时，如果一种是水，一种是有机溶剂，A可分配在这两种溶剂中。在一定温度下，当此分配过程达平衡时，物质A在两种溶剂中的活度比保持恒定，即分配定律，可用下式表示

$$P_a=\frac{\alpha_{A_{有}}}{\alpha_{A_{水}}}$$

如果浓度很小，可以浓度（$[A_{有}]$、$[A_{水}]$）代替活度

$$K_D=\frac{[A_{有}]}{[A_{水}]}$$

这个分配平衡中的平衡常数 K_D 即称为分配系数。K_D 与溶质和溶剂的性质及温度有关，在低浓度下 K_D 是常数。K_D 大的物质，绝大部分进入有机相，容易被萃取；反之，K_D 小的物质，主要留在水相中，不易被萃取。

在实际工作中，由于溶质 A 在一相或两相中，常常会离解、聚合或与其他组分发生化学反应，因此，溶质在两相中以多种形式存在。例如 I_2 在水和 CCl_4 两相的分配体系中，如有 KI 共存，则在水相中不仅有 I_2 存在，还有 I_3^- 存在。此种复杂体系中，再用分配系数来说明整个萃取过程的平衡问题，显然较为困难。于是引入分配比 D 这一参数。分配比 D 是指分别存在于两相中的溶质的总浓度之比。若以 $c_{有}$ 和 $c_{水}$ 分别代表有机相和水相中溶质的总浓度，则其比值为

$$D=\frac{c_{有}}{c_{水}}$$

在最简单的萃取体系中，溶质在两相中的存在形式完全相同时，$D=KD$；实际情况下，$D\neq KD$。通常，分配比不是常数，改变溶质和有关试剂浓度，都可引起分配比变化。尽管如此，由于分配比易于测得，测定时，无需探讨溶质在溶液中以何种形式存在，而只需在达到分配平衡后，分离两相，分别测定两相中所含溶质的量，改算成浓度就可计算分配比。因此，在一定条件下运用分配比来估计萃取效率具有实际意义。若 $D>1$，则表示溶质经萃取后，大部分进入有机相中。实际工作中，要求 $D>10$ 才可取得较好的萃取效率。

2. 萃取效率

萃取效率就是萃取的完全程度，常用萃取百分率（E）表示，即

$$E\%=\frac{\text{被萃取物在有机相中总量}}{\text{被萃取物在两相中总量}}\times100\%$$

当溶质 A 的水溶液用有机溶剂萃取时，如已知水相体积为 $V_{水}$，有机相体积为 $V_{有}$，则萃取效率 E 可表示为

$$E\%=\frac{c_{有}V_{有}}{c_{有}V_{有}+c_{水}V_{水}}\times100\%$$

把上式分子分母同除以 $c_{水}V_{有}$，得

$$E\%=\frac{D}{D+\frac{V_{水}}{V_{有}}}\times100\%$$

可见，萃取百分率由分配比 D 和两相的体积比 $V_{水}/V_{有}$ 决定。D 愈大，体积比越小，则萃取效率就越高。在实际工作中，常用等体积的两相进行萃取，即 $V_{有}=V_{水}$，则上式简化为

$$E\%=\frac{D}{D+1}\times100\%$$

分配比小的系统，萃取效率也低。在实际工作中，对于分配比较小的溶质，采取分几次加入溶剂，连续几次萃取的办法，以提高萃取效率。如果对 W_0 g 被萃物，每次用 $V_{有}$ mL 有机溶剂萃取，共萃取 n 次，水相中剩余被萃取物的质量减少至 W_n g，则

$$W_n=W_0\left(\frac{V_{水}}{DV_{有}+V_{水}}\right)^n$$

多次萃取可采用分液漏斗，连续萃取可用索式提取器进行。

【例 3.1】 有 90mL 含碘 10mg 的水溶液，用 90mL CCl_4 一次全量萃取，萃取效率为多

少？若用90mL溶剂分3次，每次用30mL进行萃取，其萃取效率是多少？已知$D=85$。

解：一次全量萃取效率为

$$E\%=\frac{D}{D+1}\times100\%=\frac{85}{85+1}\times100\%=98.84\%$$

用90mL溶剂分3次萃取，则剩余物质质量W_3和萃取效率分别为

$$W_3=10\times\left(\frac{90}{85\times30+90}\right)^3=4.0\times10^{-4}(\text{mg})$$

$$E\%=\frac{10-4.0\times10^{-4}}{10}\times100\%=99.99\%$$

三、沉淀法

沉淀法是利用沉淀反应，将被测组分转化成微溶化合物形式沉淀出来，然后将沉淀过滤、洗涤、干燥或灼烧，最后称重并计算被测组分含量。沉淀法是重量分析法中的主要方法，但在目前食品的测试项目中应用较少。

项目二　重量分析仪器设备操作

一、电子天平的使用

(1) 精度要求高的电子天平理想的放置条件是室温（20±2)℃，相对湿度45%～60%。

(2) 使用前检查天平是否水平，调整水平。

(3) 称量前接通电源预热30min（或按说明书要求）。

(4) 校准　首次使用天平必须校准天平，将天平从一地移到另一地使用时或在使用一段时间后，应对天平重新校准。为使称量更为精确，亦可随时对天平进行校准。用内装校准砝码或外部自备有修正值的校准砝码进行。

(5) 称量　按下显示屏的开关键，待显示稳定的零点后，将物品放到秤盘上，关上防风门。显示稳定后即可读取称量值。操纵相应的按键可以实现“去皮”、“增重”、“减重”等称量功能。

(6) 清洁　污染时用含少量中性洗涤剂的柔软布擦拭。勿用有机溶剂和化纤布。样品盘可清洗，充分干燥后再装到天平上。

二、马弗炉的使用

(1) 为确保使用安全，马弗炉必须加装地线，并良好接地。

(2) 马弗炉加热时，炉外壳也会变热，工作环境要求无易燃易爆物品和腐蚀性气体，且容易散热。

(3) 马弗炉使用完毕，应切断电源，使其自然降温。待温度降至100℃以下时，方可开炉门；不应立即打开炉门，以免炉膛突然受冷碎裂，如急用，可先开一条小缝，让其降温加快。

(4) 新炉内的耐火材料含有一定水分，第一次使用或长期停用后再次使用时须先进行烘炉，温度200～600℃，逐渐升温，时间约4～5h，以防止炉膛受潮后因温度急剧变化而破裂，首次使用通过烘烤还可使加热元件生成氧化层。

(5) 使用时炉膛温度不得超过最高炉温，以免烧毁电热元件，也不要长时间工作在额定温度以上。

(6) 注意安全，防止烫伤。

(7) 几次循环加热后，炉子的绝缘材料可能出现裂纹，这些裂纹是热膨胀引起的，对炉子的质量没有影响。

三、电热恒温干燥箱的使用

(1) 电热恒温干燥箱消耗的电流比较大，因此，它所用的电源线、闸刀开关、保险丝、插头、插座等都必须有足够的容量。为了安全，箱壳应接好地线。

(2) 如果需要观察恒温室内的物品，可打开外门，隔着内玻璃门进行观察。开门次数不宜过多，以免影响恒温。

(3) 对老式电热恒温干燥箱来说，使用时应选择一支合适的水银温度计插入干燥箱顶部排气窗中央的插孔内，以便随时观察箱内的温度。调温旋钮所指的数字，不是箱内温度的实际读数，它只是调温时供记忆的刻度。箱内温度的高低应以温度计的指示为准。新式干燥箱由于其温度显示比较直观，不需要用水银温度计观察。

(4) 对玻璃器皿进行高温干热或灭菌时，需等箱内温度降低之后，才能开门取出，以免玻璃骤然遇冷而炸裂。

(5) 放入箱内的物品不应过多、过挤。如果被干燥的物品比较湿润，应将排气窗开大。加热时，可开动鼓风机，以便水蒸气加速排至箱外。但不要让鼓风机长时间连续运转，要注意适当休息。

(6) 严禁把易燃、易爆、易挥发的物品放入箱内，以免发生事故。

(7) 电热恒温干燥箱恒温室下方的散热板上，不能放置物品，以免烤坏物品或引起燃烧。

项目三　重量分析计算

一、重量分析的换算因子

重量分析中，最后的称量形式与待测组分的形式是否有差异是影响最终计算结果的关键。通常，待测组分的摩尔质量与称量形式的摩尔质量之比是常数，称为换算因子，以 F 表示。

(1) 最后的称量形式与待测组分形式一致，$F=1$。

例如：测定要求计算 SiO_2 的含量，重量分析最后称量形式也是 SiO_2，那么 SiO_2 的质量分数（w_{SiO_2}）可按下式计算

$$w_{SiO_2}=\frac{m_{SiO_2}}{m_s}\times F\times 100=\frac{m_{SiO_2}}{m_s}\times 100$$

式中　m_{SiO_2}——SiO_2 的质量，g；

m_s——试样质量，g。

(2) 最后的称量形式与被测组分形式不一致，$F\neq 1$。

例如：测定钡时，得到 $BaSO_4$ 沉淀 0.5051g，可按下列方法换算成被测组分钡的质量分数（w_{Ba}）：

$$w_{Ba}=\frac{m_{Ba}}{m_s}\times F\times 100=\frac{m_{BaSO_4}}{m_s}\times\frac{M_{Ba}}{M_{BaSO_4}}\times 100=\frac{m_{BaSO_4}}{m_s}\times\frac{M_{Ba}}{M_{BaSO_4}}\times 100$$

$$=\frac{0.5051}{m_s}\times\frac{137.4}{233.4}\times 100=\frac{0.5051}{m_s}\times\frac{137.4}{233.4}\times 100$$

式中　m_{BaSO_4} 和 M_{BaSO_4}——分别为称量形式 $BaSO_4$ 的质量和摩尔质量；

m_{Ba} 和 M_{Ba}——分别为被测组分形式 Ba^{2+} 的质量和摩尔质量；

m_s——试样质量，g。

求算换算因子时，一定要注意使分子和分母所含被测组分的原子或分子数目相等，否则需要在待测组分的摩尔质量和称量形式摩尔质量之前乘以适当的系数。表 3.1 列出几种常见物质的换算因子的计算。

表 3.1 几种常见物质的换算因子的计算

被测组分	称量形式	换算因数	被测组分	称量形式	换算因数
Fe	Fe_2O_3	$2M(Fe)/M(Fe_2O_3)=0.6994$	P_2O_5	$Mg_2P_2O_7$	$M(P_2O_5)/M(Mg_2P_2O_7)=0.6377$
Fe_3O_4	Fe_2O_3	$2M(Fe_3O_4)/3M(Fe_2O_3)=0.9666$	MgO	$Mg_2P_2O_7$	$2M(MgO)/M(Mg_2P_2O_7)=0.3621$
P	$Mg_2P_2O_7$	$2M(P)/M(MgP_2O_7)=0.2783$	S	$BaSO_4$	$M(S)/M(BaSO_4)=0.1374$

二、重量分析计算实例

【例 3.2】 用 $BaSO_4$ 重量法测定黄铁矿中硫的含量时，称取试样 0.1819g，最后得到 $BaSO_4$ 沉淀 0.4821g，计算试样中硫的质量分数。

解：沉淀为 $BaSO_4$，称量形式也是 $BaSO_4$，但被测组分是 S，所以必须把称量组分利用换算因数换算为被测组分，才能算出被测组分的含量。已知 $BaSO_4$ 相对分子质量为 233.4；S 相对原子质量为 32.06。

$$w_s=\frac{m_S}{m_s}\times 100=\frac{m_{BaSO_4}\times\frac{M(S)}{M(BaSO_4)}}{m_s}\times 100=\frac{0.4821\times\frac{32.06}{233.4}}{0.1819}\times 100=36.41\%$$

答：该试样中硫的质量分数为 36.41%。

【例 3.3】 分析某一化学纯 $AlPO_4$ 的试样，得到 0.1126g $Mg_2P_2O_7$，问可以得到多少 Al_2O_3？

解：已知 $M(Mg_2P_2O_7)=222.6$g/mol；$M(Al_2O_3)=102.0$g/mol；按题意：$Mg_2P_2O_7\sim 2P\sim 2Al\sim Al_2O_3$

$$m_{Al_2O_3}=m_{Mg_2P_2O_7}\times\frac{M(Al_2O_3)}{M(Mg_2P_2O_7)}=0.1126\times\frac{102.0}{222.6}=0.05160(g)$$

答：该 $AlPO_4$ 试样可得 Al_2O_3 0.05160g。

任务二 实训项目

项目一 食品中水分的测定

水分含量是食品的一项重要质量指标。控制食品的水分含量，对于保持食品良好的感官性状，维持食品中其他组分的平衡关系，保证食品具有一定的保质期具有重要意义。从含水量来讲，食品含水量高低会直接影响食品风味、腐败和发霉情况，在食品的鲜度、硬软性、流动性、呈味性、保藏性、加工性等许多方面起着至关重要的作用。水分还是食品的一项重要的经济指标，食品工厂可按原料中的水分含量进行物料衡算。因此，了解食品水分含量，不但能掌握食品的基础数据，而且增加了其他测定项目的数据的可比性。

食品中水分有三种主要的存在形态，即游离水、结合水和化合水。游离水是存在于动植物细胞外各种毛细管和腔体中的自由水，包括吸附于食品表面的吸附水；结合水是形成食品胶体状态的水，如蛋白质、淀粉的水合作用和膨润吸收的水分，及糖类、盐类等形成的结晶水；化合水是指物质分子结构中与其他物质化合生成新的化合物的水，如碳水化合物中的水。游离水易于分离，后两种形态的水分不易分离。如果不考虑各形态水分的蒸发条件，不加限制地长时间加热干燥食品，必然会使其变质，影响最终的分析结果。所以要在一定温度、一定时间和规定的操作条件下进行测定。测定食品中水分含量的国家标准方法（GB 5009.3—2010）有：直接干燥法、减压干燥法、蒸馏法和卡尔？费休法，其中直接干燥法为第一法，即仲裁方法，其测定过程如下。

1. 原理

利用食品中水分的物理性质，在101.3kPa（一个大气压）、温度101～105℃下采用挥发方法测定样品中干燥减失的质量，包括吸湿水、部分结晶水和该条件下能挥发的物质，再通过干燥前后的称量数值计算出水分的含量。

2. 试剂和材料

除非另有规定，本方法中所用试剂均为分析纯。

（1）盐酸 优级纯。

（2）氢氧化钠（NaOH） 优级纯。

（3）盐酸溶液（6mol/L） 量取50mL盐酸，加水稀释至100mL。

（4）氢氧化钠溶液（6mol/L） 称取24g氢氧化钠，加水溶解并稀释至100mL。

（5）海沙 取用水洗去泥土的海沙或河沙，先用盐酸（6mol/L）煮沸0.5h，用水洗至中性，再用氢氧化钠溶液（6mol/L）煮沸0.5h，用水洗至中性，经105℃干燥备用。

3. 仪器和设备

（1）扁形铝制或玻璃制称量瓶。

（2）电热恒温干燥箱。

（3）干燥器 内附有效干燥剂。

（4）天平 感量为0.1mg。

4. 分析步骤

（1）固体试样 取洁净铝制或玻璃制的扁形称量瓶，置于101～105℃干燥箱中，瓶盖斜支于瓶边，加热1h，取出盖好，置干燥器内冷却0.5h，称量，并重复干燥至前后两次质量差不超过2mg，即为恒重。将混合均匀的试样迅速磨细至颗粒小于2mm，不易研磨的样品应尽可能切碎，称取2～10g试样（精确至0.0001g），放入已恒重的称量瓶中，试样厚度不超过5mm，如为疏松试样，厚度不超过10mm，加盖，精密称量后，置101～105℃干燥箱中，瓶盖斜支于瓶边，干燥2～4h后，盖好取出，放入干燥器内冷却0.5h后称量。然后再放入101～105℃干燥箱中干燥1h左右，取出，放入干燥器内冷却0.5h后再称量。重复以上操作至前后两次质量差不超过2mg，即为恒重。

（2）半固体或液体试样 取洁净的称量瓶，内加10g海沙及一根小玻璃棒，置于101～105℃干燥箱中，干燥1h后取出，放入干燥器内冷却0.5h后称量，并重复干燥至恒重。然后称取5～10g试样（精确至0.0001g），置于蒸发皿中，用小玻璃棒搅匀放在沸水浴上蒸干，并随时搅拌，擦去皿底的水滴，置101～105℃干燥箱中干燥4h后盖好取出，放入干燥器内冷却0.5h后称量。然后再放入101～105℃干燥箱中干燥1h左右，取出，放入干燥器内冷却0.5h后再称量。重复以上操作至前后两次质量差不超过

2mg，即为恒重。

5. 结果计算

试样中水分含量按下式进行计算

$$X=\frac{m_1-m_2}{m_1-m_3}\times 100$$

式中　X——试样中水分的含量，g/100g；

m_1——称量瓶（加海沙、玻璃棒）和试样的质量，g；

m_2——称量瓶（加海沙、玻璃棒）和试样干燥后的质量，g；

m_3——称量瓶（加海沙、玻璃棒）的质量，g。

水分含量≥1g/100g时，计算结果保留3位有效数字；水分含量<1g/100g时，计算结果保留两位有效数字。

6. 精密度

在重复性条件下获得的两次独立测定结果的绝对差值不得超过算术平均值的5%。

7. 实验说明

(1) 本方法适用于在101～105℃下，不含或含其他挥发性物质甚微的谷物及其制品、水产品、豆制品、乳制品、肉制品及卤菜制品等食品中水分的测定，不适用于水分含量小于0.5g/100g的样品。

(2) 称量器皿的选择　测定水分的称量器皿通常有玻璃称量瓶和铝制称量皿两种。玻璃称量瓶能耐酸耐碱，不受样品性质的限制，易碎是其缺点；铝制称量皿质量轻，导热性强，但对酸性食品不适宜（如醋等）。

(3) 样品的制备　在研磨固体样品的过程中，动作要迅速，防止样品中水分含量变化。黏稠态样品（如果酱、糖浆等）在直接加热干燥时，表面易结壳焦化，导致内部水分的蒸发受阻，在测定前可加入精制海沙混匀，增大水分的蒸发面积。海沙使用前先干燥至恒重。液体样品含水量较多，应先低温再高温烘烤，避免样品溅出。

(4) 水果、蔬菜样品，要先用自来水冲洗泥沙，然后用蒸馏水冲洗，最后用洁净纱布吸干表面水分。

(5) 样品称量、干燥及冷却　样品称量后应均匀铺平。在干燥过程中应防止铁锈、灰尘等异物落入样品中。称量皿从烘箱中取出后，应迅速放入干燥器中进行冷却，否则，不易达到恒重。

(6) 果糖含量较高的样品，如蜂蜜、水果制品等，在高温（>70℃）下长时间加热，果糖会发生氧化分解，宜采用减压干燥法。

(7) 含有较多氨基酸、蛋白质及羰基化合物的样品，长时间加热则会发生羰氨反应析出水分，宜用其他方法测定水分。

(8) 含挥发性组分较多的样品，如香精油、低醇饮料宜采用蒸馏法进行测定。

(9) 水分测定中，恒重的标准一般定在1～3mg，依食品种类和测定要求而定。

(10) 两次恒重值在最后计算中，取最后一次的称量值。

(11) 变色硅胶做干燥剂，吸湿后从蓝色变为红色，需在135℃条件下烘2～3h使其再生。

(12) 测定水分后的样品，可供测脂肪、灰分含量用。

8. 评分标准

考核内容	分值	考核记录(以"√"表示)		得分
天平称量(42 分)				
天平检查 ① 零点 ② 水平 ③ 称盘清扫	10	未检查水平,−3 分		
		未清扫称盘,−2 分		
		未检查天平零点,−5 分		
样品取放 ① 称量纸 ② 称量皿和样品取拿方式 ③ 称量皿的放置位置	20	未使用称量纸,−2 分		
		用手直接触称量皿和样品,−5 分		
		固体样品加样操作未能轻轻振动,逐渐抖落,−2 分		
		液体样品取样未用量具或胶头滴管,−2 分		
		固体样品撒落或液体样品洒落,−8 分		
		称量皿未放在称盘中央,一次 −1 分		
称量操作 ① 开关天平门 ② 称量操作 ③ 读数记录	6	未做到随手开关天平门,一次 −2 分		
		称量前未及时将天平回零,一次 −2 分		
		未及时记录或用铅笔记录数据,一次 −2 分		
称量结束后 样品、天平复位	6	未将天平回零,−3 分		
		未关天平门或天平开关,−2 分		
		未清扫天平,−1 分		
分析过程(47 分)				
① 样品制备 ② 样品称量 ③ 样品干燥 ④ 恒温干燥箱使用	47	未能根据样品形态选择海沙的使用,−5 分		
		固体样品粉碎颗粒远远大于 2mm,−4 分		
		样品铺放厚度不合适,−4 分		
		称量皿未预先干燥至恒重,−5 分		
		样品放入烘箱时未将称量皿盖打开,−3 分		
		样品放入干燥器冷却时、称量时未加盖,各−3 分		
		称量皿从烘箱取出未能快速放入干燥器,−2 分		
		不同阶段恒温干燥时间不够,−3 分		
		最后恒重的前后两次质量差超过 2mg,−5 分		
		未能按照说明书正确使用恒温干燥箱,−5 分		
		未能正确调节恒温干燥箱温度,−5 分		
数据记录与处理(7 分)				
原始记录	2	数据不清楚,有涂改,−2 分		
计算过程	2	公式不正确,−2 分		
		公式正确但代入数据不正确,−1 分		
结果评价 精密度=(极差/平均值)×100%	3	5%<比值≤6%,−1 分		
		6%<比值≤7%,−2 分		
		比值≥7%,−3 分		
文明操作 (4 分)				
实验过程台面	1	不整洁、混乱,−1 分		
废弃物处理	1	未按规定正确处理,−1 分		
试剂归位	1	实验完成后,全部试剂、器皿、用具没有归位,−1 分		
器皿清洗	1	器皿未清洗,或清洗不净,−1 分		
合计				

项目二　食品中灰分的测定

食品经高温灼烧后，所含有机物即挥发逸散，无机成分（无机盐和氧化物）残留下来，此残留物即为灰分。它是标志食品中无机成分总量的一项指标。测定食品中灰分具有十分重要的意义，可作为食品营养评估分析的一项指标。对于某种食品，当其所用原料、加工方法及测定条件确定后，灰分含量常在一定范围内。如果灰分含量超出正常范围，就说明食品在生产中可能使用了不合乎卫生标准要求的原料或食品添加剂，或食品在加工、贮运过程中受到污染。因此，测定灰分可以判断食品受污染的程度。再者，通过灰分含量还可评价食品的加工精度和食品的品质，是食品质量控制的重要指标。如面粉加工中常以总灰分含量评定面粉等级。总灰分在牛奶中的含量是恒定的，一般在 0.68%～0.74%，平均值接近 0.70%，因此，通过测定牛奶中总灰分来判断牛奶是否掺假，若掺水，灰分将降低。GB 5009.4—2010 为我国现行的食品中灰分测定的方法标准。

1. 原理

食品经灼烧后所残留的无机物质称为灰分。灰分数值系用灼烧、称量后计算得出。

2. 试剂和材料

（1）乙酸镁［$(CH_3COO)_2Mg \cdot 4H_2O$］ 分析纯。

（2）乙酸镁溶液（80g/L） 称取 8.0g 乙酸镁，加水溶解并定容至 100mL，混匀。

（3）乙酸镁溶液（240g/L） 称取 24.0g 乙酸镁，加水溶解并定容至 100mL，混匀。

3. 仪器和设备

（1）马弗炉　温度≥600℃。

（2）天平　感量为 0.1mg。

（3）石英坩埚或瓷坩埚。

（4）干燥器（内有干燥剂）。

（5）电热板。

（6）水浴锅。

4. 分析步骤

（1）坩埚灼烧　取大小适宜的石英坩埚或瓷坩埚置马弗炉中，在（550±25)℃下灼烧 0.5h，冷却至 200℃左右，取出，放入干燥器中冷却 30min，准确称量。重复灼烧至前后两次称量相差不超过 0.5mg 为恒重。

（2）称样　灰分大于 10g/100g 的试样称取 2～3g（精确至 0.0001g）；灰分小于 10g/100g 的试样称取 3～10g（精确至 0.0001g）。

（3）测定

① 一般食品　液体和半固体试样应先在沸水浴上蒸干。固体或蒸干后的试样，先在电热板上以小火加热使试样充分炭化至无烟，然后置于马弗炉中，在（550±25)℃灼烧 4h。冷却至 200℃左右，取出，放入干燥器中冷却 30min，称量前如发现灼烧残渣有炭粒时，应向试样中滴入少许水润湿，使结块松散，蒸干水分再次灼烧至无炭粒即表示灰化完全，方可称量。重复灼烧至前后两次称量相差不超过 0.5mg 为恒重。按式（3.1）计算。

② 含磷较高的豆类及其制品、肉禽制品、蛋制品、水产品、乳及乳制品：称取试样后，加入 1.00mL 乙酸镁溶液（240g/L）或 3.00mL 乙酸镁溶液（80g/L），使试样完全湿润。放置 10min 后，在水浴上将水分蒸干，先在电热板上以小火加热使试样充分炭化至无烟，

然后置于马弗炉中，在（550±25）℃灼烧 4h。冷却至 200℃左右，取出，放入干燥器中冷却 30min，称量前如发现灼烧残渣有炭粒时，应向试样中滴入少许水润湿，使结块松散，蒸干水分再次灼烧至无炭粒即表示灰化完全，方可称量。重复灼烧至前后两次称量相差不超过 0.5mg 为恒重。按式（3.2）计算。

吸取 3 份与上述测定相同浓度和体积的乙酸镁溶液，做 3 次试剂空白试验。当 3 次试验结果的标准偏差小于 0.003g 时，取算术平均值作为空白值。若标准偏差超过 0.003g 时，应重新做空白值试验。

5. 结果计算

试样中灰分可按式（3.1）或式（3.2）计算：

$$X_1=\frac{m_1-m_2}{m_3-m_2}\times 100 \tag{3.1}$$

$$X_2=\frac{m_1-m_2-m_0}{m_3-m_2}\times 100 \tag{3.2}$$

式中　X_1（测定时未加乙酸镁溶液）——试样中灰分的含量，g/100g；

X_2（测定时加入乙酸镁溶液）——试样中灰分的含量，g/100g；

m_0——氧化镁（乙酸镁灼烧后生成物）的质量，g；

m_1——坩埚和灰分的质量，g；

m_2——坩埚的质量，g；

m_3——坩埚和试样的质量，g。

试样中灰分含量≥10g/100g 时，保留 3 位有效数字；试样中灰分含量＜10g/100g 时，保留两位有效数字。

6. 精密度

在重复性条件下获得的两次独立测定结果的绝对差值不得超过算术平均值的 5%。

7. 实验说明

（1）本方法适用于除淀粉及其衍生物之外的食品中灰分含量的测定。

（2）样品炭化时要注意热源强度，防止产生大量泡沫溢出坩埚；只有炭化完全，即不冒烟后才能放入高温电炉中。灼烧空坩埚与灼烧样品的条件应尽量一致，以消除系统误差。

（3）把坩埚放入高温炉或从炉中取出时，要在炉口停留片刻，使坩埚预热或冷却。防止因温度剧变而使坩埚破裂。

（4）灼烧后的坩埚应冷却到 200℃以下再移入干燥器中，否则因过热产生对流作用，易造成残灰飞散，且冷却速度慢，冷却后干燥器内也易形成较大真空，盖子打不开。

（5）对于含糖分、淀粉、蛋白质较高的样品，为防止其发泡溢出，炭化前可加数滴辛醇或纯植物油。

（6）新坩埚在使用前须在体积分数为 20%的盐酸溶液中煮沸 1～2h，然后用自来水和蒸馏水分别冲洗干净，并烘干。用过的旧坩埚经初步清洗后，可用废盐酸浸泡 20min 左右，再用水冲洗干净。

（7）反复灼烧至恒重是判断灰化是否完全最可靠的方法。因为有些样品即使灰化完全，残留也不一定是白色或灰白色。例如铁含量高的食品，残灰呈褐色；锰、铜含量高的食品，残灰呈蓝绿色。而有时即使灰的表面呈白色或灰白色，但内部仍有炭粒存留。

（8）灰化温度的高低和时间对灰分测定结果影响很大。由于各种食品中无机成分的组成、性质及含量各不相同，灰化的温度和时间通常有所不同。对于鱼类及海产品、谷类及其制品、乳制品，灰化温度控制为≤550℃；果蔬及其制品、砂糖及其制品、肉制品为525℃；谷类饲料样品可达到575℃。总之，灼烧温度不应超过600℃，灰化温度过高，将引起钾、钠、氯等元素的挥发损失，而且磷酸盐、硅酸盐类也会熔融、包裹炭粒，使之难以被氧化；灰化温度过低，则时间长，灰化不完全。因此，须根据食品的种类和性状，控制合适的灰化温度和时间。

(9) 含磷较多的谷物及其制品，灰化过程中磷酸盐会熔融而包裹炭粒，难以完全灰化而达到恒重。通常可采用下述方法加速灰化：①样品经初步灼烧后，取出冷却，从容器边缘慢慢加入少量去离子水，使水溶性盐类溶解，被包裹住的炭粒暴露出来，在水浴上慢慢蒸发至干固，置于120℃烘箱中充分干燥，防止灼烧时残灰飞散，再灼烧至恒重。②加入几滴硝酸或双氧水，加速炭粒氧化，蒸干后再灼烧至恒重。也可以加入10%碳酸铵等疏松剂，在灼烧时分解为气体逸出，使灰分松散，促进炭粒灰化。

8. 评分标准

考核内容	分值	考核记录(以"√"表示)		得分
天平称量(42分)				
天平检查 ① 零点 ② 水平 ③ 称盘清扫	10	未检查水平，-3分		
		未清扫称盘，-2分		
		未检查天平零点，-5分		
样品取放 ① 称量纸 ② 称量皿和样品取拿方式 ③ 称量皿的放置位置	20	未使用称量纸，-2分		
		用手直接触称量皿和样品，-5分		
		固体样品加样操作未能轻轻振动，逐渐抖落，-2分		
		液体样品取样未用量具或胶头滴管，-2分		
		固体样品撒落或液体样品洒落，-8分		
		称量皿未放在称盘中央，一次 -1分		
称量操作 ① 开关天平门 ② 称量操作 ③ 读数记录	6	未做到随手开关天平门，一次 -2分		
		称量前未及时将天平回零，一次 -2分		
		未及时记录或用铅笔记录数据，一次 -2分		
称量结束后 样品、天平复位	6	未将天平回零，-3分		
		未关天平门或天平开关，-2分		
		未清扫天平，-1分		
分析过程(47分)				
① 坩埚灼烧 ② 样品称量 ③ 炭化 ④ 灰化 ⑤ 马弗炉使用	47	未根据样品量选择大小合适的坩埚，-2分		
		坩埚放入马弗炉或从炉中取出时，未在炉口停留，-3分		
		空坩埚未恒重，-5分		
		未根据样品中灰分大致含量准确称取合适样品量，-3分		
		炭化时炉温过高，样品溢出，-5分		
		未能正确判断样品炭化和灰化完全，各-5分		
		未冷却至室温即称重，-3分		
		样品未灼烧至恒重即结束实验，-3分		
		未按标准要求进行空白实验，-3分		
		未能按照说明书正确使用马弗炉，-5分		
		未能正确调节马弗炉温度，-5分		

续表

考核内容	分值	考核记录(以"√"表示)		得分
数据记录与处理(7分)				
原始记录	2	数据不清楚,有涂改,-2分		
计算过程	2	公式不正确,-2分		
		公式正确但代入数据不正确,-1分		
结果评价 精密度=(极差/平均值)×100%	3	5%<比值≤6%,-1分		
		6%<比值≤7%,-2分		
		比值≥7%,-3分		
文明操作(4分)				
实验过程台面	1	不整洁、混乱,-1分		
废弃物处理	1	未按规定正确处理,-1分		
试剂归位	1	实验完成后,全部试剂、器皿、用具没有归位,-1分		
器皿清洗	1	器皿未清洗,或清洗不净,-1分		
合计				

项目三　食品中粗脂肪的测定

脂肪是重要的营养成分之一，是人体组织细胞的一种重要成分，是人体热能的主要来源，有助于脂溶性维生素的吸收。与蛋白质结合生成脂蛋白，在调节人体生理机能、完成生化反应方面具有重要的作用。因此，各种食品中脂肪含量是食品的重要质量指标之一。食品中脂肪主要有两种存在形式，即游离脂肪和结合脂肪。通常，脂类不溶于水，易溶于有机溶剂，所以测定时用低沸点有机溶剂进行萃取。常用的有机溶剂有乙醚、石油醚、氯仿-甲醇混合溶剂。GB/T 14772—2008 中规定的食品中粗脂肪的测定即是在索氏提取器中用乙醚或石油醚反复提取。

1. 原理

利用脂肪能溶于有机溶剂的性质，在索氏提取器中将干燥样品用无水乙醚或石油醚等溶剂反复提取，然后蒸去溶剂，所得残留物即为粗脂肪。

2. 试剂

除非另有规定，所有试剂均使用分析纯试剂。

(1) 无水乙醚　分析纯，不含过氧化物。

(2) 石油醚　分析纯，沸程 30～60℃。

(3) 海沙　直径 0.65～0.85mm，二氧化硅含量不低于 99%。

3. 仪器

(1) 索氏提取器　如图 3.1 所示。

(2) 电热恒温鼓风干燥箱　温控 (103±2)℃。

(3) 分析天平　感量 0.1mg。

(4) 称量皿　铝制或玻璃质，内径 60～65mm，高 25～30mm。

(5) 绞肉机　箅孔径不超过 4mm。

(6) 组织捣碎机。

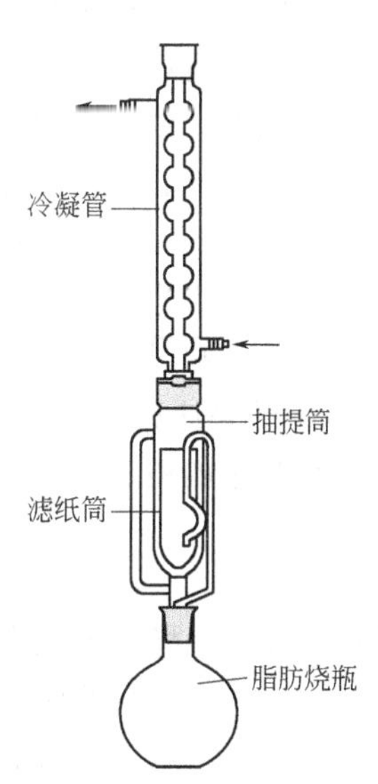

图 3.1　索氏提取器

4. 分析步骤

（1）样品处理

① 固体样品　取有代表性的样品至少 200g，用研钵捣碎、研细、混合均匀，置于密闭玻璃容器内；不易捣碎、研细的样品，应切（剪）成细粒，置于密闭玻璃容器内。

② 粉状样品　取有代表性的样品至少 200g（如粉粒较大也应用研钵研细），混合均匀，置于密闭玻璃容器内。

③ 糊状样品　取有代表性的样品至少 200g，混合均匀，置于密闭玻璃容器内。

④ 固、液体样品　按固、液体比例，取有代表性的样品至少 200g，用组织捣碎机捣碎，混合均匀，置于密闭玻璃容器内。

⑤ 肉制品　取去除不可食部分、具有代表性的样品至少 200g，用绞肉机至少绞两次，混合均匀，置于密闭玻璃容器内。

（2）索氏提取器的清洗　将索氏提取器各部位充分洗涤并用蒸馏水清洗后烘干。脂肪烧瓶在（103±2)℃的烘箱内干燥至恒重（前后两次称量差不超过 0.002g)。

（3）称样、干燥

① 用洁净称量皿称取约 5g 样品，精确至 0.001g。

② 含水量约 40%以上的试样，加入适量海沙，置沸水浴上蒸发水分。用一端扁平的玻璃棒不断搅拌，直至松散状；含水量 40%以下的试样，加适量海沙，充分搅匀。

③ 将上述拌有海沙的试样全部移入滤纸筒内，用蘸有无水乙醚或石油醚的脱脂棉擦净称量皿和玻璃棒，一并放入滤纸筒内。滤纸筒上方塞填少量脱脂棉。

④ 将盛有试样的滤纸筒移入电热鼓风干燥箱内，在（103±2)℃下烘干 2h。西式糕点应在（90±2)℃下烘干 2h。

（4）提取　将干燥后盛有试样的滤纸筒放入索氏提取器的抽提筒内，连接已干燥至恒重的脂肪烧瓶，由抽提器冷凝管上端加入乙醚或石油醚至虹吸管高度以上。待提取液流净后，再加提取液至虹吸管高度的 1/3 处。连接回流冷凝管，将脂肪烧瓶放在水浴锅上加热。用少量脱脂棉塞入冷凝管上口。

水浴温度应控制在使提取液每 6～8min 回流一次。肉制品、豆制品、谷物油炸制品、糕点等食品提取 6～12h，坚果制品提取约 16h。提取结束时，用磨砂玻璃接取一滴提取液，磨砂玻璃上无油斑表明提取完毕。

（5）烘干、称量　提取完毕后，回收提取液。取下脂肪烧瓶，在水浴上蒸干并除尽残余的无水乙醚或石油醚。用脱脂滤纸擦净脂肪烧瓶外部，在（103±2)℃的干燥箱内干燥 1h，取出，置于干燥器内冷却至室温，称量。重复干燥 0.5h 的操作，冷却，称量。直至前后两次称量差不超过 0.002g。

5. 结果计算

食品中的粗脂肪含量以质量分数计，按下式计算

$$X=\frac{m_1-m_0}{m}\times 100$$

式中　X——样品中粗脂肪的质量分数，%；

m——样品的质量，g；

m_0——脂肪烧瓶的质量，g；

m_1——脂肪和脂肪烧瓶的质量，g。

计算结果表示到小数点后一位。

6. 实验说明

(1) 适用于肉制品、豆制品、谷物、坚果、油炸果品、中西式糕点等粗脂肪含量的测定，不适用于乳及乳制品。

(2) 适用于脂类含量较高，结合态脂类含量少或经水解处理过的（结合态已转变成游离态）的食品。样品应能烘干，磨细，不易吸湿结块。此法对大多数样品的测定结果比较可靠，但费时长（8～16h），溶剂用量大，需要专门的仪器——索氏提取器。

(3) 样品应干燥后研细，样品含水分会影响溶剂提取效果，而且溶剂会吸收样品中的水分造成非脂成分溶出。

(4) 装样品的滤纸筒一定要严密，不能往外漏样品，但也不要包得太紧影响溶剂渗透。放入滤纸筒时样品高度不要超过回流弯管，否则，超过弯管的样品中的脂肪不能提尽，造成误差。

(5) 对含多量糖及糊精的样品，要先以冷水使糖及糊精溶解，然后过滤除去，将残渣连同滤纸一起烘干，再一起放入抽提管中。

(6) 抽提用的乙醚或石油醚要求无水、无醇、无过氧化物，挥发残渣含量低。因水和醇可导致水溶性物质溶解，如水溶性盐类、糖类等，使得测定结果偏高。过氧化物会导致脂肪氧化，在烘干时也有引起爆炸的危险。

乙醚中过氧化物的检查方法：取6mL乙醚，加2mL 10%的碘化钾溶液，用力振摇，放置1min，若出现黄色，则证明有过氧化物存在。

去除过氧化物的方法：将乙醚倒入蒸馏瓶中，加一段无锈铁丝或铝丝，收集重蒸馏乙醚。

(7) 提取时水浴温度不可过高，以每分钟从冷凝管滴下80滴左右，每小时回流6～12次为宜，提取过程应注意防火。

(8) 在抽提时，冷凝管上端最好连接一个氯化钙干燥管，这样，可防止空气中水分进入，也可避免乙醚挥发在空气中，如无此装置可塞一团干燥的脱脂棉球。

(9) 抽提是否完全，可凭经验，也可用滤纸或毛玻璃检查，由抽提管下口滴下的乙醚滴在滤纸或毛玻璃上，挥发后不留下油迹表明已抽提完全。

(10) 在挥发乙醚或石油醚时，切忌用直接火加热，应该用电热套、电水浴等。烘前应驱除全部残余的乙醚，因乙醚稍有残留，放入烘箱时，有发生爆炸的危险。

(11) 反复加热会因脂类氧化而增重。质量增加时，以增重前的质量作为恒重。

(12) 因为乙醚是麻醉剂，要注意室内通风。

7. 精密度

在重复性条件下获得的两次独立测定结果的绝对差值不得超过算术平均值的5%。

8. 评分标准

考核内容	分值	考核记录(以"√"表示)		得分
天平称量(42分)				
天平检查 ① 零点 ② 水平 ③ 称盘清扫	10	未检查水平，-3分		
		未清扫称盘，-2分		
		未检查天平零点，-5分		

续表

考核内容	分值	考核记录(以"√"表示)		得分
天平称量(42分)				
样品取放 ① 称量纸 ② 称量皿和样品取拿方式 ③ 称量皿的放置位置	20	未使用称量纸,—2分		
		用手直接触称量皿和样品,—5分		
		固体样品加样操作未能轻轻振动,逐渐抖落,—2分		
		液体样品取样未用量具或胶头滴管,—2分		
		固体样品撒落或液体样品洒落,—8分		
		称量皿未放在称盘中央,一次 —1分		
称量操作 ① 开关天平门 ② 称量操作 ③ 读数记录	6	未做到随手开关天平门,一次 —2分		
		称量前未及时将天平回零,一次 —2分		
		未及时记录或用铅笔记录数据,一次 —2分		
称量结束后 样品、天平复位	6	未将天平回零,—3分		
		未关天平门或天平开关,—2分		
		未清扫天平,—1分		
分析过程(47分)				
① 试样制备 ② 索氏提取器清洗 ③ 称样、干燥 ④ 提取 ⑤ 烘干、称量	47	针对不同性状样品,制备方法不正确,—1分		
		索氏提取器清洗不净,—2分		
		脂肪烧瓶未预先恒重,—3分		
		样品水分未蒸干,—2分		
		试样转移至滤纸筒时洒落,—2分		
		滤纸筒不严密,往外漏样品,—3分		
		滤纸包得太紧影响了溶剂渗透,—3分		
		放入滤纸筒时样品高度超过回流弯管,—5分		
		提取时水浴温度不合适,回流速度太慢,或太快,—3分		
		样品抽提未完全即结束实验,—5分		
		在挥发乙醚或石油醚时,用直接火加热,—6分		
		烘前未能驱净全部残余的乙醚,—6分		
		未能按照说明书正确使用恒温干燥箱,—3分		
		未能正确调节恒温干燥箱温度,—3分		
数据记录与处理(7分)				
原始记录	2	数据不清楚,有涂改,—2分		
计算过程	2	公式不正确,—2分		
		公式正确但代入数据不正确,—1分		
结果评价 精密度=(极差/平均值)×100%	3	5%<比值≤6%,—1分		
		6%<比值≤7%,—2分		
		比值≥7%,—3分		
文明操作(4分)				
实验过程台面	1	不整洁、混乱,—1分		
废弃物处理	1	未按规定正确处理,—1分		
试剂归位	1	实验完成后,全部试剂、器皿、用具没有归位,—1分		
器皿清洗	1	器皿未清洗,或清洗不净,—1分		
合计				

模块四　紫外-可见吸收光谱分析

紫外-可见吸收光谱法（ultraviolet-visible molecular absorption spectrometry，UV-VIS）是研究200～800 nm光区内的分子吸收光谱的方法。紫外-可见分光光度计是当前世界使用最多、覆盖面最广的分析仪器。它广泛应用于无机和有机物质的定性和定量测定，具有灵敏、精确、快速和简便的特点。食品分析领域UV-VIS也同样发挥着重要作用，它可实现食品中从营养成分到添加剂再到重金属等，如多糖、可溶性蛋白、维生素C、维生素A、多酚、亚硝酸盐、亚硫酸盐、茶多酚、锌、铜多个项目的检测。

任务一　紫外-可见吸收光谱分析操作与仪器维护

项目一　紫外-可见吸收光谱分析测定原理

一、吸光度与透光度

当光线通过均匀、透明的溶液时可出现三种情况：一部分光被散射，一部分光被吸收，另有一部分光透过溶液（图4.1）。设入射光强度为I_0，透射光强度为I_t，I_t和I_0之比称为透光度（T）。$T\times100$为$T\%$，称为百分透光度。

$$T=\frac{I_t}{I_0}$$

透光度的负对数称为吸光度（absorbance，A），即

$$A=-\lg T=-\lg\frac{I_t}{I_0}=\lg\frac{I_0}{I_t}$$

A值越大，表示物质对光的吸收程度越大。分光光度法既可以测定液体样品，也可以测定固体样品和气体样品，但一般都将样品制成溶液测量。

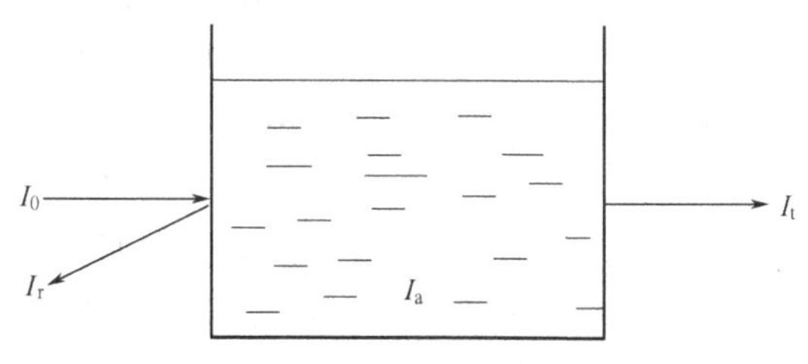

图4.1　光通过溶液示意

二、朗伯-比耳定律

朗伯-比耳定律是讨论溶液吸光度与溶液浓度和液层厚度之间关系的基本定律，为吸光度分析的理论基础。其表达式为：

$$A=KLc$$

式中　A——吸光度；

K——比例常数，称为吸光系数；

L——液层厚度，称为光径；

c——溶液浓度。

朗伯-比耳定律适用于可见光、紫外光、红外光和均匀非散射的液体。根据朗伯-比耳定律，当液层厚度单位为 cm，浓度单位为 mol/L 时，吸光系数 K 称为摩尔吸光系数（ε），单位为 L/(mol·cm)。ε 的意义是：当液层厚度为 1cm，物质浓度为 1mol/L 时，在特定波长下的吸光度。ε 反映吸光物质对光的吸收能力，也反映用吸光光度法测定该吸光物质的灵敏度。在一定条件下某吸光物质的 ε 值为一常数。同一物质与不同显色剂反应生成不同有色化合物时，具有不同的 ε 值。因此，ε 值是选择显色反应的重要依据。

三、偏离朗伯-比耳定律的因素

根据朗伯-比耳定律，A 与 c 的关系应是一条通过原点的直线，称为标准曲线。但事实上往往容易发生偏离直线的现象而引起误差（图 4.2），尤其在高浓度时。此种偏离主要来源于朗伯-比耳定律本身的局限性、化学因素和光学因素等。

1. 朗伯-比耳定律本身的局限性

朗伯-比耳定律适用于浓度小于 0.01mol/L 的稀溶液。吸光系数与浓度无关，但与折射率有关。在高浓度时，由于折射率随浓度增加而增加，因此，引起偏离比耳定律。

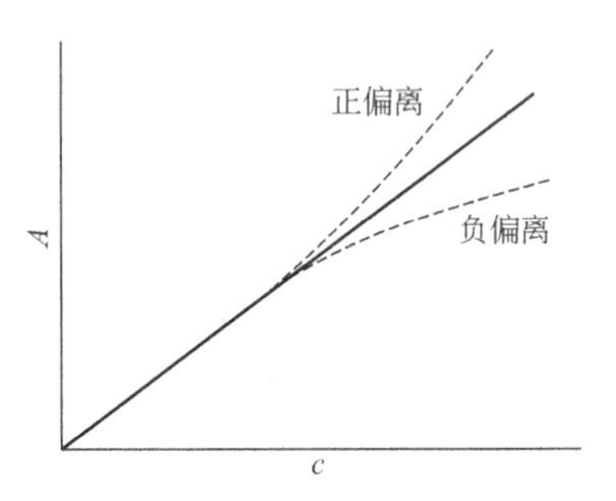

图 4.2　标准曲线及对朗伯-比耳定律的偏离

当入射光通过具有不同折射率的两种介质的界面时会发生反射作用。若被测溶液的折射率和空白溶液的折射率基本相同，反射作用的影响互相抵消。当被测溶液的浓度增加时，二者的差异增大，校正曲线不通过零点。为了校正或消除这种差异，测定时可用空白溶液做相对校正。空白溶液应与被测溶液的组成相近，且二者应装入大小、形状和材料相同的吸收池中。

2. 化学因素

溶液对光的吸收程度决定于吸光物质的性质和数目。若溶液中发生了电离、酸碱反应、配位反应及缔合反应等，则改变了吸光物质的浓度，导致偏离朗伯-比耳定律。若化学反应使吸光物质浓度降低，而产物在测量波长处不吸收，则引起负偏差；若产物比原吸光物质在测量波长处的吸收更强，则引起正偏离。

3. 光学因素

朗伯-比耳定律要求入射光是单色光，但在目前的分光条件下，能分出的单色光并不是严格的单色光，而是包括一定波长范围的光谱带（此波长范围即谱带宽度），其他波长的杂色光是引起误差的主要原因。入射光的谱带越宽，其误差越大。

项目二　紫外-可见分光光度计的仪器操作

因使用的波长范围不同，分光光度计可分为紫外光区、可见光区、红外光区以及万用（全波段）分光光度计等。但无论哪一类分光光度计都由下列五部分组成，即光源、单色器、狭缝、比色杯和检测器系统。

一、光源

要求能提供所需波长范围的连续光谱，稳定且有足够强度。常用的有白炽灯（钨灯、卤钨灯等），气体放电灯（氢灯、氘灯及氙灯等），金属弧灯（各种汞灯）等多种。钨灯和卤钨灯发射 320～2000nm 连续光谱，最适宜工作范围为 360～1000nm，稳定性好，常用作可见分光光度计的光源。氢灯和氘灯能发射 150～400nm 的紫外光，可用作紫外光区分光光度计的光源。汞灯发射的不是连续光谱，能量绝大部分集中在 253.6nm 波长外，一般作波长校正用。

二、单色器

将来自光源的复合光分散为单色光的装置，可分成滤光片、棱镜和光栅三部分。滤光片能让某一波长的光透过，而其他波长的光被吸收。滤光片可分成吸收滤光片、截止滤光片、复合滤光片和干涉滤光片。棱镜是用玻璃或石英材料制成的一种分光装置，其原理是利用光从一种介质进入另一种介质时，光的波长不同在棱镜内的传播速度不同，其折射率不同而将不同波长的光分开。玻璃棱镜色散能力大，分光性能好，能吸收紫外线而用于可见分光光度计，石英棱镜可用于可见和紫外分光光度计。光栅是分光光度计常用的一种分光装置，其特点是波长范围宽，可用于紫外、可见和近红外光区，而且分光能力强，光谱中各谱线的宽度均匀一致。

三、狭缝

狭缝是指由一对隔板在光通路上形成的缝隙，用来调节入射单色光的纯度和强度，也直接影响分辨率。狭缝可在 0～2mm 内调节。由于棱镜色散力随波长不同而变化，较先进的分光光度计的狭缝宽度可随波长一起调节。

四、比色杯

比色杯又称为吸收池或比色皿。比色杯常用无色透明、耐腐蚀和耐酸碱的玻璃或石英材料做成，用于盛放待比色溶液的一种装置。玻璃比色杯用于可见光区，而石英比色杯用于紫外光区。比色杯的光径为 0.1～10cm，一般为 1cm。同一台 UV-VIS 上的比色杯，其透光度应一致，在同一波长和相同溶液下，比色杯间的透光度误差应小于 0.5%，使用时应对比色杯进行校准。

五、检测器系统

有许多金属能在光的照射下产生电流，光愈强电流愈大，此即光电效应。因光照射而产生的电流叫做光电流。受光器有两种，一是光电池，二是光电管。光电池的组成种类繁多，最常见的是硒光电池。光电池受光照射产生的电流颇大，可直接用微电流计量出。但是，当连续照射一段时间会产生疲劳现象而使光电流下降，要在暗中放置一些时候才能恢复。因此使用时不宜长期照射，随用随关，以防止光电池因疲劳而产生误差。

光电管装有一个阴极和一个阳极，阴极是用对光敏感的金属（多为碱土金属的氧化物）做成，当光射到阴极且达到一定能量时，金属原子中电子发射出来。光愈强，光波的振幅愈大，电子放出愈多。电子是带负电的，被吸引到阳极上而产生电流。光电管产生的电流很小，需要放大。分光光度计中常用电子倍增光电管，在光照射下所产生的电流比其他光电管要大得多，这就提高了测定的灵敏度。

检测器产生的光电流以某种方式转变成模拟的或数字的结果，模拟输出装置包括电流表、电压表、记录器、示波器及与计算机联用等，数字输出则通过模拟/数字转换装置，如数字式电压表等。

项目三 紫外-可见分光光度分析实验条件的选择

一、测量误差及吸光值范围的选择

在吸光光度分析中，除了各种化学条件所引起的误差外，仪器测量不准确也是误差的主要来源。任何光度计都有一定的测量误差。这些误差可能来源于该光源不稳定，实验条件的偶然变动，读数不准确等等。在吸光光度分析中，我们一定要考虑到这些偶然误差对测定的影响。

在光度计中，透光度的标尺刻度是均匀的。吸光度与透光度为负对数关系，故它的标尺刻度是不均匀的。因此，对于同一台仪器，读数的波动对透光度来说，应基本上为一定值；但是对吸光度来说，它的读数波动不再为定值。吸光度越大，读数波动引起的吸光度误差也越大。若在测量吸光度 A 时产生了一个微小的绝对误差 $\mathrm{d}A$，则测量 A 的相对误差（E_r）为

$$E_r=\frac{\mathrm{d}A}{A}$$

根据朗伯-比耳定律，得 $A=\varepsilon bc$

当 b 为定值时，两边积分得到 $\mathrm{d}A=\varepsilon b\,\mathrm{d}c$

$\mathrm{d}c$ 就是测量浓度 c 的微小的绝对误差。二式相除得

$$\frac{\mathrm{d}A}{A}=\frac{\mathrm{d}c}{c}$$

由于 c 与 A 成正比，则测量的绝对误差 $\mathrm{d}c$ 与 $\mathrm{d}A$ 也成正比；而测量的相对误差完全相等。

A 与 T 的测量误差之间的关系，即 $A=-\lg T=-0.434\ln T$

微分，得 $$\mathrm{d}A=-0.434\frac{\mathrm{d}T}{T}$$

两式相除，得 $$\frac{\mathrm{d}A}{A}=\frac{\mathrm{d}T}{T\ln T}$$

以有限值表示，得 $$\frac{\Delta A}{A}=\frac{\Delta T}{T\ln T}\Rightarrow\frac{\Delta A}{A}=\frac{\Delta c}{c}=\frac{\Delta T}{T}\times\frac{1}{\ln T}$$

所以，浓度测量值的相对误差（$\Delta c/c$）不仅与透光度的误差 ΔT 有关，而且与透光度的读数 T 也有关系。对于给定的一台分光光度计，ΔT 基本上是一常数，一般为 $\pm0.002\sim\pm0.01$。设 $\Delta T=\pm0.01$，不同 T 时所对应的 $\Delta c/c$ 可从相关表查得

当 $T\%=36.8\%$，即 $A=0.434$，$\Delta c/c$ 最小；

当 $T\%=15\%\sim65\%$，即 $A=0.2\sim0.8$，$\Delta c/c$ 较小。

实际测定时，可通过控制溶液的浓度（c）及合适的吸收池（b）使吸光值在 0.2～0.8 范围内。

二、测量波长选择

一般根据吸收光谱选择 λ_{max}，灵敏度高，吸光值随波长变化小；若干扰物在 λ_{max} 处也有吸收，在干扰最小的条件下选择吸光度最大的波长。如：3,3′-二氨基联苯（DAB）和 Se 形成的配合物 Se-DAB 的最大吸收波长在 340nm 处，DAB 也有很强的吸收，在这种情况下，分析波长应选用次大吸收波长 420nm，否则测量误差较大。

三、显色条件的选择

大多数情况下待测物质是无色的，需要加入显色剂与其定量反应生成稳定的有色化合物，再进行测量，然后由有色化合物浓度得到待测物浓度。所以选择合适的显色条件非常重要。

1. 显色剂的选择

显色剂一般应满足下述要求：①反应生成物在紫外、可见光区有强光吸收，且反应有较高的选择性；②反应生成物稳定性好，显色条件易于控制，反应重现性好；③有色化合物与显色剂之间颜色差别要大，即显色剂对光的吸收与络合物的吸收有明显区别，一般要求两者的最大吸收峰波长之差大于60nm。能同时满足上述条件的显色剂不是很多，因此要在初步选定显色剂后，认真研究显色反应条件。

2. 显色剂用量

待测组分与显色剂的反应通常是可逆的，因此，为了使待测组分尽量转变为有色物质，一般需加入过量显色剂。对于稳定性好的有色化合物，显色剂只要稍许过量即可；如果有色化合物离解度较大，则显色剂要过量较多或严格控制用量。但是，显色剂并不是越多越好。对于有些显色反应，显色剂加入太多，反而会引起副反应，对测定不利。如果显色剂本身有色，过多会增加空白值，使灵敏度降低。实际应用中，显色剂用量可以通过实验确定。作吸光度随显色剂用量变化的曲线，选恒定吸光度时的显色剂用量。

3. 显色时间

有的显色反应可以很快进行完全，即在显色后可立即测定吸光度；有的显色反应进行缓慢，需经过一段时间才能达到稳定的吸光值；而有些显色反应的吸光度是达到一个值后又慢慢降低。所以在建立一个新方法时，应先做条件试验，以确定吸光度保持恒定的时间范围。

4. pH条件的选择

(1) 对溶液中待测组分状态的影响　以金属离子为例，大多数高价金属离子如Fe^{3+}、Al^{3+}、Th^{4+}等在pH较高时，会形成碱式盐或氢氧化物，影响分光光度测定。如用铝试剂测定Al^{3+}时，需采用乙酸和乙酸钠缓冲溶液来控制溶液的pH在5.0左右，以避免pH升高，生成$Al(OH)^{2+}$、$Al(OH)_3$、AlO_2^-等，影响测定。

(2) 对显色剂本身颜色的影响　不少有机显色剂带有酸碱指示剂的性质，在不同酸度下有不同颜色，从而影响测定结果。例如用二甲酚橙显色剂测定铅时，二甲酚橙在pH小于6.3时为黄色，pH大于6.3时为红色，而铅与二甲酚橙反应生成的配合物颜色也是红色，因此必须在pH小于6.3的酸性条件下测定。

(3) 对显色剂反应的影响　许多有机显色剂本身为弱酸，如磺基水杨酸、铝试剂、二甲酚橙、双硫腙等，它们在水溶液中存在弱酸的电离平衡。如氢离子浓度大时，显色剂浓度就会降低，从而影响与待测组分的显色反应。此外，在待测组分与显色剂不变，当溶液的pH不同时，可以形成具有不同配位数、不同颜色的逐级配合物。如Fe^{3+}与磺基水杨酸（以B表示）作用，当pH为1.8～2.5时，生成紫红色的$Fe(B)^+$；当pH为4～8时，生成橙红色的$Fe(B)_2^+$；当pH为8～11.5时，生成黄色的$Fe(B)_3^{3-}$；当pH大于12时，生成$Fe(OH)_3$沉淀。因此，必须严格控制溶液的pH，才能得到组成恒定的配合物，以保证获得正确的测定结果。

5. 温度的选择

一般显色反应均在室温下完成，但有些显色反应在室温下反应很慢，需要在较高温度下进行。例如，用硅钼蓝法测定硅时，在室温下形成硅钼蓝需要15～30min，而在沸水浴中只要30s即可完成。相反，有些反应需要在低温下进行。如用对氨基苯磺酸和α-萘胺测定亚硝酸盐时，温度不能太高，不然形成的有色化合物会分解而影响最终测定。有时，温度改变会使某些有色化合物的吸光系数也发生改变。适宜的测定温度也必须通过实验确定。

四、空白溶液的选择

空白溶液是用来调节工作零点，即$A=0$，$T\%=100\%$的溶液，以消除溶液中其他基体组分以及吸收池和溶剂对入射光的反射和吸收带来的误差。根据情况不同，常用空白溶液有如下选择。

(1) 溶剂空白　当溶液中只有待测组分在测定波长下有吸收，而其他组分无吸收时用纯溶剂作空白；

(2) 试剂空白　如果显色剂或其他试剂有吸收，而待测试样溶液无吸收，则用不加待测组分的其他试剂作空白；

(3) 试样空白　如果试样基体有吸收，而显色剂或其他试剂无吸收，则用不加显色剂的试样溶液作空白；

(4) 平行操作空白　用溶剂代替试样溶液，以与试样完全相同的分析步骤进行平行操作，用所得的溶液作空白。

五、干扰离子的影响及清除方法

在分光光度分析中，共存离子的干扰是客观存在的。如干扰物质本身有颜色或与显色剂反应，在测定条件下也有吸收，造成干扰；干扰物质与被测组分反应或显色剂反应，使显色反应不完全，也会造成干扰；干扰组分在测量条件下从溶液中析出，使溶液变浑浊，无法准确测定溶液的吸光度等等。为消除干扰离子引起的干扰，可以采取以下措施：

(1) 控制酸度　主要根据各种配合物稳定性的不同，利用控制酸度的方法提高反应的选择性。例如，用二苯硫腙法测定Hg^{2+}时，Cd^{2+}、Cu^{2+}、Co^{2+}、Ni^{2+}、Sn^{2+}、Zn^{2+}、Pb^{2+}、Bi^{3+}等对Hg^{2+}的测定有干扰，但如果在0.5mol/L的稀酸（H_2SO_4）介质中进行萃取，使Hg^{2+}与上述离子分离，即可消除其干扰。

(2) 选择适当的掩蔽剂　使用掩蔽剂消除干扰是常用的有效方法。选择条件是：掩蔽剂不与被测离子作用，掩蔽剂与干扰物质形成的配合物颜色不干扰被测离子的测定。例如用光度法测定MnO_4^-时，Fe^{3+}也有一定的吸收干扰，此时加入H_3PO_4，使之与HPO_4^{2-}生成无色配合物$Fe(HPO_4)^+$，从而消除Fe^{3+}的干扰。

(3) 利用氧化还原反应，改变干扰离子的价态　如用铬天青S比色测定Al^{3+}时，Fe^{3+}有干扰，加入抗坏血酸将Fe^{3+}还原为Fe^{2+}后，干扰即消除。

(4) 利用参比溶液消除显色剂和某些共存有色离子的干扰　例如，用铬天青S比色法测定钢中的铝，Ni^{2+}、Co^{2+}等干扰测定。为此可取一定量试液，加入少量NH_4F，使Al^{3+}形成AlF_6^{3-}络离子而不再显色，然后加入显色剂及其他试剂，以作参比溶液，来消除Ni^{2+}、Co^{2+}对测定的干扰。

(5) 选择适当的测量波长　例如，在$\lambda_{max}=525nm$处测定MnO_4^-时，共存离子$Cr_2O_7^{2-}$产生吸收干扰，此时改用545nm作为测量波长，虽然测得的MnO_4^-的灵敏度略有下降，但在此波长下$Cr_2O_7^{2-}$不产生吸收，干扰被消除。

(6) 分离干扰离子　在上述方法不宜采用时，可采用沉淀、离子交换或溶剂萃取等分离方法除去干扰离子。

项目四　紫外-可见分光光度分析

选择合适的溶剂（非极性），使用有足够纯度单色光的分光光度计，在相同条件下测定相近浓度的待测试样和标准品溶液的吸收光谱，然后比较二者吸收光谱特征：吸收峰数目及位置、吸收谷及肩峰所在的位置等。分子结构相同的化合物应有完全相同的吸收光谱。以此可实现有机化合物的定性分析，但是 UV-VIS 不是定性分析的主要工具，只能为红外吸收光谱、核磁共振波谱和质谱等方法进行有机化合物的结构分析提供一些有用的信息。

对于单组分或多组分体系，若溶液对光的吸收服从 Lambert-Beer 定律，那么可用 UV-VIS 进行定量测定。

一、单组分定量分析方法

(1) 标准曲线法　配制一系列（5～10 个）不同浓度（c）的标准溶液，在适当波长，通常为最大吸收波长下和实验条件下，以适当的空白溶液作参比，分别测定系列溶液的吸光度 A，然后作标准曲线（A-c 曲线）。在相同条件下，测定试样溶液吸光度 A_x，从标准曲线上查得对应的样品浓度 c_x。如图 4.3 所示。

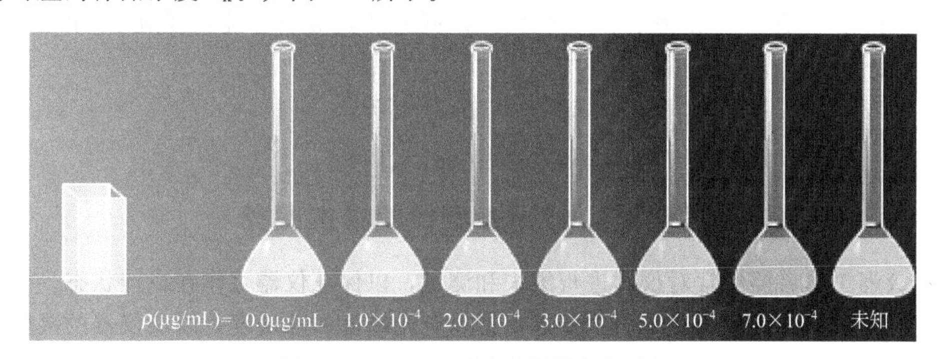

图 4.3　UV-VIS 标准曲线测定法示意

(2) 直接比较法　已知试样溶液基本组成，可配制基体相同、浓度相近的标准溶液，分别测定其吸光度 $A_标$ 和 $A_样$，根据朗伯-比耳定律，得

$$A_{标}=Kbc_{标} \qquad A_{样}=Kbc_{样}$$

则

$$c_{样}=\frac{A_{样}}{A_{标}}\times c_{标}$$

二、多组分定量分析

多组分是指在被测溶液中含有两个或两个以上的吸光组分。进行多组分混合物定量分析的依据是吸光度的加和性，即溶液测得的吸光度 $A=A_1+A_2+A_3+\cdots+A_n$。

混合组分的吸收光谱相互重叠的情况不同，测定方法也不相同，常见混合组分吸收光谱相干扰情况有以下 3 种，见图 4.4。

(1) 如图 4.4(a) 所示，各种吸光物质的吸收曲线不相互重叠或很少重叠，则可分别在 λ_1 和 λ_2 处测定组分 a 和 b 的吸光度，然后按照单组分的定量方法进行计算。

(2) 如图 4.4(b) 所示，吸光物质的吸收曲线部分重叠，组分 b 对 a 没有干扰，但是 a 对 b 有干扰。a 可以按单组分测定的方法在 λ_1 处测定，然后换算为 a 的浓度 c_a；b 的测定，

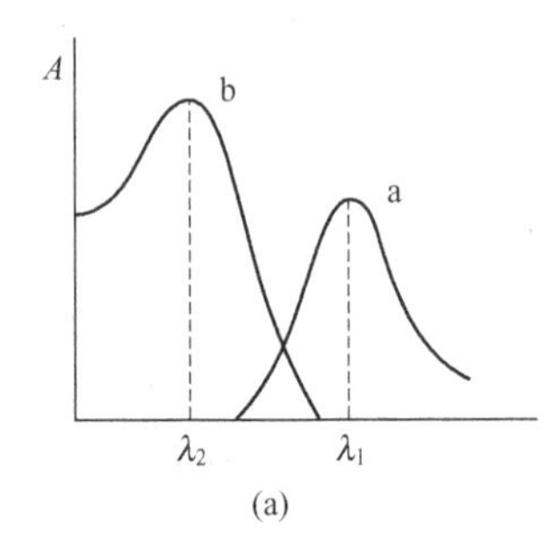

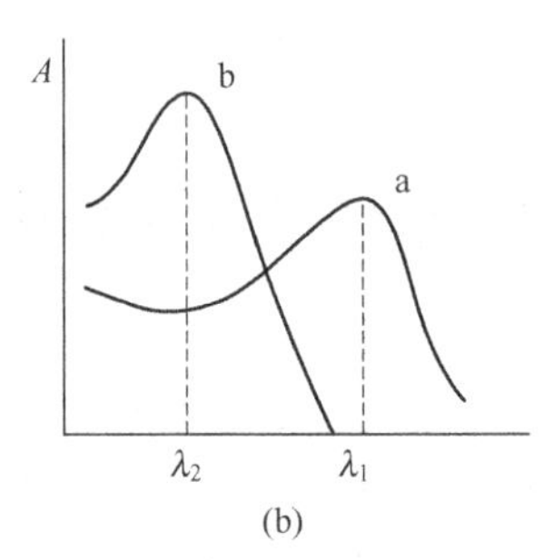

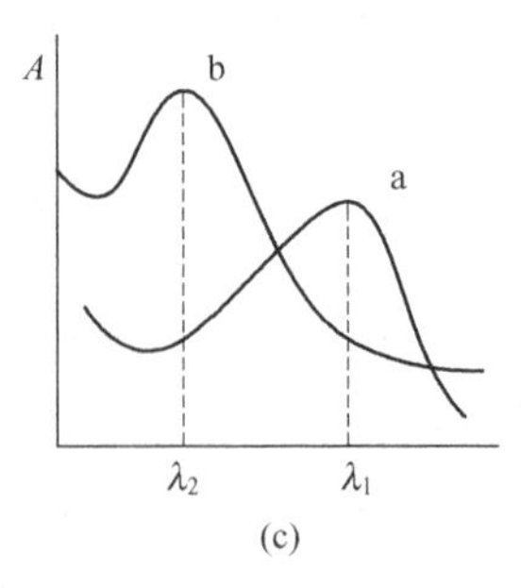

图 4.4 多组分的 UV-VIS 吸收光谱重叠情况示意
(a) 不重叠；(b) 部分重叠；(c) 全部重叠

在 λ_2 处测定溶液的吸光度 $A_2{}^{a+b}$ 及 a、b 纯物质的摩尔吸光系数：

$$A_2^{a+b}=A_2^a+A_2^b=\varepsilon_2^a bc_a+\varepsilon_2^b bc_b$$

根据此式即可求得组分 b 的浓度。

(3) 试样中需测定组分的吸收光谱互相重叠，彼此干扰，但服从朗伯-比耳定律，则根据吸光度的加和性，可不经分离，在 n 个指定的波长处测量样品混合组分的吸光度，然后联立 n 个方程，求出各组分含量。例如对于两种组分的吸收光谱重叠情况，分别在 λ_1 和 λ_2 处测定吸光值 A_1^{a+b} 和 A_2^{a+b}，同时测定 a 和 b 纯物质在 λ_1 和 λ_2 处的摩尔吸光系数

$$\begin{cases}A_1^{a+b}=\varepsilon_1^a bc_a+\varepsilon_1^b bc_b\\A_2^{a+b}=\varepsilon_2^a bc_a+\varepsilon_2^b bc_b\end{cases}$$

项目五 分光光度计的维护保养

分析仪器工作者要经常对仪器进行维护和测试，以保证仪器工作在最佳状态。分光光度计是精密光学仪器，其保养和维护主要是保持单色光纯度和准确度，以及仪器的灵敏度和稳定性。

(1) 仪器工作电源一般为 220V　为保持电源灯和检测系统的稳定性，在电源电压波动比较大的实验室，最好配备稳压器。

(2) 紫外-可见分光光度计应安装在太阳不能直接晒到的地方，以免“室光”太强，影响仪器的使用寿命。

(3) 为了延长光源使用寿命，在不使用时不要开光源灯。若工作间歇时间短，可不关灯或停机。一旦停机，必须待灯冷却后再重新启动，并预热 15～20min。如果灯泡发黑或亮度明显减弱或不稳定，应及时更换新灯。

(4) 如果仪器不是经常使用，最好每周开机 1～2h。一方面可去潮湿，避免光学元件和电子元件受潮；另一方面可保持各机械部件不会生锈，以保证仪器能正常运转。

(5) 经常校验仪器的技术指标。一般每半年检查一次，最好每一个季度检查一次，最少一年要检查一次。当仪器出现问题，一定要及时维修。

(6) 保持机械运动部件活动自如　紫外-可见分光光度计有许多转动部件，如光栅的扫描机构、狭缝的传动机构、光源转换机构等。使用者对这些活动部件，应经常加一些钟表油，以保证其活动自如。有些使用者不易触及的部件，可以请制造厂的维修工程师或有经验的工作人员帮助完成。

(7) 常见故障及排除方法

① 打开主机后，仪器不能自检，主机风扇不转。a. 检查电源开关是否正常；b. 检查保险丝（或更换保险丝）；c. 检查计算机主机与仪器主机连线是否正常。

② 自检时，某项不通过，或出现错误信息。a. 关机，稍等片刻再开机重新自检；b. 重新安装软件后再自检；c. 检查计算机主机与仪器主机连线是否正常。

③ 自检时出现“钨灯能量低”的错误。a. 检查光度室是否有挡光物；b. 打开光源室盖，检查钨灯是否点亮，如果钨灯不亮，则关机，更换新钨灯；c. 开机，重新自检；d. 重新安装软件后再进行自检。

④ 自检时出现“氘灯能量低”的错误。a. 检查光度室是否有挡光物；b. 打开光源室盖，检查氘灯是否点亮，如果氘灯不亮，则关机，更换新氘灯，换氘灯时，要注意型号；c. 检查氘灯保险丝（一般为 0.5A），看是否松动、氧化、烧断，如有故障，立即更换；d. 开机重新自检；e. 重新安装软件后再进行自检。

⑤ 波长不准，并发现波长有平移。a. 检查计算机与主机连线是否松动，是否连接不好；b. 检查电源电压是否符合要求（电源电压过高或过低，都可能产生波长平移现象）；c. 重新自检，如果还是不行，则打开仪器，用干净小毛刷蘸干净的钟表油刷洗丝杆。

⑥ 整机噪声很大。a. 检查氘灯、钨灯是否寿命到期，查看氘灯、钨灯的发光点是否发黑；b. 检查 220V 电源电压是否正常；c. 检查氘灯、钨灯电源电压是否正常；d. 检查电路板上是否有虚焊；e. 查看周围有无强电磁场干扰；f. 检查样品是否浑浊；g. 检查比色皿是否沾污。

⑦ 基线平直度指标超差。a. 基线平直度测试的仪器条件选择是否正确；b. 重新作暗电流校正；c. 光源是否有异常（光源电源不稳、灯泡发黑、灯角接触不良）；d. 波长是否不准（是否平移）；e. 重新安装软件。

⑧ 测量时吸光度值很大。a. 检查样品是否太浓；b. 检查光度室是否有挡光（波长设置在 546nm 左右，用白纸在样品室观看光斑）；c. 检查光源是否点亮；d. 关机，重新自检；e. 检查电源电压是否太低；f. 重新安装软件。

⑨ 光度或透过率的重复性差。a. 检查样品是否有光解（光化学反应）；b. 检查样品是否太稀；c. 检查比色皿是否沾污；d. 是否测试时光谱带宽太小；e. 周围有无强电磁场干扰。

任务二　实训项目

项目一　食品中亚硝酸盐含量的测定——分光光度法

食品加工过程中常添加一些化学物质和食品中某些成分作用，而使产品呈现良好的色泽，这些物质称护色剂，又名发色剂或呈色剂。发色剂与色素的区别在于发色剂是通过化学反应使食品保持本色。我国目前食品中常用的护色剂有亚硝酸盐和硝酸盐，它能够使肉与肉制品呈现良好色泽。除了发色外，亚硝酸钠还具有较强的抑菌作用，尤其是抑制肉毒梭状芽孢杆菌的生长（pH6），因此又是防腐剂。

亚硝酸盐是强氧化剂，进入血液中，可使二价铁离子氧化为三价铁离子，使正常血红蛋白转变为高铁血红蛋白，失去携氧能力，出现亚硝酸盐中毒症状。与胺类物质生成强致癌物亚硝胺。硝酸盐在细菌作用下可还原为亚硝酸盐，若饮水中含有100mg/kg（以NO_3^-计），即可引起婴儿中毒。对于这样一类毒性确定的食品添加剂，我国对其有严格的限量规定。根据GB 2760—2011《食品添加剂使用标准》，在腌腊肉制品类、酱卤肉制品类、熏烧烤肉类、油炸肉类、西式火腿类、肉灌肠类、发酵肉制品类、肉罐头等各类熟肉制品的生产过程中，亚硝酸盐的最大使用量均为0.15g/kg，以亚硝酸钠计的残留量除西式火腿类应≤70mg/kg，肉罐头类应≤50mg/kg外，其余肉制品中残余量均应≤30mg/kg。现行的测定方法标准为GB 5009.33—2010。盐酸萘乙二胺分光光度法为其第二法。

1. 原理

采用盐酸萘乙二胺法测定。试样经沉淀蛋白质、除去脂肪后，在弱酸条件下亚硝酸盐与对氨基苯磺酸重氮化后，再与盐酸萘乙二胺偶合形成紫红色染料，外标法测得亚硝酸盐含量。

2. 试剂

除非另有规定，所用试剂均为分析纯。水为GB/T 6682规定的二级水或去离子水。

(1) 亚铁氰化钾溶液（106g/L） 称取106.0g亚铁氰化钾，用水溶解，并稀释至1000mL。

(2) 乙酸锌溶液（220g/L） 称取220.0g乙酸锌，先加30mL冰醋酸溶解，用水稀释至1000mL。

(3) 饱和硼砂溶液（50g/L） 称取5.0g硼酸钠，溶于100mL热水中，冷却后备用。

(4) 盐酸（0.1mol/L） 量取5mL盐酸，用水稀释至600mL。

(5) 对氨基苯磺酸溶液（4g/L） 称取0.4g对氨基苯磺酸，溶于100mL 20%（体积分数）盐酸中，置棕色瓶中混匀，避光保存。

(6) 盐酸萘乙二胺溶液（2g/L） 称取0.2g盐酸萘乙二胺，溶于100mL水中，混匀后，置棕色瓶中，避光保存。

(7) 亚硝酸钠标准溶液（200μg/mL） 准确称取0.1000g于110～120℃干燥恒重的亚硝酸钠，加水溶解移入500mL容量瓶中，加水稀释至刻度，混匀。

(8) 亚硝酸钠标准使用液（5.0μg/mL） 临用前，吸取亚硝酸钠标准溶液5.00mL，置于200mL容量瓶中，加水稀释至刻度。

3. 仪器和设备

(1) 天平 感量为0.1mg和1mg。

(2) 组织捣碎机。

(3) 超声波清洗器。

(4) 恒温干燥箱。

(5) 分光光度计。

4. 分析步骤

(1) 试样预处理

① 新鲜蔬菜、水果 将试样用去离子水洗净，晾干后，取可食部切碎混匀。将切碎的样品用四分法取适量，用食物粉碎机制成匀浆备用。如需加水应记录加水量。

② 肉类、蛋、水产及其制品 用四分法取适量或取全部，用食物粉碎机制成匀浆备用。

③ 乳粉、豆奶粉、婴儿配方粉等固态乳制品（不包括干酪） 将试样装入能够容纳2倍试样体积的带盖容器中，通过反复摇晃和颠倒容器使样品充分混匀直到使试样均一化。

④ 发酵乳、乳、炼乳及其他液体乳制品 通过搅拌或反复摇晃和颠倒容器使试样充分混匀。

⑤ 干酪　取适量的样品研磨成均匀的泥浆状。为避免水分损失，研磨过程中应避免产生过多的热量。

(2) 提取　称取 5g (精确至 0.01g) 制成匀浆的试样，置于 50mL 烧杯中，加 12.5mL 饱和硼砂溶液，搅拌均匀，以 70℃左右的水约 300mL 将试样洗入 500mL 容量瓶中，于沸水浴中加热 15min，取出置冷水浴中冷却，并放置至室温。

(3) 提取液净化　在振荡上述提取液时加入 5mL 亚铁氰化钾溶液，摇匀，再加入 5mL 乙酸锌溶液，以沉淀蛋白质。加水至刻度，摇匀，放置 30min，除去上层脂肪，上清液用滤纸过滤，弃去初滤液 30mL，滤液备用。

(4) 测定

① 标准曲线的绘制　吸取亚硝酸钠标准溶液 (200μg/mL) 5.00mL，置于 100mL 容量瓶中，加去离子水稀释至刻度，此溶液每毫升相当于 10.0μg 的亚硝酸钠。

吸取 0.00mL、0.20mL、0.50mL、1.00mL、1.50mL、2.00mL、2.50mL 亚硝酸钠标准使用液 (相当于 0.0μg、2.0μg、5.0μg、10.0μg、15.0μg、20.0μg、25.0μg 亚硝酸钠)，分别置于 50mL 容量瓶中，加入 2mL 对氨基苯磺酸溶液 (4g/L)，混匀，静置 3～5min 后各加入 1mL 盐酸萘乙二胺溶液 (2g/L)，加去离子水至刻度，混匀，静置 15min，用 2cm 比色皿，以零管调节零点，于波长 538nm 处测吸光度，绘制标准曲线。

② 样品测定　吸取 40.0mL 上述滤液置于 50mL 容量瓶中，加入 2mL 对氨基苯磺酸溶液 (4g/L)，混匀，静置 3～5min 后加入 1mL 盐酸萘乙二胺溶液 (2g/L)，加去离子水至刻度，混匀，静置 15min，用 2cm 比色皿，以零管调节零点，于波长 538nm 处测吸光度。从标准曲线上查得稀释样品中的亚硝酸钠含量。

5. 结果计算

亚硝酸盐 (以亚硝酸钠计) 的含量按下式计算

$$X=\frac{m'\times 1000}{m\times\frac{V_1}{V_0}\times 1000}$$

式中　X——试样中亚硝酸钠的含量，mg/kg；

m'——测定用样液中亚硝酸钠的质量，μg；

m——试样质量，g；

V_1——测定用样液体积，mL；

V_0——试样处理液总体积，mL。

重复性条件下获得两次独立测定结果的算术平均值，结果保留两位有效数字。

6. 精密度

在重复条件下获得的两次独立测定结果的绝对值差不得超过算术平均值的 10%。

7. 实验说明

(1) 亚铁氰化钾和乙酸锌溶液作为蛋白质沉淀剂，使产生的亚铁氰化锌沉淀与蛋白质产生共沉淀。

(2) 饱和硼砂溶液作用：一是亚硝酸盐提取剂，二是蛋白质沉淀剂。

(3) 亚硝酸钠易被氧化为硝酸钠，注意加热的温度和时间。

(4) 显色时的 pH 值以 1.9～3.0 为宜，显色后稳定性与室温有关，显色温度为 15～30℃，在 15～30min 内比色为好。

(5) 当样品中亚硝酸盐含量高时，过量的亚硝酸盐可以将生成的偶氮化合物氧化，使红色消失，对结果产生影响。可以采取先放入试剂，然后再滴加试液的方法，防止氧化。

(6) 盐酸萘乙二胺有致癌作用，使用时应注意安全。

8. 评分标准

考核内容	分值	考核记录(以"√"表示)		得分
天平称量(6分)				
天平检查 ① 零点 ② 水平 ③ 称盘清扫	2	未检查水平，−0.5分		
		未清扫称盘，−0.5分		
		未检查天平零点，−1分		
样品取放	1	样品未按照规定方式取放，−0.5分		
		称样器皿未放在称盘中央，−0.5分		
称量操作 ① 开关天平门 ② 称量操作 ③ 读数记录	1.5	未做到随手开关天平门，一次 −0.5分		
		称量前未及时将天平回零，一次 −0.5分		
		未及时记录或用铅笔记录数据，一次 −0.5分		
称量结束后 样品、天平复位	1.5	未将天平回零，−0.5分		
		未关天平门或天平开关，−0.5分		
		未清扫天平，−0.5分		
样品前处理(9分)				
试样匀浆	2	试样处理方法不当，未混合均匀，−2分		
提取	2	提取温度、时间不到位，−1分		
		提取过程中未充分振荡，−1分		
定容	2	试样未冷却，−1分		
		未逐滴加入蒸馏水稀释至刻度，−1分		
过滤	3	滤纸未紧贴漏斗内壁，−1分		
		滤纸边缘未低于漏斗边缘，漏斗中的液面未低于滤纸边缘，−1分		
		倾倒液体的烧杯口未紧靠玻璃棒，玻璃棒的末端未紧靠有三层滤纸的一边，漏斗末端未紧靠承接滤液的烧杯的内壁，−1分		
溶液制备(18分)				
吸量管润洗	2.5	未用蒸馏水润洗或润洗少于3次，−1分		
		未用待装液润洗或润洗少于3次，−1分		
		润洗时有吸空现象，−0.5分		
吸量管插入溶液前及调节液面前应用滤纸擦拭管尖	1	吸量管插入溶液前未用滤纸擦拭管尖，−0.5分		
		调节液面前应用滤纸擦拭管尖未进行，−0.5分		
吸量管调节液面	3	视线与刻度线不平齐，−1分		
		吸量管不垂直，−1分		
		调节液面的废液放回原容量瓶，−1分		
放出溶液	1.5	吸量管不垂直，−1分		
		管尖贴在容量瓶磨砂口处，−0.5分		

续表

考核内容	分值	考核记录(以"√"表示)		得分
溶液制备(18 分)				
溶液放尽后,吸量管停留15s后移开	1	未进行或停留时间太短,-1 分		
用蒸馏水稀释至容量瓶2/3~3/4 体积时平摇	1	没有此操作,或不正确,-1 分		
加蒸馏水至近标线约 1cm 处等待 1~2 min	1	没有此操作,或不正确,-1 分		
逐滴加入蒸馏水稀释至刻度	2	不准确,-2 分		
摇匀	1	用手掌包住容量瓶底部,-0.5 分		
		摇匀过程中未开塞,-0.5 分		
配制标准溶液和试样溶液	4	重复一次,-1 分		
仪器准备(5 分)				
比色皿的清洗	2	未洗净,-2 分		
仪器预热	3	未进行或低于 20 分钟,-3 分		
比色皿使用(7 分)				
手持	2	手触及比色皿透光面,-1 分		
待测溶液润洗	2	未进行,-2 分		
溶液高度	1	不正确(不在皿高 2/3~3/4 处),-1 分		
比色皿的擦拭	1	擦拭前,未先用滤纸吸干或吸水过程中用滤纸擦拭透光面,-0.5 分		
		吸水后,未用擦镜纸擦拭透光面,-0.5 分		
测定后,比色皿洗净	1	未进行,-1 分		
分光光度计的操作(10 分)				
波长选择	2	不正确,-2 分		
参比溶液置于光路,调整 T 为 100%(A=0)	2	未进行,-2 分		
吸光度稳定后读数	1	不正确,-1 分		
测定顺序	3	没有按照从低浓度到高浓度的顺序测定,-3 分		
测定结束后整理仪器、台面	2	未及时关闭电源,-1 分		
		未整理台面,-1 分		
定量测定(25 分)				
绘制工作曲线	6	不正确,-6 分		
标准曲线经过坐标原点	1	不正确,-1 分		
工作曲线线性、相关系数 R	8	$R \geqslant 0.99999$	-0 分	
		$0.99990 \leqslant R < 0.99999$	-2 分	
		$0.9995 \leqslant R < 0.9999$	-4 分	
		$0.9990 \leqslant R < 0.9995$	-6 分	
		$R < 0.9990$	-8 分	
图上标注项目齐全、正确	3	缺图名,-1 分		
		缺横坐标名称或单位,-1 分		
		缺纵坐标名称,-1 分		

续表

考核内容	分值	考核记录(以"√"表示)		得分
定量测定(25分)				
工作曲线使用	2	未标出 A_x 或其数值,-1分		
		未标出 c_x 或其数值,-1分		
图表中有效数字位数	5	错一处,-1分		
测定结果精密度(8分)				
极差与平均值之比(%)	8	比值≤0.25%	-0分	
		0.25%<比值≤2.50%	-2分	
		2.50%<比值≤5.00%	-4分	
		5.00%<比值≤10.00%	-6分	
		比值>10.00%	-8分	
测定准确度(8分)				
$E_r=\frac{平均值-对照值}{对照值}\times 100\%$	8	$\lvert E_r \rvert \leqslant 0.25\%$	-0分	
		$0.25\% < \lvert E_r \rvert \leqslant 2.50\%$	-2分	
		$2.50\% < \lvert E_r \rvert \leqslant 5.00\%$	-4分	
		$5.00\% < \lvert E_r \rvert \leqslant 10.00\%$	-6分	
		$\lvert E_r \rvert > 10.00\%$	-8分	
原始记录(4分)				
数据填写	2	不清楚、有涂改,-2分		
计算过程	2	公式不正确,-2分		
		公式正确但代入数据不正确,-1分		
合计				

项目二　水产品中甲醛的测定

甲醛又称蚁醛，40%（体积分数）或37%（质量分数）的水溶液就是通常所说的福尔马林。在农业、畜牧业、生物学和医药中被普遍用作消毒、防腐和熏蒸剂，在生活中也被大量使用。但是，甲醛对人体和动物具有较高毒性，对神经系统、肺、肝脏均可产生损害，可与蛋白质、氨基酸结合，使蛋白质变性，严重干扰人体细胞正常代谢，对细胞具有极大伤害作用。世界卫生组织将甲醛确定为致癌、致畸物质和公认的变态反应源，我国也早已明令禁止在食品中添加甲醛。

目前，水产品是监控甲醛含量的主要食品，其甲醛来源有两种。一是水产品中的内源性甲醛，即在水产生物体内自然产生，是一种自身的代谢产物。在储藏过程（包括冷藏和冷冻）中，水产品在酶（特别是氧化三甲胺酶）和微生物的作用下可自行产生甲醛。二是有些不法商贩为牟取暴利，经常在水产品特别是水发水产品中添加甲醛。后者直接危害到消费者的食用安全，因此迫切需要建立标准的甲醛测定方法，全面实行对水产品市场质量安全的监督检验。SC/T 3025—2006为农业部现行的水产品中甲

醛含量的测定标准。

1. 原理

水产品中的甲醛在磷酸介质中经水蒸气加热蒸馏，冷凝后经水溶液吸收，蒸馏液与乙酰丙酮反应，生成黄色的二乙酰基二氢二甲基吡啶，用分光光度计在413nm处比色定量。

2. 试剂

(1) 磷酸溶液（1+9） 取100mL磷酸，加到900mL的水溶液中，混匀。

(2) 乙酰丙酮溶液 称取乙酸铵25g，溶于100mL蒸馏水中，加冰醋酸3mL和乙酰丙酮0.4mL，混匀，贮存于棕色瓶，在2～8℃冰箱内可保存一个月。

(3) 0.1mol/L碘溶液 称取40g碘化钾，溶于25mL水中，加入12.7g碘，待碘完全溶解后，加水定容至1000mL，移入棕色瓶中，暗处贮存。

(4) 1mol/L氢氧化钠溶液。

(5) 硫酸溶液（1+9）。

(6) 0.1mol/L硫代硫酸钠标准溶液 按GB/T 5009.1中规定的方法标定。

(7) 0.5%淀粉溶液 此液应当日配制。

(8) 甲醛标准贮备溶液 吸取0.3mL含量为36%～38%甲醛溶液于100mL容量瓶中，加水稀释至刻度，为甲醛标准贮备溶液，冷藏保存两周。

(9) 甲醛标准溶液（5μg/mL） 根据甲醛标准贮备液的浓度，精密吸取适量于100mL容量瓶中，用水定容至刻度，配置甲醛标准溶液（5μg/mL），混匀备用，此液应当日配制。

3. 仪器

(1) 分光光度计 波长范围为360～800nm。

(2) 圆底烧瓶 1000mL/2000mL、250mL。

(3) 容量瓶 200mL。

(4) 纳氏比色管 20mL。

(5) 调温电热套或电炉。

(6) 组织捣碎机。

(7) 蒸馏液冷凝、接收装置。

4. 分析步骤

(1) 取样

① 鲜活水产品 取肌肉等可食部分测定。鱼类去头、去鳞，取背部和腹部肌肉；虾去头、去壳、去肠腺后取肉；贝类去壳后取肉；蟹类去壳、去性腺和肝脏后取肉。

② 冷冻水产品 经半解冻直接取样，不可用水清洗。

③ 水发水产品 可取其水发溶液直接测定。或将样品沥水后，取可食部分测定。

④ 干制水产品取肌肉等可食部分测定。

(2) 样品处理 取样后，用组织捣碎机捣碎，混合均匀后称取10.00g于250mL圆底烧瓶中，加入20mL蒸馏水，用玻璃棒搅拌混匀，浸泡30min后加10mL磷酸溶液（1+9）后立即通入水蒸气蒸馏。接收管下口事先插入盛有20mL蒸馏水且置于冰浴的蒸馏液接收装置中。收集蒸馏液至200mL，同时做空白对照实验。

(3) 测定

① 甲醛标准贮备溶液的标定 精密吸取甲醛标准贮备溶液10.00mL，置于250mL碘量瓶中，加入25.00mL 0.1mol/L碘溶液，7.50mL 1mol/L氢氧化钠溶液，放置

15min；再加入 10.00mL 硫酸（1+9），放置 15min；用浓度为 0.1mol/L 的硫代硫酸钠标准溶液滴定，当滴至淡黄色时，加入 1.00mL 0.5%淀粉指示剂，继续滴定至蓝色消失，记录所用硫代硫酸钠体积（V_1）。同时用水做试剂空白滴定，记录空白滴定所用硫代硫酸钠体积（V_0）。

甲醛标准贮备液的浓度用下式计算

$$X_1=\frac{(V_0-V_1)c\times15\times1000}{10}$$

式中 X_1——甲醛标准贮备溶液中甲醛的浓度，mg/L；
V_0——空白滴定消耗硫代硫酸钠标准溶液的体积，mL；
V_1——滴定甲醛消耗硫代硫酸钠标准溶液的体积，mL；
c——硫代硫酸钠溶液准确的摩尔浓度，mol/L；
15——1mL 1mol/L 碘相当甲醛的量，mg/mmol；
10——所用甲醛标准贮备溶液的体积，mL。

② 标准曲线的绘制　精密吸取 5μg/mL 甲醛溶液 0mL、2.0mL、4.0mL、6.0mL、8.0mL、10.0mL 于 20mL 纳氏比色管中，加水至 10mL；加入 1mL 乙酰丙酮溶液，混合均匀，置沸水浴中加热 10min，取出用冷水冷却至室温；以空白液为参比，于波长 413nm 处，以 1cm 比色皿进行比色，测定吸光度，绘制标准曲线。

③ 样品测定　根据样品蒸馏中甲醛浓度高低，吸取蒸馏液 1～10mL，补充蒸馏水至 10mL，测定过程同上，记录吸光度。

5. 结果计算

试样中甲醛的含量按下式计算

$$X_2=\frac{c_2\times10}{m_2V_2}\times200$$

式中 X_2——水产品中甲醛含量，mg/kg；
c_2——查曲线结果，μg/mL；
10——显色溶液的总体积，mL；
m_2——样品质量，g；
V_2——样品测定取蒸馏液的体积，mL；
200——蒸馏液总体积，mL。

每个样品应作两次平行测定，以其算术平均值为分析结果。结果保留两位有效数字。

6. 精密度

在重复性条件下获得两次独立测定结果：

样品中甲醛含量≤5mg/kg 时，相对偏差≤10%；样品中甲醛含量>5mg/kg 时，相对偏差≤5%。

7. 实验说明

(1) 本实验的回收率≥60%。

(2) 本方法测样品中甲醛的检出限为 0.50mg/kg。

(3) 甲醛的吸收光谱扫描图（见图 4.5）。

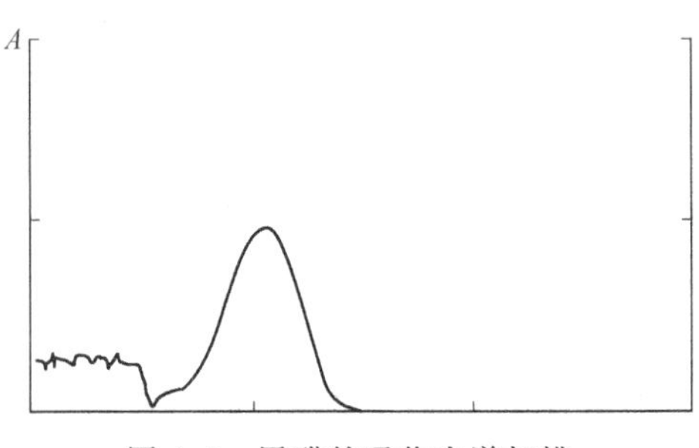

图 4.5　甲醛的吸收光谱扫描

8. 评分标准

考核内容	分值	考核记录(以"√"表示)		得分
天平称量(6分)				
天平检查 ① 零点 ② 水平 ③ 称盘清扫	2	未检查水平,－0.5分		
		未清扫称盘,－0.5分		
		未检查天平零点,－1分		
样品取放	1	样品未按照规定方式取放,－0.5分		
		称样器皿未放在称盘中央,－0.5分		
称量操作 ① 开关天平门 ② 称量操作 ③ 读数记录	1.5	未做到随手开关天平门,一次 －0.5分		
		称量前未及时将天平回零,一次 －0.5分		
		未及时记录或用铅笔记录数据,一次 －0.5分		
称量结束后 样品、天平复位	1.5	未将天平回零,－0.5分		
		未关天平门或天平开关,－0.5分		
		未清扫天平,－0.5分		
标准储备液标定(12分)				
滴定管的正确使用	5	未进行检漏,－1分		
		未用蒸馏水以及待测溶液润洗或润洗少于3次,－1分		
		装液后未进行排气操作,－1分		
		未进行调零或调零不正确,－1分		
		调零后,滴定管尖嘴外悬挂溶液未正确处理(应靠在锥形瓶的外壁),－1分		
滴定操作	5	锥形瓶、滴定管操作不正确,手法不规范,－1分		
		滴定速度不合理,－1分		
		未有明显的半滴操作,－1分		
		终点判断不正确,－1分		
		每次滴定开始前,未及时补足滴定液,未调零,－1分		
读数	2	读数时,滴定管未垂直,－1分		
		读数时,未平视,－1分		
标准溶液制备(14分)				
吸量管润洗	1.5	未用蒸馏水润洗或润洗少于3次,－0.5分 未用待装液润洗或润洗少于3次,－0.5分		
		润洗时有吸空现象,一次 －0.5分		
吸量管插入溶液前及调节液前应用滤纸擦拭管尖	1	吸量管插入溶液前未用滤纸擦拭管尖,－0.5分		
		调节液前未用滤纸擦拭管尖,－0.5分		
吸量管调节液面	1.5	视线与刻度线不平齐,－0.5分		
		吸量管不垂直,－0.5分		
		调节液面的废液放回原容量瓶,－0.5分		
放出溶液	1	吸量管不垂直,－0.5分		
		管尖贴在容量瓶磨砂口处,－0.5分		
溶液放尽后,吸量管停留15s后移开	1	未进行或停留时间太短,－1分		

续表

考核内容	分值	考核记录(以"√"表示)		得分
标准溶液制备(14 分)				
用蒸馏水稀释至容量瓶 2/3～3/4 体积时平摇	1	未进行,−1 分		
加蒸馏水至近标线约 1cm 处等待 1～2 min	1	未进行,−1 分		
逐滴加入蒸馏水稀释至刻度	1	不准确,−1 分		
摇匀	1	用手掌包住容量瓶底部,−0.5 分		
		摇匀过程中未开塞,−0.5 分		
配制标准溶液和试样溶液	4	重复一次,−1 分		
仪器准备(5 分)				
比色皿的清洗	2	未洗净,−2 分		
仪器预热	3	未进行或低于 20 分钟,−3 分		
比色皿的使用(7 分)				
手持	2	手触及比色皿透光面,−1 分		
待测溶液润洗	2	未进行,−2 分		
溶液高度	1	不正确(不在皿高 2/3～3/4 处),−1 分		
比色皿的擦拭	1	擦拭前,未先用滤纸吸干或吸水过程中用滤纸擦拭透光面,−0.5 分		
		吸水后,未用擦镜纸擦拭透光面,−0.5 分		
测定后,比色皿洗净	1	未进行,−1 分		
分光光度计的操作(11 分)				
波长选择	3	不正确,−3 分		
参比溶液置于光路,调整 T 为 100%($A=0$)	2	未进行,−2 分		
吸光度稳定后读数	1	不正确,−1 分		
测定顺序	3	没有按照从低浓度到高浓度的顺序测定,−3 分		
测定结束后整理仪器、台面	2	未及时关闭电源,−1 分		
		未整理台面,−1 分		
定量测定(25 分)				
绘制工作曲线	6	不正确,−6 分		
标准曲线经过坐标原点	1	不正确,−1 分		
工作曲线线性、相关系数 R	8	$R \geqslant 0.99999$	−0 分	
		$0.99990 \leqslant R < 0.99999$	−2 分	
		$0.9995 \leqslant R < 0.9999$	−4 分	
		$0.9990 \leqslant R < 0.9995$	−6 分	
		$R < 0.9990$	−8 分	
图上标注项目齐全、正确	3	缺图名,−1 分		
		缺横坐标名称或单位,−1 分		
		缺纵坐标名称,−1 分		

续表

考核内容	分值	考核记录(以"√"表示)		得分
定量测定(25分)				
工作曲线使用	2	未标出 A_x 或其数值，－1分		
		未标出 c_x 或其数值，－1分		
图表中有效数字位数	5	错一处，－1分		
测定结果精密度(8分)				
极差与平均值之比(%)	8	比值≤0.25%	－0分	
		0.25%＜比值≤2.50%	－2分	
		2.50%＜比值≤5.00%	－4分	
		5.00%＜比值≤10.00%	－6分	
		比值＞10.00%	－8分	
测定准确度(8分)				
$E_r = \frac{平均值-对照值}{对照值} \times 100\%$	8	$\lvert E_r \rvert \leq 0.25\%$	－0分	
		$0.25\% < \lvert E_r \rvert \leq 2.50\%$	－2分	
		$2.50\% < \lvert E_r \rvert \leq 5.00\%$	－4分	
		$5.00\% < \lvert E_r \rvert \leq 10.00\%$	－6分	
		$\lvert E_r \rvert > 10.00\%$	－8分	
原始记录(4分)				
数据填写	2	不清楚、有涂改，－2分		
计算过程	2	公式不正确，－2分		
		公式正确但代入数据不正确，－1分		
合计				

项目三　食品中亚硫酸盐的测定

亚硫酸盐作为食品添加剂，多种功能聚为一体，不仅具有漂白作用，还具有防腐和抗氧化作用等。因此，亚硫酸盐在食品加工业中被广泛采用，如蜜饯、干果、干菜、银耳、粉丝、饼干、砂糖、冰糖、糖果、葡萄糖、果酒、葡萄酒、竹笋、蘑菇、薯类淀粉、啤酒等等。通常，食品添加剂的亚硫酸盐指的是二氧化硫以及能够产生二氧化硫的无机亚硫酸盐，一般包括二氧化硫、硫黄、亚硫酸、亚硫酸盐、亚硫酸氢盐、焦亚硫酸盐以及低亚硫酸盐等。

然而，亚硫酸盐在食品加工中的用量并非越多越好。亚硫酸盐类的食品添加剂使用过量，将会严重破坏食品中的营养物质，降低食品的营养价值；人体若过量摄入，对胃肠、肝脏有损害作用，引发呼吸困难、腹泻、呕吐等症状，引起红细胞、血红蛋白的减少，严重危害人类健康。为此，各个国家对食品中二氧化硫残留作了严格限量。国际食品添加剂委员会(JECFA)提出的亚硫酸盐的日允许摄入量（ADI值）是0～0.7mg/kg体重（以SO_2含量计）。具体到每种食品中亚硫酸盐的添加量，不同国家和地区的限量值又存在较大差距。我国食品添加剂使用标准中规定，各类食品中以二氧化硫残留量计的亚硫酸盐的最大使用量从0.04g/kg至0.4g/kg之间不等。现行国标（GB/T 5009.34—2003）中列出的食品中亚硫酸盐测定的仲裁方法为盐酸副玫瑰苯胺法。

1. 原理

亚硫酸盐与四氯汞钠反应生成稳定的络合物，再与甲醛及副玫瑰苯胺作用生成紫红色络合物，与标准系列比较定量。

2. 试剂

(1) 四氯汞钠吸收液　称取 13.6g 氯化高汞及 6.0g 氯化钠，溶于水中并稀释至1000mL，放置过夜，过滤后备用。

(2) 氨基磺酸铵溶液（12g/L）。

(3) 甲醛溶液（2g/L）　吸取 0.55mL 无聚合沉淀的甲醛（36%），加水稀释至 100mL，混匀。

(4) 淀粉指示液　称取 1g 可溶性淀粉，用少许水调成糊状，缓缓倾入 100mL 沸水中，随加随搅拌，煮沸，放冷备用。此溶液临用时现配。

(5) 亚铁氰化钾溶液　称取 10.6g 亚铁氰化钾，加水溶解并稀释至 100mL。

(6) 乙酸锌溶液　称取 22g 乙酸锌溶于少量水中，加入 3mL 冰醋酸，加水稀释至 100mL。

(7) 盐酸副玫瑰苯胺溶液　称取 0.1g 盐酸副玫瑰苯胺于研钵中，加少量水研磨使溶解并稀释至 400mL 水中，用 50mL 盐酸（1+5）酸化，徐徐搅拌，加 4～5g 活性炭，加热煮沸 2min。将混合物倒入大漏斗中，过滤（用保温漏斗趁热过滤）。滤液放置过夜，出现结晶，然后再用布氏漏斗抽滤，将结晶再悬浮于 1000mL 乙醚-乙醇（10∶1）的混合液中，振摇 3～5min，以布氏漏斗抽滤，再用乙醚反复洗涤至醚层不带色为止，于硫酸干燥器中干燥，研细后贮于棕色瓶中保存。

(8) 碘溶液 [$c(1/2I_2)=0.100mol/L$]。

(9) 硫代硫酸钠标准溶液 [$c(Na_2S_2O_3 \cdot 5H_2O)=0.100mol/L$]。

(10) 二氧化硫标准溶液　称取 0.5g 亚硫酸钠，溶于 200mL 四氯汞钠吸收液中，放置过夜，上清液用定量滤纸过滤备用。

标定：吸取 10.0mL 亚硫酸钠-四氯汞钠溶液于 250mL 碘量瓶中，加 100mL 水，准确加入 20.00mL 碘溶液（0.1mol/L），5mL 冰醋酸，摇匀，放置于暗处，2min 后迅速以硫代硫酸钠标准溶液（0.100mol/L）滴定至淡黄色，加 0.5mL 淀粉指示液，继续滴至无色。另取 100mL 水，准确加入碘溶液 20.0mL（0.1mol/L）、5mL 冰醋酸，按同一方法做试剂空白实验。

二氧化硫标准溶液的浓度按下式计算

$$X=\frac{(V_2-V_1)c\times 32.03}{10}$$

式中　X——二氧化硫标准溶液浓度，mg/mL；

V_1——测定用亚硫酸钠-四氯汞钠溶液消耗硫代硫酸钠标准溶液体积，mL；

V_2——试剂空白消耗硫代硫酸钠标准溶液体积，mL；

c——硫代硫酸钠标准溶液的摩尔浓度，mol/L；

32.03——每毫升硫代硫酸钠 [$c(Na_2S_2O_3 \cdot 5H_2O)=1.000mol/L$] 标准溶液相当于二氧化硫的质量，mg/mmol；

10——吸取的亚硫酸氢钠-四氯汞钠溶液的体积，mL。

（11）二氧化硫用液　临用前将二氧化硫标准溶液以四氯汞钠吸收液稀释成每毫升相当于 2μg 二氧化硫。

（12）氢氧化钠溶液（20g/L）。

（13）硫酸（1+71）。

3. 仪器

分光光度计。

4. 分析步骤

（1）试样处理

① 水溶性固体试样如白砂糖等可称取约 10.00g 均匀试样（试样量可视含量高低而定），以少量水溶解，置于 100mL 容量瓶中，加入 4mL 氢氧化钠溶液（20g/L），5min 后加入 4mL 硫酸（1+71），然后加入 20mL 四氯汞钠吸收液，加水稀释至刻度。

② 其他固体试样如饼干、粉丝等可称取 5.0～10.0g 研磨均匀的试样，以少量水润湿并移入 100mL 容量瓶中，然后加入 20mL 四氯汞钠吸收液，浸泡 4h 以上，若上层溶液不澄清可加入亚铁氰化钾及乙酸锌溶液各 2.5mL，最后用水稀释至 100mL 刻度，过滤后备用。

③ 液体试样如葡萄酒等可直接吸取 5.0～10.0mL 试样，置于 100mL 容量瓶中，以少量水稀释，加 20mL 四氯汞钠吸收液，摇匀，最后加水至刻度，混匀，必要时过滤备用。

（2）测定

吸取 0.50～5.0mL 上述试样处理液于 25mL 带塞比色管中。

另吸取 0.00mL、0.20mL、0.40mL、0.60mL、0.80mL、1.00mL、1.50mL、2.00mL 二氧化硫标准使用液（相当于 0.00μg、0.4μg、0.8μg、1.2μg、1.6μg、2.0μg、3.0μg、4.0μg 二氧化硫），分别置于 25mL 带塞比色管中。

于试样及标准管中各加入四氯汞钠吸收液至 10mL，然后再加入 1mL 氨基磺酸铵溶液（12g/L）、1mL 甲醛溶液（2g/L）及 1mL 盐酸副玫瑰苯胺溶液，摇匀，放置 20min。用 1cm 比色杯，以零管调节零点，于波长 550nm 处测定吸光度，绘制标准曲线比较。

5. 结果计算

试样中二氧化硫含量按下式计算

$$X=\frac{A\times1000}{m\times\frac{V}{100}\times1000\times1000}$$

式中　X——试样中二氧化硫含量，g/kg；

A——测定用样液中二氧化硫的质量，μg；

m——试样质量，g；

V——测定用样液的体积，mL；

100——试样处理液的体积，mL。

计算结果保留三位有效数字。

6. 精密度

在重复实验条件下获得的两次独立测定结果的绝对差值不得超过 10%。

7. 实验说明

（1）本方法检出浓度为 1mg/kg。

(2) 颜色较深样品，需用活性炭脱色。

(3) 样品加入四氯汞钠吸收液后，溶液中的二氧化硫含量在 24h 内稳定，测定需在 24h 内进行。

(4) 亚硫酸易与食品中的醛（乙醛）、酮（酮戊乙酸、丙酮酸）及糖（葡萄糖等单糖）相结合，以结合型的亚硫酸存在于食品中，样品处理时加入氢氧化钠是为使结合态亚硫酸释放出来，加硫酸是为了中和碱，这是因为总的显色反应是在微酸性条件下进行的。

(5) 亚硝酸对反应有干扰，加入氨基磺酸铵为使亚硝酸分解，得

$$HNO_2 + NH_2SO_3NH_4 \longrightarrow NH_4HSO_4 + N_2\uparrow + H_2O$$

(6) 盐酸副玫瑰苯胺加入盐酸调节成黄色，必须放置过夜后使用，以空白管不显色为宜，否则需重新用盐酸调节。在此盐酸用量对显色有影响，加入多显色浅，加入少显色深，对测定结果有较明显影响，因此需严格控制。

(7) 显色时严格控制显色时间和温度一致，显色时间在 10～30min 内稳定，温度在 20～25℃内为宜，高于 30℃测定结果偏低。

(8) 二氧化硫标准溶液的浓度随放置时间的延长逐渐降低，因此临用前必须标定其浓度。

(9) 葡萄酒加四氯汞钠后，在不同时间测定，测定值随放置时间而增加，72h 后达到最大值，并和碘量法测定值（0.05g/kg）一致。

加四氯汞钠后放置时间/h	立即	8	24	48	72	96	120
测定值/(g/kg)	0.05	0.09	0.11	0.13	0.15	0.15	0.15

加四氯汞钠后，用比色法立即测定，得到的是游离型二氧化硫含量。放置 72h 以上，四氯汞钠缓慢地和结合型二氧化硫起作用。

8. 评分标准（以固体样品为例）

考核内容	分值	考核记录(以"√"表示)		得分
天平称量(6分)				
天平检查 ① 零点 ② 水平 ③ 称盘清扫	2	未检查水平，－0.5分		
		未清扫称盘，－0.5分		
		未检查天平零点，－1分		
样品取放	1	样品未按照规定方式取放，－0.5分		
		称样器皿未放在称盘中央，－0.5分		
称量操作 ① 开关天平门 ② 称量操作 ③ 读数记录	1.5	未做到随手开关天平门，一次 －0.5分		
		称量前未及时将天平回零，一次 －0.5分		
		未及时记录或用铅笔记录数据，一次 －0.5分		
称量结束后 样品、天平复位	1.5	未将天平回零，－0.5分		
		未关天平门或天平开关，－0.5分		
		未清扫天平，－0.5分		
样品前处理(12分)				
试样匀浆	4	试样处理方法不当，未混合均匀，－4分		
定容	4	试样未冷却，－2分		
		未逐滴加入蒸馏水稀释至刻度，－2分		

续表

考核内容	分值	考核记录(以"√"表示)		得分
样品前处理(12 分)				
过滤	4	滤纸未紧贴漏斗内壁,−2 分		
		滤纸边缘未低于漏斗边缘,漏斗中的液面未低于滤纸边缘,−1 分		
		倾倒液体的烧杯口未紧靠玻璃棒,玻璃棒的末端未紧靠有三层滤纸的一边,漏斗末端未紧靠承接滤液的烧杯的内壁,−1 分		
溶液制备(14 分)				
吸量管润洗	1.5	未用蒸馏水润洗或润洗少于 3 次,−0.5 分		
		未用待装液润洗或润洗少于 3 次,−0.5 分		
		润洗时有吸空现象,一次 −0.5 分		
吸量管插入溶液前及调节液前应用滤纸擦拭管尖	1	吸量管插入溶液前未用滤纸擦拭管尖,−0.5 分		
		调节液前未用滤纸擦拭管尖,−0.5 分		
吸量管调节液面	1.5	视线与刻度线不平齐,−0.5 分		
		吸量管不垂直,−0.5 分		
		调节液面的废液放回原容量瓶,−0.5 分		
放出溶液	1	吸量管不垂直,−0.5 分		
		管尖贴在容量瓶磨砂口处,−0.5 分		
溶液放尽后,吸量管停留 15s 后移开	1	未进行或停留时间太短,−1 分		
用蒸馏水稀释至容量瓶 2/3～3/4 体积时平摇	1	未进行,−1 分		
加蒸馏水至近标线约 1cm 处等待 1～2 min	1	未进行,−1 分		
逐滴加入蒸馏水稀释至刻度	1	不准确,−1 分		
摇匀	1	用手掌包住容量瓶底部,一次 −0.5 分		
		摇匀过程中未开塞,一次 −0.5 分		
配制标准溶液和试样溶液	4	重复一次,−1 分		
仪器准备(5 分)				
比色皿的清洗	2	未洗净,−2 分		
仪器预热	3	未进行或低于 20 分钟,−3 分		
比色皿的使用(7 分)				
手持	2	手触及比色皿透光面,−1 分		
待测溶液润洗	2	未进行,−2 分		
溶液高度	1	不正确(不在皿高 2/3～3/4 处),−1 分		
比色皿的擦拭	1	擦拭前,未先用滤纸吸干或吸水过程中用滤纸擦拭透光面,−0.5 分		
		吸水后,未用擦镜纸擦拭透光面,−0.5 分		
测定后,比色皿洗净	1	未进行,−1 分		

续表

考核内容	分值	考核记录(以"√"表示)		得分
分光光度计的操作(11 分)				
波长选择	3	不正确,-3 分		
参比溶液置于光路,调整 T 为 100%($A=0$)	2	未进行,-2 分		
吸光度稳定后读数	1	不正确,-1 分		
测定顺序	3	没有按照从低浓度到高浓度的顺序测定,-3 分		
测定结束后整理仪器、台面	2	未及时关闭电源,-1 分		
		未整理台面,-1 分		
定量测定(25 分)				
绘制工作曲线	6	不正确,-6 分		
标准曲线经过坐标原点	1	不正确,-1 分		
工作曲线线性、相关系数 R	8	$R \geqslant 0.99999$	-0 分	
		$0.99990 \leqslant R < 0.99999$	-2 分	
		$0.9995 \leqslant R < 0.9999$	-4 分	
		$0.9990 \leqslant R < 0.9995$	-6 分	
		$R < 0.9990$	-8 分	
图上标注项目齐全、正确	3	缺图名,-1 分		
		缺横坐标名称或单位,-1 分		
		缺纵坐标名称,-1 分		
工作曲线使用	2	未标出 A_x 或其数值,-1 分		
		未标出 c_x 或其数值,-1 分		
图表中有效数字位数	5	错一处,-1 分		
测定精密度(8 分)				
极差与平均值之比(%)	8	比值≤ 0.25%	-0 分	
		0.25% < 比值 ≤ 2.50%	-2 分	
		2.50% < 比值 ≤ 5.00%	-4 分	
		5.00% < 比值 ≤10.00%	-6 分	
		比值 > 10.00%	-8 分	
测定准确度(8 分)				
$E_r = \frac{平均值-对照值}{对照值} \times 100\%$	8	$\lvert E_r \rvert \leqslant 0.25\%$	-0 分	
		$0.25\% < \lvert E_r \rvert \leqslant 2.50\%$	-2 分	
		$2.50\% < \lvert E_r \rvert \leqslant 5.00\%$	-4 分	
		$5.00\% < \lvert E_r \rvert \leqslant 10.00\%$	-6 分	
		$\lvert E_r \rvert > 10.00\%$	-8 分	
原始记录(4 分)				
数据填写	2	不清楚、有涂改,-2 分		
计算过程	2	公式不正确,-2 分		
		公式正确但代入数据不正确,-1 分		
合计				

项目四 国标中紫外-可见分光光度法测定的其他食品项目

序号	测定项目	测定国标	测定波长/nm
1	As	GB/T 5009.11—2003(第二法)	520
2	Pb	GB/T 5009.12—2003(第四法)	510
3	Cu	GB/T 5009.13—2003(第二法)	440
4	Zn	GB/T 5009.14—2003(第二法)	530
5	Cd	GB/T 5009.15—2003(第三法)	585
6	Sn	GB/T 5009.16—2003(第三法)	490
7	Hg	GB/T 5009.17—2003(第三法)	490
8	F	GB/T 5009.18—2003	580
9	油脂中没食子酸丙酯	GB/T 5009.32—2003	540
10	马拉硫磷	GB/T 5009.36—2003	415
11	食用植物油过氧化值	GB/T 5009.37—2003	500
12	蒸馏酒及配制酒中的 Mn	GB/T 5009.48—2003	530
13	搪瓷制食具容器中的 Sb	GB/T 5009.63—2003	620
14	不锈钢食具容器中的 Cr	GB/T 5009.81—2003	540
15	维生素 A 和维生素 E	GB/T 5009.82—2003(第二法)	620
16	抗坏血酸	GB/T 5009.86—2003(第二法)	500
17	P	GB/T 5009.87—2003	660
18	稀土	GB/T 5009.94—2003	680,660,640
19	饮料中咖啡因	GB/T 5009.139—2003	276.5
20	诱惑红	GB/T 5009.141—2003	500
21	Ge	GB/T 5009.151—2003	512
22	植酸	GB/T 5009.153—2003	500
23	面制食品中的 Al	GB/T 5009.182—2003	640

模块五　原子吸收光谱分析

原子吸收光谱法（atomic absorption spectrometry，AAS）是一种重要的痕量分析方法，是澳大利亚物理学家 A. Walsh 在 20 世纪 50 年代提出并论证的分析方法。之后原子化器系统不断完善与发展；仪器分析性能和自动化水平不断提高，并向智能化方向发展；各大公司 AAS 仪器的主要技术指标互相接近。进入 21 世纪，原子吸收仪器的发展不仅仅表现为新技术、新器件、新材料的应用，各功能部件的技术改进与完善，也不仅体现为从锐线光源原子吸收向连续光源原子吸收的突破，还出现了新的发展趋势：一是在元素形态分析新领域获得应用的色谱与原子吸收联用技术；二是仪器的小型化、专用化。

目前的原子吸收分光光度法可实现 70 多种元素的分析测定。具有检测限低，灵敏度高；准确性高，选择性好；操作简单、快速；样品用量少；测量范围广等优点，在多个领域得到广泛应用。《食品安全国家标准》规定，食品中的铅、镉（除了一些含盐量高的产品）、铬、镍、铁、锰、铜、锌、钾、钠、钙、镁（饮用水中）等元素测定用原子吸收分光光度法，其中铅、镉、铬、镍等元素的测定仲裁方法是石墨炉原子吸收法，铁、锰、铜、锌、钾、钠、钙、镁等元素的测定仲裁方法是火焰原子吸收法。

任务一　原子吸收光谱分析操作与仪器维护

根据原子化方式不同，原子吸收光谱分析可分为火焰原子化法（FAAS）、石墨炉原子化法（GFAAS）和氢化物原子化法。火焰原子化法，具有分析速度快，精密度高，干扰少，操作简单等优点。火焰原子化法的火焰种类有很多，目前广泛使用的是乙炔-空气火焰，可以分析 30 多种元素，其次是乙炔-氧化亚氮（俗称笑气）火焰，可使测定元素增加至近 70 种。石墨炉原子化法，与火焰原子化不同，石墨炉高温原子化采用直接进样和程序升温方式，原子化曲线是一条具有峰值的曲线。其特点是升温速度快，绝对灵敏度高，可分析元素较多，所用样品量少等。但石墨炉原子化法存在分析结果的精密度比火焰原子化法差，记忆效应较严重，分析速度慢等缺点。氢化物原子化法是将 As、Bi、Ge、Sb、Se、Te 等元素还原成相应的氢化物，然后引入加热的石英吸收管内，使氢化物分解成气态原子，并测定其吸光度。

项目一　原子吸收光谱分析测定原理

一、工作原理

原子吸收光谱法是利用被测元素的基态原子对特征辐射线的吸收程度进行定量分析的方法。其分析波长区域在近紫外区，分析原理是基于从光源辐射出的具有待测元素特征谱线的光，通过样品蒸气时被蒸气中待测元素基态原子所吸收，从而由辐射特征谱线光被减弱的程度来测定样品中待测元素含量（图 5.1）。基态原子的浓度在一定范围内与吸收光量遵循朗伯-比耳定律，即

$$A=-\lg I/I_0=-\lg T=KcL$$

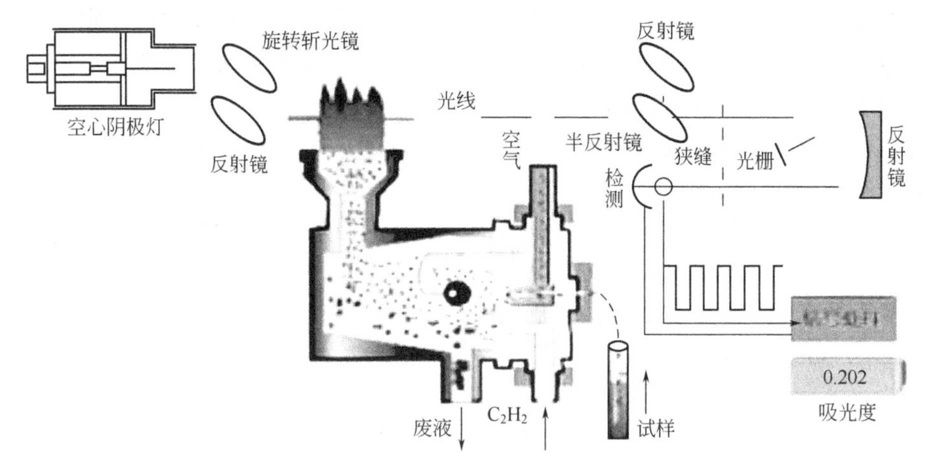

图 5.1　原子吸收光谱法原理

式中　I——透射光强度；

I_0——发射光强度；

T——透射比；

L——光通过原子化器的光程。

由于 L 为定值，吸光度 A 与浓度 c 成简单的线性关系，上式可简化为

$$A=Kc$$

该式是原子吸收分析测量的理论依据。K 值是一个与元素浓度无关的常数，实际上是标准曲线的斜率。

二、谱线的轮廓及其影响因素

若将一束不同频率，强度为 I_0 的平行光通过厚度为 $l$cm 的原子蒸气时，一部分光被吸收，而透射光的强度 I_ν 仍服从比耳定律，即

$$I_\nu=I_0\mathrm{e}^{-K_\nu l}$$

式中　K_ν——基态原子对频率为 ν 的光的吸收系数。

基态原子对光的吸收有选择性，吸收系数 K_ν 是光源的辐射频率 ν 的函数。因此，透射光的强度 I_ν 随光的频率 ν 而变化 [图 5.2 (a)]。图 5.2 (a) 表明在频率 ν_0 处，透射的光最少，即吸收最大。频率 ν_0 处为基态原子的吸收最大，ν_0 是谱线的中心频率或峰值频率。

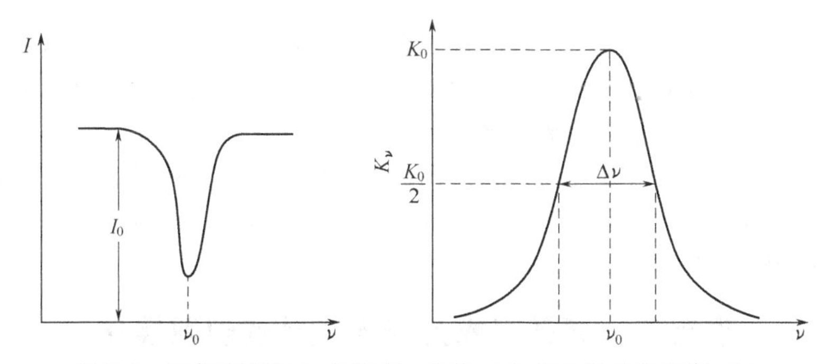

图 5.2　透射光强度 I_ν 与频率 ν 曲线 (a) 以及吸收线轮廓 (b)

将 K_ν 对 ν 作图得曲线，如图 5.2 (b) 所示，该曲线形状称为吸收线的轮廓。在 ν_0 处 K_ν 有极大值 K_0，K_0 称为峰值吸收系数或中心吸收系数。吸收线具有一定宽度。K_ν 等于

峰值吸收系数值一半时所对应的吸收线轮廓上两点间的距离称为吸收线的半宽度，以 $\Delta\nu$ 表示。$\Delta\nu$ 的大小直接反映了吸收线的宽度。原子吸收线的半宽度约为 0.001～0.005nm，比分子吸收带的半宽度（约 50nm）小很多。

无论是原子发射线还是吸收线，谱线都有一定宽度，这主要是由原子的性质以及外界因素引起的。影响谱线宽度的因素如下。

（1）自然宽度　无外界影响时谱线具有的宽度称为自然宽度。处于每一能级的激发态原子有一定的寿命，它决定了谱线固有宽度，其大小一般在 10^{-5}nm 数量级。

（2）多普勒变宽　原子在空间做无规则的热运动而引起的变宽，故又称为热变宽，其变宽程度（$\Delta\nu_D$）可表示为

$$\Delta\nu_D=\frac{2\nu_0}{c}\sqrt{\frac{2(\ln 2)RT}{M}}=0.716\times10^{-6}\nu_0\sqrt{\frac{T}{M}}$$

式中　c——光速；

R——气体常量；

T——热力学温度；

M——相对原子质量；

ν_0——中心频率。

该式表明，$\Delta\nu_D$ 与 $T^{1/2}$ 成正比，与 $M^{1/2}$ 成反比，而与压力无关。原子吸收光谱的火焰光源温度一般在 1500～3000K，温度的微小变化对吸收宽度的影响比较小。被测元素的相对原子质量越小，温度越高，则多普勒变宽就越大。

多普勒变宽时，中心频率无位移，只是两侧对称变宽，但 K_0 值减小，对吸收系数积分值无影响。

（3）洛伦兹变宽　原子同其他外来粒子（原子、分子、电子、离子）相互碰撞产生，变宽程度（$\Delta\nu_L$）随气体压力 p 增加而增大，故又称压力变宽。洛伦兹变宽使中心频率位移，谱线轮廓不对称。这样，使空心阴极灯发射的发射线和基态原子的吸收线错位，影响了原子吸收光谱分析的灵敏度。

温度在 1500～3000K，外来气体压力在约 1.013×10^5 Pa 时，谱线变宽主要受多普勒变宽和洛伦兹变宽的影响，两者具有相同的数量级，约为 0.001～0.005nm。采用火焰原子化装置时，$\Delta\nu_L$ 是主要的；采用无火焰原子化装置时，若共存原子浓度很低，则 $\Delta\nu_D$ 是主要的。

谱线变宽除受以上因素影响外，还有赫尔兹马克变宽和场致变宽。赫尔兹马克变宽是由同种原子碰撞产生的，又称共振变宽。场致变宽包括由外部电场或由带电粒子、离子形成的电场所产生的斯塔克变宽，以及由磁场产生的塞曼效应。

（4）自吸与自蚀　由于光源空心阴极灯阴极周围的同种气态的基态原子吸收了由阴极发射出的共振线，从而导致与发射光谱相类似的自吸或自蚀现象。当灯电流或被测物质浓度大时，自吸与自蚀现象更显著。

项目二　原子吸收分光光度计的仪器操作

无论是单光束原子吸收分光光度计，还是双光束原子吸收分光光度计，其基本组成主要包括光源系统、原子化系统、单色器、检测系统 4 个部分，现代原子吸收分光光度计还配有电脑控制系统，一般仪器配用 PC 兼容机，完成对仪器及附件（空压机、冷却循环水泵等）

的控制、数据处理和存储等各种功能。

一、光源系统

光源的功能是发射被测元素的特征共振辐射。对光源的基本要求是：发射的共振辐射的半宽度要明显小于吸收线的半宽度；辐射强度大；背景低，低于特征共振辐射强度的1%；稳定性好，30min内漂移不超过1%；噪声小于0.1%；使用寿命长于5A・h。

AAS常用的光源有空心阴极灯（包括高强度空心阴极灯、窄谱线灯、多元素空心阴极灯等）及无极放电灯。空心阴极灯主要用于铁、锰、铜、锌、铅、钡、锂、钠、钾等金属元素测定；无极放电灯主要用于砷、硒、镉、锡、贵金属等元素的测定。

二、原子化系统

原子化系统的功能是提供能量，使试样干燥、蒸发和原子化。原子吸收光谱分析中，试样中被测元素的原子化是整个分析过程的关键环节，直接影响分析灵敏度和结果的重现性。目前，实现原子化的方法最常用的有两种：火焰原子化法和石墨炉原子化法。

1. 火焰原子化器

火焰原子化器为最常用的原子化器，包括喷雾器、雾化器和燃烧头三个部分。燃烧头采用长缝式，由耐高温合金材料制成，不同型号的仪器燃烧头的狭缝长和狭缝宽不完全一致，一般有10cm、7cm、5cm等几种，缝宽在0.5mm左右。乙炔为常用燃气，火焰为乙炔-空气火焰。

火焰由燃气和助燃气燃烧形成。火焰按燃气与助燃气的比例（燃助比）不同，可分为化学计量火焰、富燃火焰和贫燃火焰3类。化学计量火焰也称中性火焰，燃助比与化学计量关系接近。这类火焰层次清晰、温度高、稳定、干扰少，许多元素可采用此类火焰，以乙炔-空气为例，燃助比为1∶4。富燃火焰的燃助比超过化学计量火焰，以乙炔-空气为例约为3∶1。此类火焰中大量燃气未燃烧完全，含有较多的碳、CH基等，故温度略低于化学计量火焰，具有还原性，适用于易形成难离解氧化物的元素的测定。贫燃火焰的燃助比小于化学计量火焰，以乙炔-空气为例约为1∶6。此类火焰燃烧完全，氧化性强；由于助燃气充分，冷的助燃气带走火焰中的热量，火焰温度降低；适用于易离解、易电离的元素，如碱金属元素的分析。

2. 石墨炉原子化器

石墨炉原子化器由加热电源、惰性气体保护系统和石墨管炉组成（图5.3）。石墨管长约50mm，内径5mm。试样以溶液（5～100μL）或固体（几毫克）放入石墨管中，在Ar或N_2惰性气体保护下分步升温加热，使试样干燥、灰化（或分解）和原子化，见图5.4。干燥过程中，于105～120℃下加热以蒸发溶剂。溶剂的蒸发必须慢而平稳，以避免飞溅而损失。灰化过程主要是除去易挥发的基体和有机物等干扰物质。干燥和灰化约20～45s。原子化时，升高温度至最佳原子化温度，原子化约3～10s，使试样成为基态自由原子，并观察响应的吸收信号。在原子化过程中，停止通气可延长原子在石墨管炉中停留的时间。对于电加热过程，必须仔细通过实验来选择合适的温度和时间参数。

三、单色器

单色器的作用是将被测元素的共振线与邻近谱线分开。由入射狭缝、出射狭缝和色散元件（光栅或棱镜）组成。其中，色散元件为其关键部件，现在的商品仪器均使用光栅。原子吸收光谱仪对单色器的分辨率要求不高，曾以能分辨镍三线Ni 230.003nm、Ni 231.603nm、Ni 231.096nm为标准，后采用Mn 279.5nm和Mn 279.8nm代替镍三线来检定分辨率。光栅放置在原子化器之后，以阻止来自原子化器内的所有不需要的辐射进入检测器。

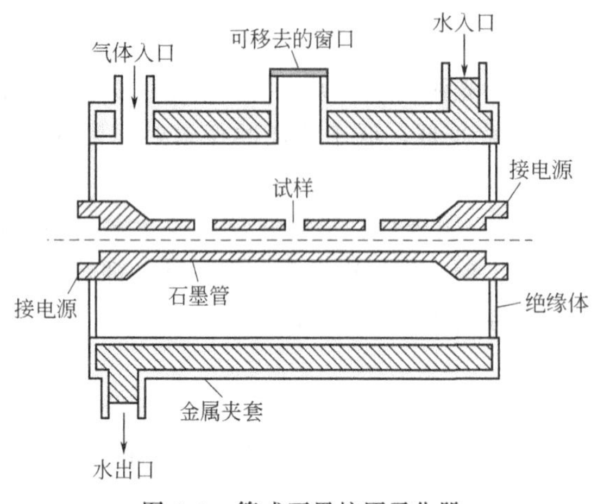

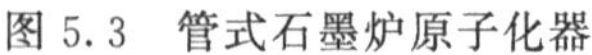
图 5.3 管式石墨炉原子化器

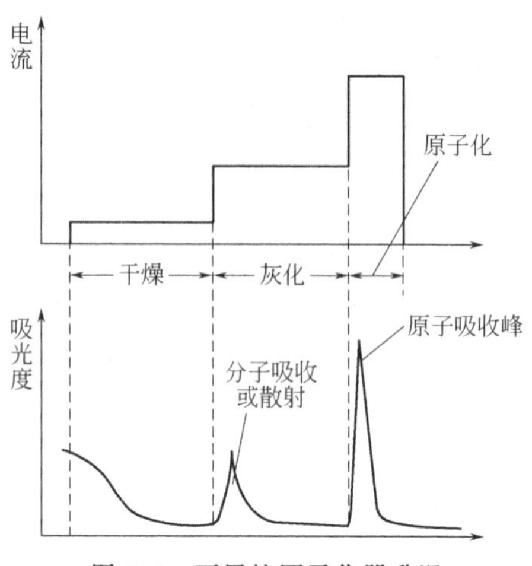

图 5.4 石墨炉原子化器升温

四、检测系统

使光信号变成电信号，经过放大器放大，再经过自动调零、积分运算、浓度直读、曲线校正、自动增益控制、峰值保持等电路的放大处理，将被测元素的吸光度值 A 变成浓度信号，在显示器上显示出测定值。

五、电脑系统

现代仪器均外接一台配置较高的电脑来控制仪器的各种工作流程和执行机构动作：完成点火、加温、自动选择波长、狭缝宽度；根据所要检测的元素选择灯电流、灯位置、气体流量；自动完成读取数值、计算等流程。电脑控制仪器自动调节工作条件，进行测定，完成数据采集、计数处理、分析结果，并可自动计算平均值和变异系数，显示和打印报告单。

项目三　原子吸收分析中的干扰与消除

虽然原子吸收分析中的干扰比较少，并且容易克服，但在许多情况下还是不容忽视。因此，为了得到正确的分析结果，了解干扰的来源及其消除方法是非常重要的。原子吸收分析中的干扰主要包括物理干扰、电离干扰、化学干扰和光谱干扰等。

一、物理干扰及其消除

物理干扰是指试样在转移、蒸发和原子化过程中，由于试样物理性质变化而引起的原子吸收信号强度变化的效应。例如，试样黏度发生变化时，影响吸喷速率进而影响雾化效率；毛细管内径和长度以及空气流量同样影响吸喷速率；当试样中存在大量的基体元素时，它们在火焰中蒸发解离时，不仅要消耗大量的热量，而且有可能包裹待测元素，延缓待测元素的蒸发，影响待测元素的原子化效率等。物理干扰是非选择性干扰，一般都是负干扰，最终影响火焰分析体积中原子的密度。

为消除物理干扰，保证分析的准确度，一般采用以下方法：

(1) 配制与待测试液基体相一致的标准溶液，这是最常用的方法。

(2) 当配制与待测试液基体相一致的标准溶液有困难时，需采用标准加入法。

(3) 当被测元素在试液中的浓度较高时，可以用稀释溶液的方法来降低或消除物理干扰。

二、化学干扰及其消除

化学干扰是原子吸收光谱分析中的主要干扰。化学干扰是由于待测元素与共存组分发生了化学反应，生成了难挥发或难解离的化合物，使基态原子数目减少而产生的干扰。这种干扰具有选择性，对试样中各种元素的影响各不相同。影响化学干扰的因素很多，但主要是被测元素和共存组分的性质起决定作用。另外，还与火焰类型、火焰性质等有关。例如，在火焰中容易生成难挥发或难离解氧化物的元素有 Al、B、Be、Si、Ti 等，试样中存在硫酸盐、磷酸盐对钙的测定的化学干扰较大。在石墨炉原子化器中，B、La、Mo、W、Zr 等元素易形成难离解的碳化物，使测定结果产生负误差。

消除化学干扰的方法有以下几种：

(1) 选择合适的原子化方法　提高原子化温度，化学干扰会减小。使用高火焰温度或提高石墨炉原子化温度，可使难离解的化合物分解，如在高温火焰中磷酸根不干扰钙的测定。采用还原性强的火焰与石墨炉原子化法，可使难离解的氧化物还原、分解。

(2) 加入释放剂　释放剂的作用是干扰组分与释放剂能生成比与被测元素更稳定的化合物，使被测元素释放出来。例如，磷酸根干扰钙的测定，可在试液中加入镧、锶盐，镧、锶与磷酸根首先生成比磷酸钙更稳定的磷酸盐，即相当于把钙释放出来。加入镧或锶盐，也可防止铝对镁的测定的干扰。释放剂的应用比较广泛。

(3) 加入保护剂　保护剂的作用是保护剂可与被测元素生成易分解的或更稳定的配合物，以防止被测元素与干扰组分生成难离解的化合物。保护剂一般是有机配合剂，用得最多的是 EDTA 与 8-羟基喹啉。例如，磷酸根干扰钙的测定，当加入 EDTA 后，EDTA-Ca 更稳定而又易被破坏。铝干扰镁的测定，8-羟基喹啉可作保护剂。

(4) 加入基体改进剂　对于石墨炉原子化法，在试样中加入基体改进剂，使其在干燥或灰化阶段与试样发生化学变化，其结果可能增加基体的挥发性或改变被测元素的挥发性，以消除干扰。例如，测定海水中的 Cd，为了使 Cd 在背景信号出现前原子化，可加入 EDTA 来降低原子化温度，消除干扰。

当以上方法都不能消除化学干扰时，可进一步采用化学分离方法，如溶剂萃取、离子交换、沉淀分离等等，其中，溶剂萃取分离法用得较多。

三、电离干扰及其消除

在高温火焰中，部分自由金属原子获得能量而发生电离，使基态原子数减少，降低了元素测定的灵敏度，这种干扰称为电离干扰。

消除电离干扰的最有效方法是加入过量的消电离剂。消电离剂是比被测元素电离能低的元素，如碱金属，相同条件下消电离剂首先电离，产生大量电子，抑制被测元素电离。例如，测 Ca 时有电离干扰，可加入过量的 KCl 溶液来消除干扰。钙的电离能为 6.1eV，钾的电离能为 4.1eV。由于 K 电离产生大量电子，使 Ca^{2+} 得到电子而生成原子。

四、光谱干扰及其消除

原子吸收光谱分析中的光谱干扰主要有谱线干扰和背景干扰两种。

(1) 谱线干扰及其消除

① 吸收线重叠　共存元素的吸收线与被测元素的分析线波长很接近时，两谱线重叠或部分重叠，会使分析结果偏高。消除这种干扰一般是选用其他的分析线或预分离干扰元素。

② 光谱通带内存在的非吸收线　这些非吸收线可能是被测元素的其他共振线与非共振线，也可能是光源中杂质的谱线等。这时可减小狭缝宽度与灯电流，或改用其他分析线。

(2) 背景干扰及其校正　分子吸收与光散射是形成背景干扰的主要原因。分子吸收是指在原子化过程中生成的分子对辐射的吸收。分子吸收是带状光谱，会在一定波长范围内形成干扰。例如，碱金属卤化物在紫外区有吸收；不同的无机酸会产生不同的影响，在波长小于250nm时，H_2SO_4 和 H_3PO_4 有很强的吸收带，而 HNO_3 和 HCl 的吸收很小，因此，原子吸收光谱分析中多用 HNO_3 与 HCl 配制溶液。光散射是指原子化过程中产生的微小的固体颗粒使光产生散射，造成透过光量减小，吸收值增加。背景干扰使吸收值增加，产生正误差。石墨炉原子化法背景吸收的干扰比火焰原子化法严重，有时不扣除背景干扰就不能进行测定。背景校正可采用下述方法：

① 邻近非共振线背景校正　背景吸收是宽带吸收。分析线测量的是原子吸收与背景吸收的总吸光度。在分析线邻近选一条非共振线，因非共振线不产生原子吸收，用它来测量背景吸收的吸光度，两次测量值相减即得到校正背景之后的原子吸收的吸光度。

背景吸收随波长而改变，因此，非共振线校正背景法的准确度较差。这种方法只适用于分析线附近背景分布比较均匀的场合。

② 连续光源背景校正　目前原子吸收分光光度计上一般都配有连续光源自动扣除背景装置。先用锐线光源测定分析线的原子吸收和背景吸收的总吸光度，再用氘灯（紫外区）或碘钨灯、氙灯（可见区）在同一波长测定背景吸收（这时原子吸收可以忽略不计），计算两次测定吸光度之差，即可使背景吸收得到校正。由于商品仪器多采用氘灯为连续光源扣除背景，故此法亦常称为氘灯扣除背景法。

项目四　原子吸收光谱最佳测定条件选择

一、火焰原子吸收光谱分析最佳条件选择

火焰原子吸收法分析最佳条件的选择主要考虑吸收谱线、灯电流、光谱通带也就是狭缝宽度、燃气和助燃气、火焰观测高度及燃烧器高度等因素。

(1) 吸收线选择　为实现较高的灵敏度、稳定性和宽的线性范围及无干扰测定，须选择合适的吸收线。谱线选择的一般原则如下。

① 灵敏度　通常情况下，选择最灵敏的共振吸收线，如果测定含量比较高时，可选用次级灵敏。

② 谱线干扰　当选择的吸收线附近有其他非吸收线存在时，会使分析时的灵敏度降低，并且可能引起工作曲线弯曲，所以应尽量避免干扰。例如，Ni 230.0nm 附近有 Ni 231.98nm、Ni 232.14nm、Ni 231.6nm 非吸收线干扰。

③ 线性范围　不同吸收线有不同的线性范围，例如，Ni 305.1nm 优于 Ni 230.0nm。

(2) 灯电流选择　选择合适的灯电流，可得到较高的灵敏度与稳定性。一般而言，选择灯电流既要考虑分析灵敏度又要考虑分析精密度。

① 从分析灵敏度考虑　灯电流宜选用小一点的，因为谱线变宽及自吸效应小，所以发射线窄，灵敏度增高；但灯电流如果太小，空心阴极灯放电不稳定。

② 从稳定性考虑　灯电流需略大一些，这样分析谱线强度高，负高压低，读数稳定，特别是常量或高含量的分析，灯电流宜大些。商品空心阴极灯的标签上通常标有额定（最大）工作电流，对于大多数元素来说，日常分析的工作电流选择在额定电流的40％～60％比较适宜。此种电流条件，既能得到较好的灵敏度，测定结果的精密度也可保证，因为此时灯的信噪比较适宜。

③ 灯电流选择方法　合适的灯电流可通过实验确定。在不同的灯电流下测量同一个浓度的标准溶液的吸光度，绘制灯电流-吸光度的关系曲线来确定。然后选用灵敏度较高、稳定性较好的灯电流。

另外，还要考虑灯的维护和使用寿命。对于高熔点、低溅射的金属，如铁、钴、镍、铬等元素，灯电流可以选用得大一点；对于低熔点，高溅射的金属，如锌、铅等元素，灯电流要选用得略小；对于低熔点、低溅射的金属，如锡，若需增加光强度，允许灯电流稍大些。

(3) 光谱通带的选择　选择光谱通带，实际上就是选择狭缝的宽度，它会直接影响测定的灵敏度与标准曲线的线性范围。单色器的狭缝宽度主要是根据待测元素的谱线结构和所选的吸收线附近是否有非吸收干扰进行选择。当吸收线附近无干扰线存在时，狭缝增大，可增加光谱通带。若吸收线附近有干扰线存在，在保证有一定光强度的情况下，应适当调窄狭缝。光谱通带一般在0.5～4nm。

例如，对于无干扰线、谱线简单的元素，如碱金属、碱土金属，可用较宽的狭缝以减少灯电流和光电倍增管的高压来提高信噪比，增加检测稳定性；对存在干扰线、谱线复杂的元素，如铁、钴、镍等，需选用较小的狭缝，防止非吸收线进入检测器，提高检测的灵敏度，改善标准曲线的线性范围。如果选择Ni 230.0nm作为吸收谱线，由于附近有Ni 231.98nm、Ni 232.14nm、Ni 231.6nm非吸收线，所以要考虑选用较小的狭缝消除干扰，适当增加灯电流以提高分析灵敏度。

也可通过实验确定合适的狭缝宽度，具体做法是：逐渐改变单色器的狭缝宽度，使检测器输出信号最强，即吸光度最大为止。

当然也可以根据文献资料确定狭缝宽度。

(4) 燃气与助燃气比的选择　对于火焰原子化法，火焰种类和燃助比的选择十分重要。当燃气和助燃气确定后，可通过下述方法选择燃助比：固定助燃气流量，改变燃气流量，测量标准溶液在不同燃助比时的吸光度，绘制吸光度-燃助比关系曲线，选择最大吸收时的燃助比为最佳燃助比。

(5) 火焰观测高度的选择　火焰的结构可分四个区域。预热区、第一反应区、中间薄层区和第二反应区。火焰的不同区域具有不同的温度和不同的氧化或还原性。因此，为了获得较高的灵敏度和消除干扰，应选择最佳观测高度，让光束通过火焰的最佳区域。

观测高度可大致分为以下三个部分。

① 光束通过氧化焰区　这一高度大约是离燃烧器缝口6～12mm处。此处火焰稳定，干扰较少，对紫外线吸收较弱，但灵敏度稍低。吸收线在紫外区的元素适于这种高度。

② 光束通过氧化-还原焰区　这一高度大约是离燃烧器缝口4～6mm处。此处火焰稳定性比前一种差，温度稍低，干扰较多，但灵敏度较高。适用于铍、铅、硒、锡、铬等元素分析。

③ 光束通过还原焰区　这一高度大约是离燃烧器缝口4mm以下。此处火焰稳定性最差，干扰最多，对紫外线吸收最强，而吸收灵敏度较高，适用于长波段元素的分析。

(6) 燃烧器高度的选择　燃烧器高度的选择，通常是在固定燃助比的条件下，测量标准溶液在不同燃烧器高度时的吸光度，绘制吸光度-高度曲线，根据曲线选择合适的燃烧器高度，以获得较高的灵敏度和稳定性。

二、石墨炉原子吸收分析最佳条件选择

石墨炉原子吸收分析的灯电流、光谱通带及吸收线的选择原则和方法与火焰法的相同，

所不同的是光路的调整要比燃烧器高度的调节难度大。石墨炉自动进样器的调整及在石墨管中的深度，对分析的灵敏度与精密度影响很大。另外选择合适的干燥、灰化、原子化温度、时间和惰性气体流量，对石墨炉原子吸收分析结果至关重要。

(1) 干燥温度和干燥时间的选择　干燥温度应根据溶剂沸点和含水量来决定，一般情况干燥温度稍高于溶剂的沸点，还要避免样液的暴沸与飞溅，如水溶液选择在100～125℃；干燥时间因样品体积而定，一般是样品微升数乘1.5～2s。另外，干燥时间与石墨炉结构也有关，不能一概而论。

(2) 灰化温度与灰化时间的选择　使用足够高的灰化温度和足够长的时间有利于灰化完全和降低背景吸收；使用尽可能低的灰化温度和尽可能短的灰化时间可保证待测元素不损失。在实际应用中，可绘制灰化温度曲线来确定最佳灰化温度，加入合适的基体改进剂，更有效地克服复杂基体的背景吸收干扰。

(3) 原子化温度和原子化时间的选择　原子化温度是由元素及其化合物的性质决定的。通常借助绘制原子化温度曲线来选择最佳原子化温度。原子化时间选择原则是必须使吸收信号能在原子化阶段回到基线。

(4) 惰性气体流量的选择　石墨炉原子吸收分析法常用Ar作为保护气体，并且使用内外分别独立的供气方式。干燥、灰化和除残留阶段均通气；原子化阶段，石墨管内停气。

(5) 基体改进　基体改进就是往石墨炉中或试液中加入一种化学物质，使基体形成易挥发物在原子化前被去除，从而避免待测元素的损失，或降低待测元素的挥发性以防止灰化过程中的损失。

(6) 石墨管的种类及应用　常用的有普通石墨管和热解涂层石墨管。

① 普通石墨管　这种石墨管灵敏度较好，适用于原子化温度低的元素测定。如Li、Na、K、Rb、Cs、Ag、Au、Be、Mg、Zn、Cd、Hg、Al、Ga、In、Tl、Si、Ge、Sn、Pb、As、Sb、Bi、Se、Te等，特别是Ge、Si、Sn、Al、Ga等元素的测定灵敏度比热解涂层石墨管高，但要注意稳定碳化物的形成。

② 热解涂层石墨管　对Cu、Ca、Sr、Ba、Ti、V、Cr、Mo、Mn、Co、Ni、Rh、Pd、Ir、Pt等元素，热解涂层石墨管灵敏度较普通石墨管高，但需加入基体改进剂。

项目五　原子吸收光谱分析

原子吸收光谱分析是用校正曲线进行定量，其定量依据是吸收定律，常用的定量方法有标准曲线法、标准加入法和浓度直读法，如为多通道仪器，可用内标法定量。其中，标准曲线法是最基本的定量方法，是其他各种定量方法的基础。

一、分析方法

(1) 标准曲线法　原子吸收光谱法中最常用的一种分析方法。首先配制相同基体的含有不同浓度待测元素的系列标准溶液，在选定的实验条件下分别测其吸光度。以扣除空白值之后的吸光度为纵坐标，标准溶液浓度为横坐标绘制标准曲线。在同样操作条件下测定试样溶液的吸光度，从标准曲线查得试样溶液的浓度。

该方法在使用时应注意：配制的标准溶液浓度应在吸光度与浓度呈线性关系的范围内；整个分析过程中操作条件应保持不变。另外，标准曲线法虽简单，但必须保证标准样品与试样的物理性质相同，保证不存在干扰组分，对于组成尚不清楚的样品不能用标准曲线法。

（2）直接比较法　直接比较法是标准曲线法的一种简化形式，适用于样品数量不多，浓度范围小的测定。其操作步骤为：以样品空白调零，然后测定标准溶液和样液吸光度。公式为

$$c_x=\frac{A_x}{A_0}\times c_0$$

式中　A_x 和 A_0——分别表示样液和标准溶液测得的吸光度值；

c_x 和 c_0——分别表示样液和标准溶液的浓度。

（3）标准加入法　先测定一定体积试液（浓度为 c_x）的吸光度，然后在该试液中加入一定量的与未知试液浓度相近的标准溶液，其浓度为 c_0，测得的吸光度为 A，则

$$A_x=Kc_x$$

$$A=K(c_x+c_0)$$

整理上述两式得

$$c_x=\frac{A_x}{A-A_x}c_0$$

实际测定时，采用作图外推法。取四或五份相同体积的试样溶液，从第二份起按比例加入不同量的待测元素的标准溶液，稀释至一定体积。分别测定加入标准溶液后样品（c_x，$c_{\infty}+c_0$，c_x+2c_0，$c_x+3c_0+\cdots$）的吸光度（A_0，A_1，A_2，A_3，…）。以吸光度对加入的待测元素的浓度作图，得到一条不通过原点的直线，外延此直线与横坐标的交点即为试样溶液中待测元素的浓度（图 5.5）。

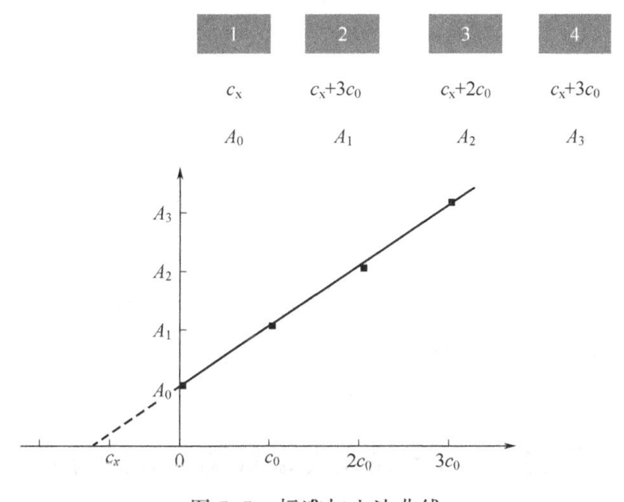

图 5.5　标准加入法曲线

标准加入法适用于试样的基体组成复杂时，配制的标准溶液与样液的组成之间存在较大差别。待测元素浓度与对应的吸光度呈线性关系；为得到较为准确的外推结果，标准加入法应最少用四个点来作外推直线。该方法只能消除基体效应的影响，而不能消除背景吸收的影响，故应扣除背景值。

二、灵敏度和检测限

灵敏度及检测限是衡量分析方法和仪器性能的重要指标。检测限考虑了噪声的影响，其意义比灵敏度更明确。

（1）灵敏度　灵敏度包括相对灵敏度和绝对灵敏度。

原子吸收光谱法中的相对灵敏度以能产生1%吸收（即吸光度值为0.00434）时，水溶液中被测元素的浓度来表示。即

$$S(\mu g/mL, 1\%)=\frac{0.00434\times c}{A}$$

式中　c——被测元素浓度，$\mu g/mL$；

A——吸光度。

灵敏度S的数值越小，灵敏度越高。

原子吸收光谱法中，吸光值在0.1～0.5范围内，测量准确度较高，其相应的浓度范围约为灵敏度的25～125倍。

在火焰原子吸收光谱法中，用相对灵敏度比较方便。在石墨炉原子吸收光谱法中，灵敏度决定于石墨炉原子化器中试样的加入量，常用绝对灵敏度来表示。

绝对灵敏度指产生1%吸收时，水溶液中被测元素的质量，即

$$S(\mu g, 1\%)=\frac{0.00434cV}{A}$$

式中　c——被测元素浓度，$\mu g/mL$；

V——样液体积，mL；

A——吸光度。

（2）检测限　以被测元素能产生3倍于标准偏差的读数时的浓度来表示，即

$$L.D.(\mu g/mL)=\frac{c\times 3s}{\overline{A}}$$

式中　c——样液浓度，$\mu g/mL$；

$\overline{A}$——吸光度平均值；

s——空白溶液吸光度的标准偏差。

对空白溶液（或接近于空白的标准溶液），至少连续测定10次，从所得吸光度值来求标准偏差。

绝对检测限以g表示。

同一元素在不同仪器上有时灵敏度相同，但由于两台仪器的噪声水平不同，检测限可相差一个数量级以上。因此，降低仪器噪声，如将仪器预热，选择合适的空心阴极灯的工作电流、光电倍增管的工作电压等等，有利于改进检测限。

项目六　原子吸收光谱仪器的维护保养

为了确保原子吸收各功能部件的正常运转，延长仪器的使用寿命，维护与保养也是其使用中的关键问题。下面分别从开关机、光源、雾化燃烧系统、光学系统、气路系统几方面进行分述。

一、开关机

（1）开机前，检查各插头是否接触良好。

（2）调整好狭缝位置。

（3）将仪器面板的所有旋钮回零再通电。

（4）开机应先开低压，后开高压。

（5）关机操作顺序相反。

二、空心阴极灯

(1) 空心阴极灯需要预热25～30min。

(2) 灯电流需由低到高慢慢升到规定值，防止突然升高，造成阴极溅射。

(3) 低熔点元素灯如Sn、Pb等，使用时防止震动，工作后轻轻取下，阴极向上放置，待冷却后再移动装盒。

(4) 轻装轻放轻卸轻拿灯，窗口如有污物或指印，用擦镜纸轻轻擦拭。

(5) 空心阴极灯发光颜色如果不正常，可用灯电流反向器（相当于一个简单的灯电源装置），将灯的正、负相反接，在最大灯电流下点燃20～30min，或在100～150mA大电流下点燃1～2min，使阴极红热。

(6) 闲置不用的空心阴极灯，定期在额定电流下点燃30min。

三、雾化燃烧系统

分析任务完成后，应继续点火，喷入去离子水约10min，以清除雾化燃烧系统中的任何微量样品。溢出的溶液，特别是有机溶液滴，应予以清除，废液应及时倾倒。每周需对雾化燃烧系统清洗一次，若分析样品浓度较高，则每天分析完毕都应清洗一次。若使用有机溶液喷雾或在空气-乙炔焰中喷入高浓度的Cu、Ag、Hg盐溶液，则工作后立即清洗，防止这些盐类生成不稳定的乙炔化合物，引起爆炸。有机溶液的清洗方法是先喷与样品互溶的有机溶液5min，然后喷丙酮5min，再喷1%$HNO_3$5min，最后喷去离子水5min。

(1) 喷雾器维护　如发现进样量过小，则可能是毛细管堵塞。若被气泡堵塞，可把毛细管从溶液中取出，继续通压缩空气，并用手指轻轻弹动即可；若被溶质或其他物质堵塞，可点火喷纯溶剂，如无改善，可用软细金属丝清除。若仍然不通，则需更换毛细管。

(2) 雾化室维护　雾化室必须定期清洗，清洗时可先取下燃烧器，可用去离子水从雾化室上口灌入，让水从废液管排走。若喷过浓酸、碱溶液及含有大量有机物的试样后，应马上清洗。注意检查排液管下的水封是否有水，排液管口不要插进废液中，防止二次水封导致排液不畅。

(3) 燃烧器维护　燃烧器的长缝点燃后应呈现均匀火焰，若火焰不均匀，长时间出现明显的不规则变化——缺口或锯齿形，说明缝被碳或无机盐沉积物或溶液滴堵塞，需清除。清除方法是把火焰熄灭后，可先用滤纸插入揩拭；如不起作用可吹入空气，同时用单面刀片沿缝细心刮除，让压缩空气将刮下的沉积物吹掉，但要注意不要把缝刮伤。必要时可以卸下燃烧器，拆开清洗。

四、光学系统

(1) 外光路的光学元件应经常保持干净，一般每年至少清洗一次。如果光学元件上有灰尘沉积，可用擦镜纸擦净；如果光学元件上沾有油污或在测定样品溶液时溅上污物，可用预先浸在混合液（1∶1）中洗涤过并干燥了的纱布去擦拭，然后用蒸馏水冲洗，再用洗耳球吹去水珠。清洁过程中，禁止用手去擦金属硬物或触及镜面。

(2) 单色器应始终保持干燥。防止光栅受潮发霉，要经常更换暗盒内的干燥剂。光电倍增管室需检修时，一定要在关掉负高压的情况下，才能揭开屏蔽罩，防止强光直接照射引起光电倍增管产生不可逆的“疲劳”效应。

五、气路系统

(1) 由于气体通路采用聚乙烯塑料管，时间长了容易老化，所以要经常对气体进行检漏，特别是乙炔气渗漏可能造成事故。

(2) 严禁在乙炔气路管道中使用紫铜、H62 铜及银制零件，并要禁油，测试高浓度铜或银溶液时，应经常用去离子水喷洗。

(3) 点火时，先开助燃气，后开燃气；关闭时，先关燃气，后关助燃气。

(4) 当仪器测定完毕后，应先关乙炔钢瓶输出阀门，等燃烧器上火焰熄灭后再关仪器上的燃气阀，最后关空气压缩机，以确保安全。

任务二 实训项目

项目一 食品中铜的测定——火焰原子吸收光谱法

重金属主要通过污染食品、饮用水及空气而最终威胁人类健康。因此，食品中的重金属含量也是食品安全检测的一项主要控制指标。根据我国现行标准规定，在粮食、豆类、蔬菜、水果、肉类、水产类等食品中铜的限量最高不超过 10mg/kg、20mg/kg、10mg/kg、10mg/kg、10mg/kg、50mg/kg。目前国家标准规定食品中铜的测定有五种方法：火焰原子吸收光谱法、石墨炉原子吸收光谱法、氢化物原子荧光光谱法、二硫腙比色法和单扫描极谱法。其中，原子吸收光谱法为 GB/T 5009.13—2003 中规定的食品中铜的第一检测方法，即仲裁方法。

1. 原理

试样经处理后，导入原子吸收分光光度计中，经原子化后，吸收 324.8nm 共振线，其吸收值与铜含量成正比，与标准系列比较定量。

2. 试剂

(1) 硝酸　分析纯。

(2) 石油醚　分析纯；

(3) 硝酸 (10%)　取 10mL 硝酸置于适量水中，再稀释至 100mL。

(4) 硝酸 (0.5%)　取 0.5mL 硝酸置于适量水中，再稀释至 100mL。

(5) 硝酸 (1+4)　取 20mL 硝酸置于适量水中，再稀释至 100mL。

(6) 硝酸 (4+6)　取 40mL 硝酸置于适量水中，再稀释至 100mL。

(7) 铜标准溶液　准确称取 0.1000g 金属铜 (99.99%)，分次加入硝酸 (4+6) 溶解，总量不超过 4mL，移入 100mL 容量瓶中，用水稀释至刻度，此溶液每毫升相当于含 1.0mg 铜。

(8) 铜标准使用液　吸取 5.0mL 铜标准溶液，置于 50mL 容量瓶中，用 0.5%硝酸溶液稀释至刻度，摇匀，如此多次稀释至每毫升相当于含 1.0μg 铜。

3. 仪器

所用玻璃仪器均以硝酸 (10%) 浸泡 24h 以上，用水反复冲洗，最后用去离子水冲洗晾干后，方可使用。

(1) 捣碎机。

(2) 马弗炉。

(3) 原子吸收分光光度计。

4. 分析步骤

(1) 样品预处理

① 谷类 (除去外壳)、茶叶、咖啡等磨碎，过 20 目筛，混匀。蔬菜、水果等取可食部

分，切碎，捣成匀浆。称取1.00～5.00g试样，置于石英或瓷坩埚中，加入5mL硝酸，放置0.5h，小火蒸干，继续加热炭化，移入马弗炉中，500℃±25℃灰化1h；取出放冷，再加1mL硝酸浸湿灰分，小火蒸干，再移入马弗炉中，500℃灰化0.5h，冷却后取出，以1mL硝酸（1+4）溶解4次，移入10mL容量瓶中，用水稀释至刻度，备用。取与消化试样相同量的硝酸，按同一方法做试剂空白试验。

② 水产类　取可食部分捣成匀浆。称取1.00～5.00g，以下按①自“置于石英或瓷坩埚中”起操作。

③ 油脂类样品　称取2.00g混匀试样，固体油脂先加热熔成液体，置于100mL分液漏斗中，加10mL石油醚，用硝酸（10%）提取2次，每次5mL，振摇1min，合并硝酸液于50mL容量瓶中，加水稀释至刻度，混匀，备用。并同时做试剂空白试验。

④ 乳、炼乳、乳粉　称取2.00g混匀试样，按①自“置于石英或瓷坩埚中”起操作。

⑤ 饮料、酒、醋、酱油等液体样品　可直接取样测定。固形物较多时或仪器灵敏度不足时，可把上述试样浓缩，然后按谷类样品处理方法操作。

（2）测定

① 仪器参考条件　灯电流3～6mA，波长324.8nm，光谱通带0.5nm，空气流量9L/min，乙炔流量2L/min，灯头高度6mm，氘灯背景校正。

② 标准曲线及样液测定　将处理后的样液、试剂空白液和各容量瓶中的铜标准溶液分别导入调至最佳条件的火焰原子化器中进行测定。

标准曲线：吸取1.0μg/mL铜标准使用液0.0mL、1.0mL、2.0mL、4.0mL、6.0mL、8.0mL、10.0mL，分别置于10mL容量瓶中，加硝酸（0.5%）稀释至刻度，混匀。容量瓶中每毫升分别相当于0μg、0.10μg、0.20μg、0.40μg、0.60μg、0.80μg、1.00μg铜。以铜标准溶液含量和对应的吸光度绘制标准曲线，得到一元线性回归方程。

试样吸光值代入一元线性回归方程中求得样液中铜含量。

5. 结果计算

试样中铜的含量计算

$$X=\frac{(c_1-c_0)V\times1000}{m\times1000}$$

式中　X——试样中铜的含量，mg/kg或mg/L；

c_1——测定用样液中铜的含量，μg/mL；

c_0——试剂空白液中铜的含量，μg/mL；

V——试样消化液的总体积，mL；

m——试样质量或体积，g或mL；

计算结果保留两位有效数字，试样含量超过10mg/kg时保留3位有效数字。

6. 精密度

重复实验条件下获得的两次独立测定结果的绝对差值不得超过算术平均值的10%。

7. 实验说明

（1）本方法适用于食品中铜的测定，检出限为1.0mg/kg。

（2）火焰原子吸收法测定铜的结果比较稳定，干扰较少。

（3）实验用水应符合GB/T 6682—2008《分析实验室用水规格和试验方法》二级水的要求。

8. 评分标准

考核内容	分值	考核记录(以"√"表示)		得分
天平称量(6分)				
天平检查 ①零点 ② 水平 ③ 称盘清扫	2	未检查水平,—0.5分		
		未清扫称盘,—0.5分		
		未检查天平零点,—1分		
样品取放	1	样品未按照规定方式取放,—0.5分		
		称样器皿未放在称盘中央,—0.5分		
称量操作 ① 开关天平门 ② 称量操作 ③ 读数记录	1.5	未做到随手开关天平门,一次 —0.5分		
		称量前未及时将天平回零,一次 —0.5分		
		未及时记录或用铅笔记录数据,一次 —0.5分		
称量结束后 样品、天平复位	1.5	未将天平回零,—0.5分		
		未关天平门或天平开关,—0.5分		
		未清扫天平,—0.5分		
试样处理(25分)				
试样制备	5	试样处理方法不当,未混合均匀,—5分		
灰化	15	小火蒸干、炭化控制不当,—5分		
		样品移入马弗炉灰化操作不正确,样品损失,—5分		
		硝酸溶解,转移灰分操作不当,样品损失,—5分		
定容	5	未逐滴加入水稀释至刻度,—1分		
仪器操作(40分)				
开机 ① 检查水封,乙炔管道 ② 打开电脑,打开主机开关 ③ 分析方法设置 ④ 元素灯预热 ⑤ 打开空压机,0.3MPa左右 ⑥ 打开乙炔阀,0.05~0.06MPa ⑦ 调整燃烧器高度 ⑧ 点火	20	未进行水封和气路检查,—3分		
		灯电流、波长等参数设置不正确,—5分		
		测定前未进行元素灯预热,—2分		
		空压机和乙炔开启顺序不正确,—5分		
		燃气和助燃气的压力设置不正确,—2分		
		未测量燃烧器高度并调整,—1分		
		点火前未关闭火焰防护罩,—1分		
		从燃烧室顶上观看点火情况,—1分		
进样	10	未能调整进样速度适中,—2分		
		未在每次进样前清洗毛细管,—2分		
关机 ① 关乙炔气总阀→减压阀 ② 关空气 ③ 关开关→放气阀	10	乙炔气只放松减压阀,未关闭总阀,—3分		
		关闭气体的顺序不正确,—5分		
		关闭开关和放气阀的顺序不正确,—2分		
数据处理(25分)				
绘制标准曲线	5	标准曲线不正确,—5分		
样品测定结果	10	吸光值未处于标准曲线线性范围内,或未接近标准样品吸光值,—3分		
		公式正确,计算过程不正确,—3分		
		计量单位不正确,—2分		
		有效数字运算不正确,—2分		

续表

考核内容	分值	考核记录(以"√"表示)		得分
数据处理(25分)				
原始记录	5	数据不清楚,有涂改,−5分		
结果评价 精密度=(极差/平均值)×100%	5	10%＜比值≤12%,−2分		
		12%＜比值≤15%,−3分		
		比值≥15%,−5分		
文明操作(4分)				
实验过程台面	1	不整洁、混乱,−1分		
废弃物处理	1	未按规定正确处理,−1分		
试剂归位	1	实验完成后,全部试剂、器皿、用具没有归位,−1分		
器皿清洗	1	器皿未清洗,或清洗不净,−1分		
合计				

项目二　食品中铅的测定——石墨炉原子吸收光谱法

在全部已知毒性物质中，书上记载最多的是铅。现代研究表明，摄入过多的铅及其化合物会导致心悸，易激动，并使神经系统受损，甚至致癌和致畸。目前城市人口从衣、食、住、行各方面都有可能引起铅中毒。其中食主要是通过污染的食物和饮水侵入人体，如爆米花、松花蛋、膨化食品、路边烧烤、铁听罐头、喷洒杀虫剂的蔬菜水果、含铅餐具等等。如此高的铅中毒概率及其危害的严重性，对预防和检测工作提出了较高要求。我国现行的《食品安全国家标准》中对铅的检测（GB 5009.12—2010）共列出五种方法：石墨炉原子吸收光谱法、氢化物原子荧光光谱法、火焰原子吸收光谱法、二硫腙比色法和单扫描极谱法。其中，石墨炉原子吸收光谱法为第一法，即仲裁方法。

1. 原理

试样经灰化或酸消解后，注入原子吸收分光光度计石墨炉中，电热原子化后吸收283.3nm共振线，在一定浓度范围，其吸收值与铅含量成正比，与标准系列比较定量。

2. 试剂

（1）硝酸　优级纯。

（2）过氧化氢（30%）。

（3）高氯酸　优级纯。

（4）硝酸（1+1）　取50mL硝酸慢慢加入50mL水中。

（5）硝酸（0.5mol/L）　取3.2mL硝酸加入50mL水中，稀释至100mL。

（6）硝酸（1mol/L）　取6.4mL硝酸加入50mL水中，稀释至100mL。

（7）混合酸　硝酸+高氯酸（9+1），取9份硝酸与1份高氯酸混合。

（8）铅标准储备液　准确称取1.000g金属铅（99.99%），分次加少量0.5mol/L的硝酸，加热溶解，总量不超过37mL，移入1000mL容量瓶，加水至刻度，混匀，此溶液每毫升含1.0mg铅。

（9）铅标准使用液　每次吸取铅标准储备液1.0mL于100mL容量瓶中，加0.5mol/L的硝酸至刻度。梯度稀释成每毫升含10.0ng、20.0ng、40.0ng、60.0ng、80.0ng铅的标准使用液。

3. 仪器

(1) 原子吸收光谱仪，附石墨炉及铅空心阴极灯。

(2) 马弗炉。

(3) 天平　感量为1mg。

(4) 干燥恒温箱。

(5) 瓷坩埚。

(6) 压力消解器、压力消解罐或压力溶弹。

(7) 可调式电热板、可调式电炉。

4. 分析步骤

(1) 试样预处理　粮食、豆类去杂物后，磨碎，过20目筛，贮于塑料瓶中，保存备用；蔬菜、水果、鱼类、肉类及蛋类等水分含量高的鲜样，用食品加工机或匀浆机打成匀浆，贮于塑料瓶中，保存备用。

(2) 试样消解（可根据实验室条件选择任一种方法进行消解）

① 干法灰化　称取1～5g试样（精确到0.001g，根据铅含量而定）于瓷坩埚中，先小火在可调式电热板上炭化至无烟，移入马弗炉，500℃±25℃灰化6～8h，冷却。若个别试样灰化不彻底，则加1mL混合酸在可调式电炉上小火加热，反复多次直到消化完全，放冷，用硝酸（0.5mol/L）将灰分溶解，用滴管将试样消化液洗入或过滤入（视消化后试样的盐分而定）10～25mL容量瓶中，用水少量多次洗涤瓷坩埚，洗液合并于容量瓶中并定容至刻度，混匀备用；同时做试剂空白。

② 过硫酸铵灰化法　称取1～5g试样（精确到0.001g）于瓷坩埚中，加2～4mL浓硝酸浸泡1h以上，先小火炭化，冷却后加2.00～3.00g过硫酸铵盖于上面，继续炭化至不冒烟，转入马弗炉，500℃±25℃恒温2h，再升至800℃，保持20min，冷却，加2～3mL硝酸（1mol/L），用滴管将试样消化液洗入或过滤入（视消化后试样的盐分而定）10～25mL容量瓶中，用水少量多次洗涤瓷坩埚，洗液合并于容量瓶中并定容至刻度，混匀备用；同时做试剂空白。

③ 湿式消解法　称取试样1～5g（精确到0.001g）于锥形瓶中，放数粒玻璃珠，加10mL混合酸，加盖浸泡过夜。插一小漏斗于锥形瓶口，然后置电炉上消解，若变棕黑色，再加混合酸，直至冒白烟，消化液呈无色透明或略带黄色，放冷，用滴管将试样消化液洗入或过滤入（视消化后试样的盐分而定）10～25mL容量瓶中，用水少量多次洗涤锥形瓶，洗液合并于容量瓶中并定容至刻度，混匀备用；同时做试剂空白。

(3) 测定

① 仪器参考条件　波长283.3nm，狭缝0.2～1.0nm，灯电流5～7mA，干燥温度120℃，20s；灰化温度450℃，持续15～20s，原子化温度1700～2300℃，持续4～5s，氘灯或塞曼效应校正背景。

② 标准曲线绘制　分别吸取铅标准使用液10.0ng/mL、20.0ng/mL、40.0ng/mL、60.0ng/mL、80.0ng/mL各10μL，注入石墨炉，测吸光值。以铅标准溶液浓度为横坐标，吸光值为纵坐标绘制标准曲线，得到一元线性回归方程。

③ 试样测定　分别吸取样液和试剂空白液各10μL，注入石墨炉，测定吸光值，代入一元线性回归方程求得样液中铅含量。

5. 结果计算

试样中铅含量计算

$$X=\frac{(c_1-c_0)V\times 1000}{m\times 1000\times 1000}$$

式中　X——试样中铅的含量，mg/kg 或 mg/L；

c_1——测定用样液中铅的含量，ng/mL；

c_0——试剂空白液中铅的含量，ng/mL；

V——试样消化液的总体积，mL；

m——试样质量或体积，g 或 mL。

以重复性条件下获得的两次独立测定结果的算术平均值表示，结果保留两位有效数字。

6. 精密度

重复实验条件下获得的两次独立测定结果的绝对差值不得超过算术平均值的 20%。

7. 实验说明

(1) 石墨炉原子吸收光谱法测定食品中铅含量的检出限为 0.005mg/kg；

(2) 在采样和制备过程中，应注意不使样品污染。

(3) 样品的消解还可采用压力消解罐消解。称取 1～2g 试样（精确到 0.001g，干样、含脂肪高的试样<1g，鲜样<2g 或按压力消解罐使用说明书称取试样）于聚四氟乙烯罐内，加浓硝酸 2～4mL 浸泡过夜。再加过氧化氢 2～3mL（总量不能超过罐容积的 1/3）。盖好内盖，旋紧不锈钢外套，放入恒温干燥箱，120～140℃保持 3～4h。然后在干燥箱内自然冷却至室温，用滴管将消化液洗入或过滤入（视消化后试样的盐分而定）10～25mL 容量瓶中，用水少量多次洗涤罐，洗液合并于容量瓶中并定容至刻度，混匀备用；同时做试剂空白。

(4) 实验用水应符合 GB/T 6682—2008《分析实验室用水规格和试验方法》二级水的要求。

(5) 实验试剂应使用优级纯，如果没有符合纯度要求的试剂，可采用化学法进行提纯，但是在提纯过程中，要注意避免溶剂二次沾污的可能性，同时实验选用的试剂，还应以不沾污待测元素为基准（在实验中，如果在仪器灵敏度范围内检测不出待测元素的吸收信号，就可认为所选用的试剂不沾污待测元素）。

(6) 实验所用的玻璃仪器要用酸浸泡，其他设备也要尽可能地洁净。玻璃仪器如急用，可用 10%～20%硝酸煮沸 1h，然后用自来水冲净，再用去离子水冲净。这里需要注意的是，浸泡器材的硝酸溶液不能长期反复使用，因长期使用使溶液中铅等杂质增多，反而造成污染。

(7) 湿法消解使用的试剂如硝酸、高氯酸都具有腐蚀性，比较危险，且在实验过程中会产生大量酸雾和烟。因此，消解要在通风橱内进行。

(8) 湿法消解过程中，应低温缓慢加热，以防温度过高，瞬间产生大量泡沫导致样液溢出，影响结果准确性；一旦消解液变棕黑色，应冷却后加入硝酸继续消解，直至消化液澄清透明或略带黄色为止。

(9) 特别需要注意的是，用高氯酸消解样品时，应严格遵守操作规程，并且要保证温度达到 200℃时只有少量的有机成分存在。否则，高氯酸的氧化电位在此温度下会迅速升高，并会导致剧烈的爆炸。因此，建议消解前加入硝酸与高氯酸的混合液浸泡一夜，使样品中有机成分先部分氧化，或者是先加入硝酸，破坏容易氧化的物质，之后再加入高氯酸。

（10）消解液不能蒸干，以防待测元素的损失。

（11）由于酸度太大对石墨炉法测定元素含量影响很大，特别是对石墨管的损害非常大，因此，消解液中酸的浓度不能太高。在消化液澄清透明后，一般需要加水溶解盐类同时赶酸。赶酸时要控制温度，以防温度过高而导致液体飞溅，造成待测元素的损失，使实验结果偏低。

（12）调整仪器到最佳状态，特别是进样的合适深度和左右位置。进样一定要准确并且稳定，它决定着标准曲线的线性和实验的重现性。

（13）根据仪器的灵敏度和样品中铅元素的大概含量合理选择标准曲线范围，使样品测定值落在曲线范围内。需要注意的是，标准曲线的酸度要与样品空白和样品的酸度一致。

（14）对于组成复杂的样品，特别是氯化钠含量很高时，使用石墨炉原子吸收法直接测定铅，背景吸收严重，原子化时非原子吸收信号极强而难以得到铅的吸收信号，从而影响测定结果。因此，需要选择合适的基体改进剂。通常测定食品中铅元素时，常用的基体改进剂有磷酸二氢铵、硝酸镁、磷酸铵及硝酸钯等（必须为优级纯），一般加入与试样同量。同样，绘制铅标准曲线时也要加入与试样测定时等量的基体改进剂磷酸二氢铵溶液。

（15）高盐样品中溶入足量的、易挥发的 NH_4NO_3，将 NaCl（1465℃蒸发）分别转变成 NH_4Cl（340℃蒸发）和 $NaNO_3$（500℃蒸发）。由于硝酸铵、氯化铵和硝酸钠在石墨炉中的挥发温度都不高于 500℃，这就克服了 NaCl 对痕量重金属元素测定的干扰。在实验过程中，灰化阶段一开始可以看到从石墨管进样孔喷出大量样品烟雾，说明氯化铵和硝酸钠被挥发。这样，氯化钠在灰化阶段就可以消除，从而避免了氯化钠对测定的干扰。即使存在极小的残留基体，用氘灯背景校正可以很容易使信号全部得到补偿。

8. 评分标准

考核内容	分值	考核记录(以“√”表示)		得分
天平称量（6分）				
天平检查 ① 零点 ② 水平 ③ 称盘清扫	2	未检查水平，−0.5分		
		未清扫称盘，−0.5分		
		未检查天平零点，−1分		
样品取放	1	样品未按照规定方式取放，−0.5分		
		称样器皿未放在称盘中央，−0.5分		
称量操作 ① 开关天平门 ② 称量操作 ③ 读数记录	1.5	未做到随手开关天平门，一次 −0.5分		
		称量前未及时将天平回零，一次 −0.5分		
		未及时记录或用铅笔记录数据，一次 −0.5分		
称量结束后 样品、天平复位	1.5	未将天平回零，−0.5分		
		未关天平门或天平开关，−0.5分		
		未清扫天平，−0.5分		
试样处理（25分）				
试样制备	5	试样处理方法不当，未混合均匀，−5分		
干法灰化或湿法消化	15	小火蒸干、炭化控制不当，−5分		
		样品移入马弗炉灰化操作不正确，样品损失，−5分		
		硝酸溶解，转移灰分操作不当，样品损失，−5分		

续表

考核内容	分值	考核记录(以"√"表示)		得分
试样处理(25 分)				
干法灰化或湿法消化	15	样品未浸泡过夜即开始消化，−3 分		
		未能做到缓慢升温消化，样液逸出损失，−5 分		
		消解不完全，溶液未能达到澄清透明或略带黄色，−5 分		
		消解液蒸干，−2 分		
定容	5	未逐滴加入水稀释至刻度，−5 分		
仪器操作(40 分)				
开机 打开电脑和主机开关→打开氩气气阀，0.4～0.5 MPa→打开石墨炉电源→冷却水系统→参数设置	15	未正确打开，设置氩气压力，−5 分		
		未开启冷凝水，−5 分		
		参数设置不正确，−5 分		
进样	15	进样的深度和左右位置不合适，−8 分		
		未能实现进样准确、稳定，−7 分		
关机 关载气→关石墨炉电源→关软件→关主机开关→关电脑	10	未关闭载气，−5 分		
		关机顺序不正确，−5 分		
数据处理(25 分)				
绘制标准曲线	5	标准曲线不正确，−5 分		
样品测定结果	10	吸光值未处于标准曲线线性范围内，或未接近标准样品吸光值，−3 分		
		公式正确，计算过程不正确，−3 分		
		计量单位不正确，−2 分		
		有效数字运算不正确，−2 分		
原始记录	5	数据不清楚，有涂改，−5 分		
结果评价 精密度=(极差/平均值)×100%	5	20%<比值≤25%，−2 分		
		25%<比值≤30%，−3 分		
		比值≥30%，−5 分		
文明操作(4 分)				
实验过程台面	1	不整洁、混乱，−1 分		
废弃物处理	1	未按规定正确处理，−1 分		
试剂归位	1	实验完成后，全部试剂、器皿、用具没有归位，−1 分		
器皿清洗	1	器皿未清洗，或清洗不净，−1 分		
合计				

项目三　国标中原子吸收光谱法测定的其他食品项目

序号	测定项目	测定国标	原子化器
1	Zn	GB/T 5009.14—2003	火焰原子化器
2	Cd	GB/T 5009.15—2003	石墨炉原子化器或火焰原子化器
3	Hg	GB/T 5009.17—2003	冷原子吸收
4	Fe、Mg、Mn	GB/T 5009.90—2003	火焰原子化器
5	Ca	GB/T 5009.92—2003	火焰原子化器

模块六　气相色谱分析

气相色谱（gas chromatography，GC）1952 年问世，目前已发展成为最广泛应用的现代分析技术之一，它是许多工业、科研和政府从事食品分析的实验室的基本设备。在我国，气相色谱起步于 1954 年，之后得到长足发展。目前，在普通食品、保健食品、食品添加剂、水的 450 余项检测中，气相色谱法检测超过 120 项，约占总检测项目的 28%。具体涉及项目有食品中脂肪酸、甲醇及高级醇类、香精香料、农药残留、食品添加剂、食品包装材料中的挥发物、水中多种有机有害物质等的测定。

任务一　气相色谱分析操作与仪器维护

气相色谱法是一种以气体为流动相的柱色谱分离技术。如图 6.1 所示，分离含多种挥发性成分的混合物的过程为：把试样当作一个“塞子”送进不断前进的载气流（流动相）中，载气通过色谱柱，柱中装有具特殊分离性能的材料（固定相）。随着载气流经固定相，试样与固定相发生相互作用。由于试样中各组分性质和结构上的差异，与固定相发生作用的大小和强弱也不同，因此同一推动力作用下，各组分在固定相中的滞留时间长短不同，进而按先后不同次序从固定相中流出。根据所用固定相状态的不同，气相色谱分为两类：一类是气-固吸附色谱，其固定相为多孔性固体吸附剂；另一类为气-液分配色谱，用高沸点的有机化

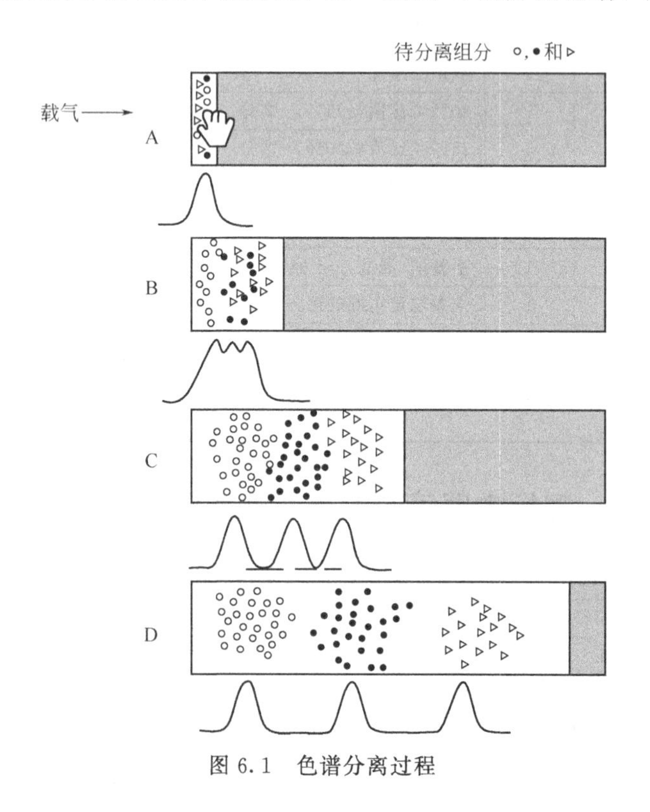

图 6.1　色谱分离过程

合物涂渍在惰性载体上作为固定相。和气-固色谱相比，气-液色谱可供选择的固定液种类多，因此气-液色谱是气相色谱中灵活性和选择性最好的一种方式。目前随着高灵敏度检测器的广泛使用，也使气相色谱成了最有力的分析工具之一，已广泛用于沸点在500℃以下，热稳定性好的各种组分的分离测定。

项目一　气相色谱法分离样品

一、气相色谱法分离样品的流程

气相色谱主要是利用物质的极性、沸点以及吸附性质的差异来实现混合物的分离。由于样品的极性、沸点和吸附性能不同，每种组分都倾向于在流动相和固定相之间形成分配或吸附平衡，在载气中分配比例大的组分先流出色谱柱，在固定相中分配比例大的组分后流出色谱柱，从而实现分离。

一般情况下，气相色谱法分离样品的流程为：高压钢瓶供给 N_2 或 H_2 等载气，经过减压阀减至0.2～0.5MPa，然后通过装有吸附剂的气体净化装置除去载气中的水分及杂质，再经过稳压阀和针型阀分别控制载气压力（由压力表指示）和流量（由流量计指示）进入进样系统。样品在进样系统中汽化后被载气带入色谱柱，不同组分在固定相和流动相之间进行分配，经过多次分配后，由于分配系数不同最后实现分离，组分分离完毕后被载气带入检测器，最后经过数据处理系统得到色谱图。

二、气相色谱流出曲线特征

被分析样品经气相色谱分离、鉴定后，计算机会在线实时绘制出各组分的流出曲线。此曲线以组分流出时间（min）为横坐标，以检测器对各组分的响应值（mV）为纵坐标（图6.2）。从进样开始至各组分流出曲线达到极大值所需的时间（t_R），称为保留时间，为各组分定性分析依据；从基线到峰顶的垂直距离（h）为峰高，峰面积可近似为三角形面积，由 h 乘以半峰宽$\left(\frac{1}{2}h\ 处的峰宽\right)$来计算。峰高和峰面积是各组分定量分析的依据。

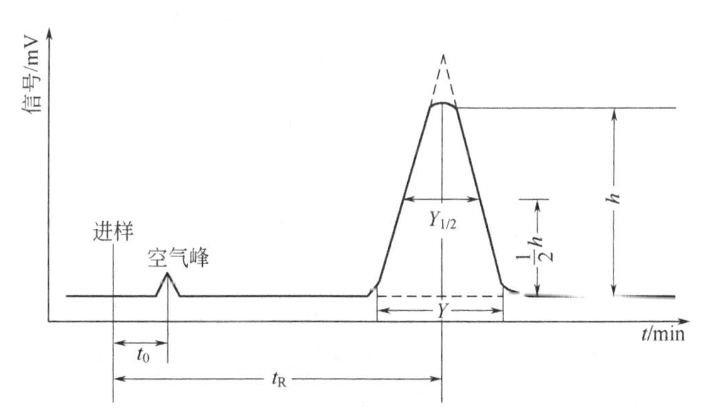

图6.2　气相色谱流出曲线

色谱峰是色谱分析获得的主要技术参数，通过色谱峰可获得如下信息。

（1）说明试样是否是单一化合物。在正常色谱条件下，若色谱图有一个以上色谱峰，表明试样中有一个以上组分，色谱图能提供试样中的最低组分数。

（2）说明色谱柱效和分离情况，可定量计算出表征色谱柱效的理论塔板数、评价相邻物质分离优劣的分离度等。

(3) 提供各组分保留时间等色谱定性资料和数据。

(4) 给出各组分色谱峰峰高、峰面积等定量依据。

项目二　气相色谱的仪器操作

目前国内外生产有多种型号气相色谱仪，如科捷 GC 5890T、Agilent GC 7890A、Varian CP3800 等等，其性能各异，但所有气相色谱仪的基本结构是相似的，均由五大系统组成：气路系统、进样系统、分离系统、温控系统、检测记录系统（图 6.3，图 6.4）。其中，被测组分能否分开，关键在于色谱柱；分离后组分能否鉴定出来则在于检测器，所以分离系统和检测系统是仪器核心部件。

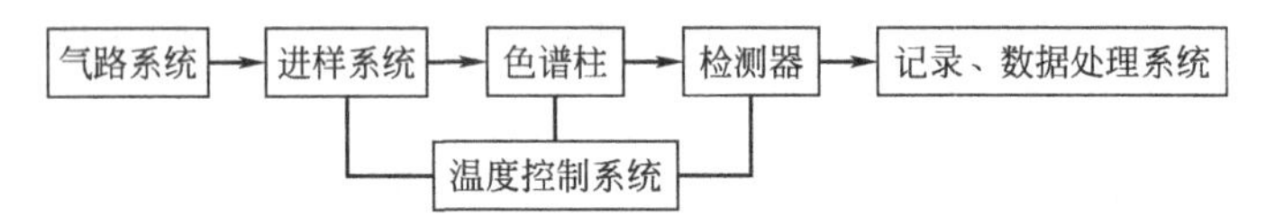

图 6.3　气相色谱仪的基本组成单元

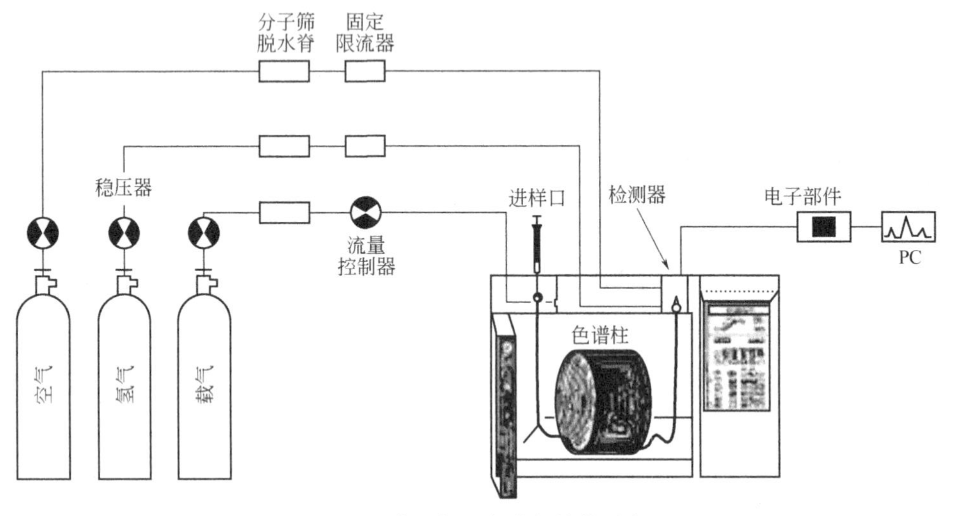

图 6.4　典型气相色谱仪结构示意

一、气路系统

气相色谱仪的气路系统是一个载气连续运行的密闭管路系统，主要包括气源和气路控制系统。气源分载气和辅助气，载气即为气相色谱的流动相，它携带分析试样通过色谱柱，提供试样在柱内运行的动力，并且参与组分的分离和检出过程。辅助气是提供检测器燃烧或吹扫用的，所以直接进入检测器。气相色谱对各种气体纯度的要求较高，作载气的氮气、氢气或氦气纯度要达到 99.999%，因为气体中的杂质会增大检测器噪声，对色谱柱性能有影响。辅助气如果不纯，更会增大背景噪声，降低检出灵敏度，减小检测器的线性范围，严重时会污染检测器。因此，实际使用时都会在气源与仪器之间连接气体净化装置。目前常用载气有氮气、氢气、氦气和氩气；辅助气有氧气或空气。

二、进样系统

进样系统的作用是将气体、液体或固体样品定量引入（如自动进样器、进样阀、各种进样口、顶空进样器、吹扫-捕集进样器、裂解进样器等辅助进样装置）色谱系统，并使样品有效汽化，然后载气会快速将样品“扫入”色谱柱进行分析，进样量大小，进样时间长短，

样品汽化速度，样品浓度等均会影响色谱分离效率以及定量结果的准确性和重现性。气相色谱仪的进样系统包括进样口和汽化室。汽化室温度最好保持在瞬间使试样汽化但不发生热分解的最高温度，通常比样品成分的最高沸点高 30～60℃为宜。

三、分离系统

分离系统由色谱柱和精确控温的柱箱组成，与进样器和检测器的接头也可包括在此系统。其中，色谱柱是气相色谱仪的心脏，主要作用是将多组分样品分离。样品中各组分分离的关键取决于色谱柱的柱效能和色谱条件的选择性。色谱柱主要有两类：填充柱和毛细管柱。填充柱由不锈钢或玻璃材料制成，内装固定相，一般内径为 2～4mm，长 1～3m，其形状有 U 形和螺旋形两种。毛细管柱分为涂壁、多孔层和涂载体空心柱，毛细管材料可以是不锈钢、玻璃或石英。毛细管色谱柱渗透性好，传质阻力小，柱长可达几十米。与填充柱相比，其分离效率高（理论塔板数可达 10^6）、分析速度快、样品用量小，但柱容量低、要求检测器的灵敏度高，并且制备较难。

柱箱一般为配备隔热层的不锈钢壳体，内装恒温风扇和测温热敏元件，由电阻丝加热，电子线路控温。其中可同时安装多根色谱柱。

四、检测器

用各种检测器检测色谱柱的流出物，并将检测到的信号转换为可被记录仪处理的电压信号，或者由计算机处理的数字信号。所以，检测器是气相色谱仪的“眼睛”。常见的检测器有热导检测器（TCD)、氢火焰离子化检测器（FID)、电子捕获检测器（ECD)、火焰光度检测器（FPD)、氮磷检测器（NPD)、质谱检测器（MSD）等。

1. TCD

TCD（图 6.5）属于浓度型检测器，即检测器的响应值与组分在载气中的浓度成正比。其测定原理是基于不同物质具有不同热导率。TCD 几乎对所有物质都有响应，是目前应用最广泛的通用型检测器。

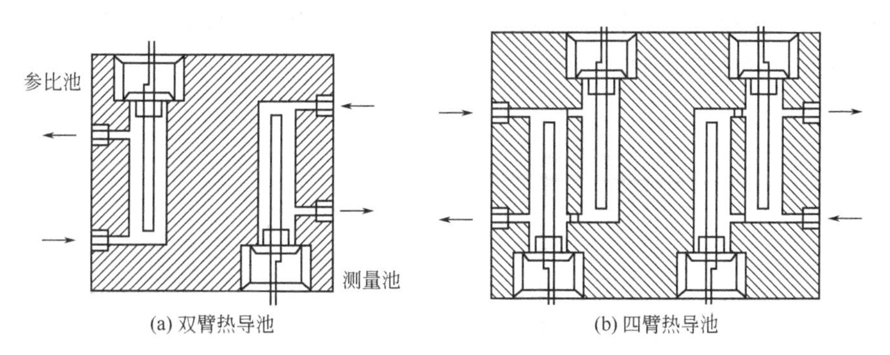

图 6.5　热导池示意图

TCD 在检测过程中对样品不会破坏，因此可用于制备和其他联用鉴定技术。

TCD 对可挥发的无机物和有机物均有响应，特别适合永久性气体（如氮气、一氧化碳、二氧化碳等）的分析检测。但是，其检测灵敏度较低，一般仅能测出 10^{-6}级的样品。

TCD 使用时注意事项。

(1) 增加桥电流可显著提高 TCD 的灵敏度，但过高的桥电流会使噪声增加，并且会损坏热丝，因此，在满足测定灵敏度需求的前提下，应选择较低的桥电流，以降低噪声及延长热丝的使用寿命。

(2) 对于双气路 TCD，必须同时并联装上两根色谱柱，两路都要同时通载气，以免将热敏元件烧坏。

(3) 应注意仪器开启和关闭的操作规程。在仪器停机后，外界空气会返进热导池，因此在开机前要先通载气 10min 以上，确保载气已经通过了检测器再开启 TCD 电源，在仪器温度稳定后再给桥电流，关机之前要先关桥电流，再关闭检测器电源，最后关载气。在 TCD 工作期间，禁止突然切断载气。

(4) TCD 使用的载气纯度必须达到 99.99%以上。若载气中含氧量高，将使热敏元件长期受到氧化，缩短其使用寿命，也会降低检测灵敏度，所以使用 TCD 时，应安装净化装置除氧。载气净化装置应及时更换，防止因吸附饱和失效。不要使用聚四氟乙烯作载气输送管，因为它会渗透氧气。

(5) 在更换色谱柱时必须检漏，保证气密性，色谱柱连接处漏气将会造成热敏元件损坏。色谱柱更换后，先不要与检测器连接，待载气将一些粉尘除去后再连接检测器。

(6) 应密切注意硅橡胶垫的松紧度，因为硅橡胶垫被扎漏，空气就会进入，会导致热敏元件被烧坏。此时应及时更换硅橡胶垫，更换时应将检测器电源关闭，换好后必须确保载气通过热导池后再开启检测器电源。

(7) 用平面六通阀气体进样时，六通阀的位置必须停在两个极端位置，不能将六通阀旋停在中间位置。因为中间位置使六通阀将载气切断不通，由此容易导致热敏元件损坏。

(8) 尽量避免分析一些腐蚀性样品，如酸类、卤代化合物等，以免腐蚀热敏元件。

(9) TCD 的温度一般要比柱温高，以免样品在热导池中冷凝。开机时，最好先等热导池温度升到工作温度后再设柱温。

2. FID

FID (图 6.6) 属质量型检测器，即检测器的响应值与单位时间内进入检测器的某组分的质量成正比。其测定原理是利用有机物在氢火焰作用下化学电离而形成离子流，从而测定离子流强度。FID 在检测过程中会破坏样品，对含碳有机物灵敏度高，对含杂原子的有机化合物响应值偏低，但仍高于 TCD。

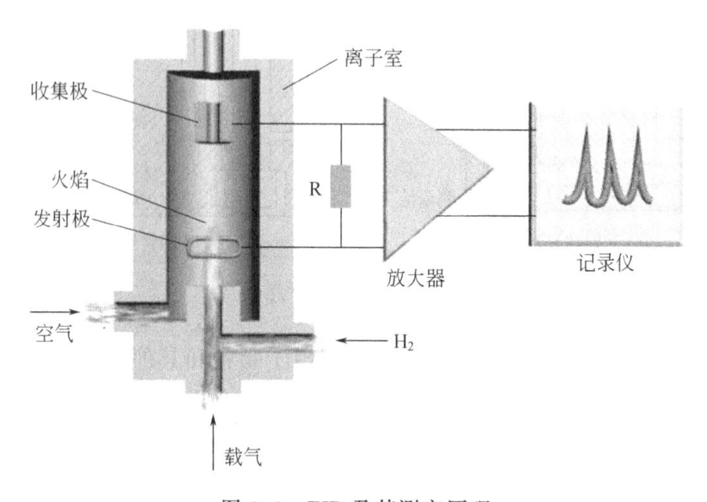

图 6.6 FID 及其测定原理

FID 对空气和水等无机物没有响应，因此很适合水相和空气中污染物的测定。FID 对烃类化合物有很高的灵敏度和选择性，一直作为烃类化合物的专用检测器。

FID使用时注意事项。

(1) 常量分析时，要求H_2、N_2（载气）、空气的纯度为99.9%以上，痕量分析时，则要求纯度高于99.999%，尤其空气中的总烃含量要低于0.1μL/L，否则会造成FID的噪声和基线漂移，影响定量分析。

(2) H_2作为燃烧气与载气N_2预混后进入喷嘴，当N_2流速固定时，随着H_2流速增加，输出信号也随之增大，达到最大值后逐渐下降。一般来说，H_2的最佳流速为40～60mL/min。N_2流速的选择范围为20～100mL/min。空气是助燃气，当氮气、氢气流速一定时，响应值随着空气流速增加而增加，当流速达到最大值后，就对响应值没有太大影响。但空气流速过大，会导致火焰不稳，噪声增大。空气最佳流速需大于300mL/min，一般采用的流速比例为氮气：氢气：空气=1：1：10左右。

(3) 注意安全，防止氢气泄漏，切勿让氢气泄漏到柱箱中，以防爆炸。在未接色谱柱和柱试漏前，切勿通氢气；卸色谱柱前，先检查一下氢气是否关好；如果是双柱双检测系统，只有一个FID检测器工作时，务必要将另一个不用的FID用闷头螺丝堵死。FID使用时外壳很烫，注意避免烫伤。

(4) 保持收集极表面的洁净，否则会使收集效率下降，线性范围变窄。

(5) 点火时，FID温度务必在120℃以上；点火困难时，适当增大氢气流速，减小空气流速，点着后再调回原来的比例。

(6) FID系统停机时，必须先关闭空气开关，依次关空气熄火，降温，关载气和氢气，最后停FID的加热电流。如果FID温度低于100℃时就点火，或关机时未先熄火后降温，则容易造成FID收集极积水而绝缘下降，会造成基线不稳。

(7) FID长期不使用，重新操作之前，应在150℃下烘烤2h。

(8) 长期使用聚硅氧烷类固定液时，固定液挥发燃烧产生的二氧化硅沉积在喷嘴和收集极表面，使灵敏度降低。此时，要定期清洗喷嘴和收集极。

3. ECD

ECD（图6.7）属浓度型检测器。测定原理是利用放射源或非放射源产生大量低能热电子，当含有电负性基团的组分通过时，捕获电子使基流减小从而产生电信号。组分的电负性越强，检测器的灵敏度越高。

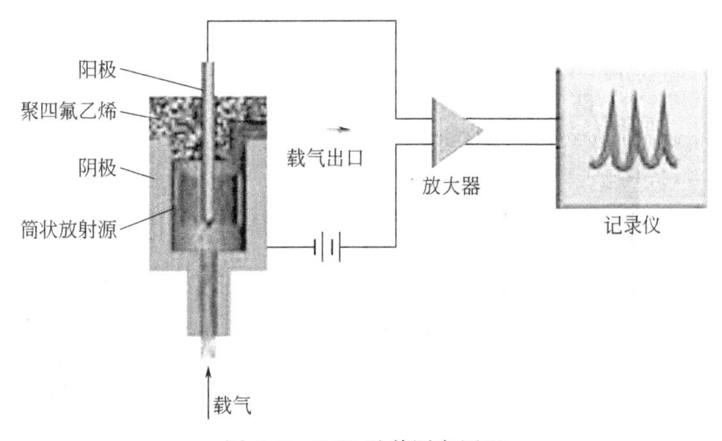

图6.7 ECD及其测定原理

ECD主要用于分析测定卤化物、含磷（硫）化合物以及过氧化物、硝基化合物、金属有机物、金属螯合物、甾族化合物、多环芳烃和共轭羟基化合物等电负性物质，在食品及农药残留分析、医学和环境科学等领域应用广泛。

ECD 使用时注意事项。

(1) 防止放射性污染。放射性 ECD 都有放射源（一般为^{63}Ni），故检测器出口一定要有管道接到室外。至少 6 个月进行一次放射性泄漏测试。

(2) ECD 温度应高于柱温，以免被高沸点组分污染；同时其最高使用温度最好不要超过 350℃，否则^{63}Ni会挥发损失，寿命缩短。

(3) 载气和尾吹气纯度应大于 99.99%，否则，载气中的杂质会造成基流下降，检测器灵敏度降低。

(4) 使用 ECD 时，若暂时停机，则需要继续维持一定的吹扫气通过 ECD，气体流速为 3～5mL/min。

(5) 要保持气路系统良好的气密性，防止空气进入。

(6) 汽化室中的玻璃棉及玻璃插管应定期更换，以保持汽化室的洁净。

(7) ECD 灵敏度很高，因此，样品浓度不宜太高，否则易出现色谱柱过载或检测器过载。

(8) 禁止使用电负性溶剂。

(9) 气流进气管应选用金属材质，不能用塑料管。

(10) ECD 必须选用低流失材料的注射垫，常规注射垫在使用前必须经过老化处理。

(11) 毛细管柱在安装前需用火焰使其预流失和分解，以减小和尽快消除毛细管柱两端新安装后，在高温下固定相的流失和柱表面聚亚酰胺分解产物对检测器的污染。

4. FPD

FPD（图 6.8）属于质量型检测器。其测定原理是利用含硫、磷原子的化合物在富氢火焰中燃烧，形成激发态分子，当它们回到基态时，发射出一定波长的特征光谱，这些特征光谱用滤光片分离后，由光电倍增管转化为电信号从而进行测定。FPD 对磷的响应为线性，对硫的响应为非线性。多用于大气痕量污染物的分析以及农副产品、水中有机磷和有机硫农药残留的测定。此外，对 N、Sn、As、Br、Ge、Fe 等元素也有响应。

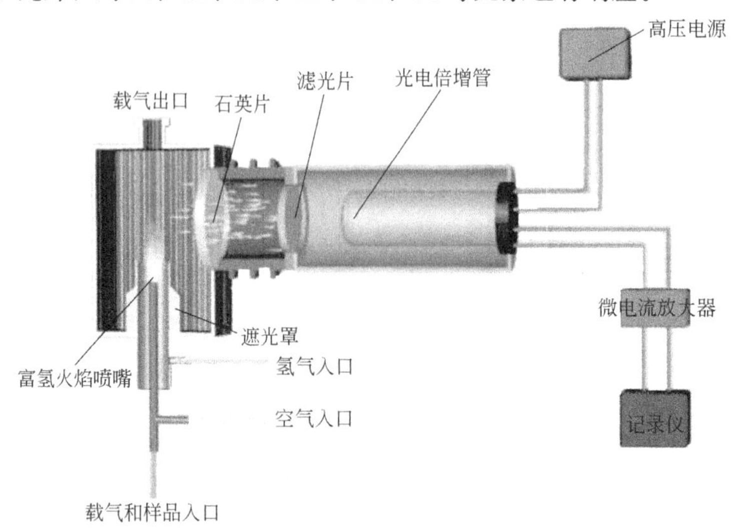

图 6.8 FPD 及其测定原理

FPD使用时注意事项。

(1) 防止氢气泄漏，以免发生爆炸。FPD是在富氢火焰下工作，操作时应特别注意，未接色谱柱前勿通氢气，卸柱前一定先关氢气，不点火不开氢气，还要随时观察，防止火焰熄灭。

(2) FPD工作时，外壳很热，不要碰触其表面，以免被烫伤。

(3) 避免漏光，漏光会严重影响光电倍增管的性能，导致噪声增大，灵敏度下降，基线无法调零。为延长光电倍增管的寿命，使用时应选用较低温度，不用时，应及时关掉光电倍增管的高压供电。

(4) 注意保持FPD燃烧室的清洁，在使用过程中，燃烧室受到流失的固定液、硅烷化试剂等污染，若不及时清理，会导致灵敏度下降。另外，不要用手直接触摸石英窗、滤光器和光电倍增管的表面，否则会导致透光率下降，这些零件若被污染，可用乙醇或丙酮等有机溶剂清洗。

(5) 在更换滤光片或打开检测器盖时，一定要关闭电源。

五、温度控制系统

温度控制主要是对色谱柱、汽化室、检测器三个部件，其中色谱柱的控温精度要求最高，直接影响色谱柱的选择性和分离效率。色谱柱通常放在恒温箱中，以提供可以改变的、均匀的恒定温度。恒温箱使用温度为室温至450℃，箱内的温度变化不大于3℃。有时，色谱柱仅停留在一个恒定温度条件下不能实现沸点范围很宽的混合物的完全分离，程序升温即可解决此问题。所谓程序升温，指在一个分析周期里色谱柱的温度随时间由低温到高温线性或非线性变化，升温速度为1～30℃/min，从而使宽沸程的不同组分在各自最佳的柱温条件下流出，改善分离效果，缩短分析时间。

汽化室温度应使试样瞬间汽化而又不分解。一般情况下，汽化室的温度要比柱温高30～70℃。检测器的温度应与色谱柱箱温度相同或稍高，以防止试样组分在检测系统内冷凝。现代气相色谱仪中，色谱柱、汽化室和检测器都有独立的恒温调节装置。

六、记录、数据处理系统

检测器产生的电信号经过滤波、放大、采集、平滑、存储、判峰、基线校正、计算峰面积等处理，最后输出含有定性、定量信息的色谱图以及其他信息的分析报告，记录、数据处理系统即是完成上述一系列工作的系统。此系统目前多采用配有操作软件包的色谱工作站，以计算机控制。

项目三　气相色谱分离操作条件的选择

使各组分彼此分离，达到足够大的分离度是对气相色谱分析测定的基本要求，同时我们也希望分析能在较短时间内完成，为此，必须对气相色谱的分离操作条件进行适当选择。

一、载气流速选择

载气的种类和流速均会对色谱柱的分离效率和分析时间产生较大影响。根据速率理论方程，即

$$H=A+\frac{B}{u}+Cu$$

式中　H——塔板高度；

　　u——载气的线速度，cm/s；

A——涡流扩散项；

B——分子扩散项；

C——传质扩散项。

可以绘制 H-u 曲线（图 6.9）。曲线中的最低点对应的流速即为最佳流速，此时 H 最小，塔板数最大，柱效能最高。实际测定中，为了缩短分析时间，选择的流速略高于最佳流速。

二、柱温选择

柱温是气相色谱分离分析中的一个重要操作参数，直接影响色谱柱的分离效能和分析速度，是条件选择的关键。一般选择原则为：在使最难分离的组分有尽可能好的分离度的前提下，尽可能采取较低温度，但以保留时间适宜，峰形不扩张、不拖尾为度。

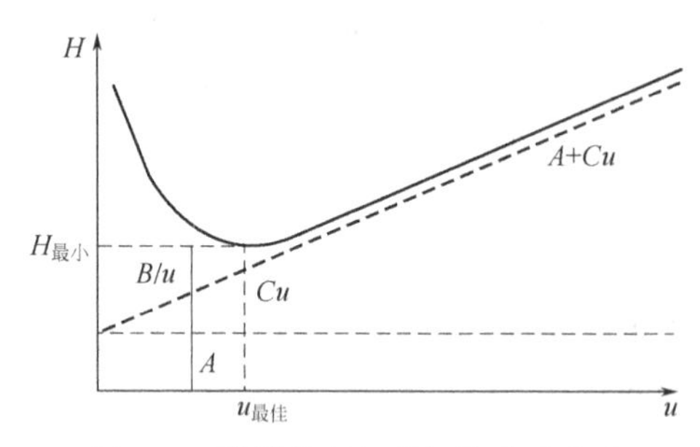

图 6.9　塔板高度与载气线速度关系

选择柱温的根据是混合物的沸点范围、固定液的配比以及检测器的灵敏度。提高柱温可缩短分析时间；降低柱温可使色谱柱选择性增大，有利于组分的分离和色谱柱稳定性提高，柱寿命延长。一般采用等于或略高于被测样品中各组分的平均沸点的柱温为宜，易挥发样品用低柱温，不易挥发的样品采用高柱温。

当被分析组分的沸点范围很宽时，用同一柱温往往造成低沸点组分分离不好，而高沸点组分峰形扁平，若采用程序升温的办法，就能使低沸点和高沸点的组分都能得到好的分离效果。

三、柱长选择

色谱柱长直接影响柱效能。增加柱长可增加塔板数，增加平衡分配次数，提高柱效能，对分离有利。但柱长增加，组分的保留时间也会增长，分析时间就会延后，柱的阻力增大，给操作带来不便。因此，在分离度达到要求的前提下，尽可能采用短的柱子，通常柱长为1～3m。

通常可以下列经验公式计算所需的最佳柱长：$L_{所需}=\frac{R_{所需}^2}{R_{原来}^2}\times L_{原来}$（$L_{所需}$——所需的色谱柱长度；$L_{原来}$——测试分离度 $R_{原来}$ 使用的柱长；$R_{所需}=1.5$；$R_{原来}$——柱长为 $L_{原来}$ 的色谱柱上测得的分离度），既保证在所需的最短柱长内使相邻组分完全分离，又可使色谱峰完美。

四、进样

气相色谱进样速度必须很快，一般用注射器或进样阀进样时，进样时间都在 1s 以内。进样时间过长，试样原始宽度变大，半峰宽增加，甚至使峰变形，影响分离效果。

气相色谱测定的进样量，对于液体样品一般为 0.1～5μL，气体试样为 0.1～10mL。进样量过大会使样品峰重叠，分离不好。进样量太少又会使含量少的组分因检测器的灵敏度不够而不出峰。最大允许进样量应控制在使半峰宽基本不变，且峰面积或峰高与进样量呈线性关系的范围内。

五、汽化室温度

液体样品进样后需瞬间汽化，然后由载气带入色谱柱中，因此要求汽化室必须有足够的

温度。一般在保证试样不分解的情况下，适当提高汽化温度对分离和定量都比较有利，尤其在进样量大的时候。通常气相色谱测定中选择的汽化温度比柱温高 30～70℃或比试样组分的最高沸点高 30～50℃。

项目四　气相色谱分析

气相色谱定量依据是检测器的响应信号（即峰面积 A_i 或峰高 h）与组分的质量（m_i）成正比，即 $m_i=f_iA_i$，f_i 表示定量校正因子。同一种检测器对不同物质具有不同的响应值，即使两种物质的含量相等，在检测器上得到的 A_i 或 h 也不相同，为此必须用标准样品进行校正。由此可见，气相色谱进行定量分析首先必须准确测量 A_i 或 h，准确求出 f_i，然后才是选用合适的定量计算方法，将 A_i 或 h 换算为被测组分在试样中的质量分数。

一、校正因子

校正因子的定义为单位峰面积（或峰高）代表的样品量，其作用是把混合物中不同组分的峰面积（或峰高）校正成相当于某一基准物质的峰面积（或峰高），用于计算各组分的质量分数。定量校正因子的测定要求色谱条件高度重复，特别是进样量要重复，所以，色谱条件的波动常常导致定量校正因子测定的较大误差。为了提高定量分析的准确度，又引入相对校正因子的概念，表示样品中某一组分的定量校正因子与标准物的定量校正因子之比，即

$$f'_i(m)=\frac{f_i(m)}{f_s(m)}=\frac{A_s m_i}{A_i m_s} \tag{6.1}$$

式中　A——峰面积（或峰高）；

m——质量；

下标 i 和 s——分别表示组分和基准物；

f'_i（m）——相对校正因子。

TCD 常用苯作为基准物，FID 则用正庚烷。

相对校正因子的测定方法如下。

(1) 配制一系列已知浓度的待测组分和基准物质的混合液，最好使用色谱纯试剂，浓度应使样品中组分的实际浓度在其范围之内。

(2) 与样品同样的测定条件下用气相色谱对上述溶液进行测定。

(3) 测量组分和基准物质的峰面积（或峰高），计算面积（或峰高）比。

(4) 以峰面积（或峰高）比与对应的浓度比作图，得到通过原点的直线，其斜率即为相对校正因子。

二、峰面积或峰高测量

发展到现在，气相色谱仪的数据处理系统多采用的是电子积分仪或计算机技术，可以对各种形状的峰的峰高或峰面积进行测定，但所用的单位已不是传统的高度和面积单位，如果峰高采用 μV，时间单位为 s，那么面积单位就是信号强度与时间的乘积，即 μV · s。若以手工计算，对称峰的峰面积计算公式为

$$A=1.065hW_{1/2} \tag{6.2}$$

式中　A——峰面积；

h——峰高；

$W_{1/2}$——半峰宽。

对于不对称峰，其峰面积计算公式为

$$A=0.5h(W_{0.15}+W_{0.85}) \tag{6.3}$$

式中　$W_{0.15}$和$W_{0.85}$——分别为峰高0.15倍和0.85倍处的峰宽。

三、定量计算方法

1. 归一化法

归一化法是一种常用的定量方法，准确度高。此法的应用条件是试样中各组分都能流出色谱柱，并在所用的检测器上都产生信号，色谱图上都显示色谱峰；各组分都要有对应的标准品。以峰面积作为测量参数时，归一化法的计算公式为

$$x_i=\frac{A_if_i}{A_1f_1+A_2f_2+\cdots+A_if_i+\cdots+A_nf_n} \tag{6.4}$$

式中　x_i——组分i在试样中的含量；

A_i——组分i的峰面积；

f_i——组分i的校正因子。

当色谱峰足够狭窄时，A_i可用h代替定量。归一化法在允许的进样量范围内，进样量的多少对结果无影响。

2. 内标法

内标法的定量精度最高。当混合物所有组分不能全部流出色谱柱，例如不汽化、分解、与固定液发生反应等等，或检测器不能对各组分均产生信号，或只要求对试样中某几个出现色谱峰的组分进行定量时，可采用内标法。内标法是将一定量的纯物质作为内标物，加入准确称量的试样中，根据被测试样和内标物的质量比及其相应的色谱峰面积比来计算被测组分含量，即

$$m_i=f_iA_i,\quad m_s=f_sA_s$$

$$\frac{m_i}{m_s}=\frac{f_iA_i}{f_sA_s}$$

$$m_i=f'_i\times\frac{A_im_s}{A_s} \tag{6.5}$$

组分在试样中的含量为

$$x_i=\frac{m_i}{m}\times100\%=f'_i\times\frac{A_im_s}{A_sm}\times100\% \tag{6.6}$$

式中　m_s、m_i、m——分别为内标物、被测组分和被测试样的质量；

A_s、A_i——分别为内标物、被测组分i的峰面积；

f'_i——组分i与内标物s的校正因子的比值；

x_i——组分i的含量。

可作为内标物的物质必须具备下述条件。

(1) 应该是被测试样中不存在的纯物质。

(2) 必须完全溶于试样中，并与试样中各组分的色谱峰能完全分离。

(3) 加入内标物的量应接近于被测组分。

(4) 内标物的色谱峰位置应与被测组分的色谱峰位置接近，或在几个被测色谱峰的中间。

(5) 内标物应与被测组分的物理和化学性质相近。

3. 外标法

外标法又称定量进样标准曲线法，是色谱分析中经常采用的方法。用预测组分的纯物质配成一系列不同浓度的标准溶液，做出标准曲线（样品量或浓度对峰面积作图）及其回归方程（f_i 为斜率），然后在完全一致的条件下对未知样品进行分析测定。公式为

$$x_i = f_i A_i = \frac{A_i}{A_E} \times E_i \tag{6.7}$$

式中　x_i——组分 i 的含量；

A_i——组分 i 的峰面积；

f_i——组分 i 的校正因子，$f_i = E_i / A_E$；

A_E——标准样品中组分 i 的峰面积；

E_i——标准样品中组分 i 的含量。

外标法比较简便，不需用校正因子，但对进样量要求十分准确，操作条件也要严格控制。

项目五　气相色谱仪器的维护保养

气相色谱是一种非常精密的仪器，为保证仪器性能良好、稳定，分析结果准确，并延长仪器的使用寿命，使用时除了严格遵守操作规程外，还要做好仪器的维护工作，以减少故障发生，使仪器处于良好状态。

(1) 仪器应有良好的接地，使用稳压电源，避免外部电器的干扰；实验室温度一般要求为 5～35℃，相对湿度≤85%。

(2) 严禁油污、有机物以及其他物质进入检测器及管道，以免堵塞管道或使仪器性能恶化。

(3) 开机时先通载气后开电源，关机时先断电源再关载气。

(4) 使用高纯载气，纯净的氢气和压缩空气。用钢瓶供气时，应将总阀旋开至最终位置，以免总阀不稳，造成基线漂移。

(5) 确保载气、氢气、空气的流量和比例适当匹配，一般指导流速为载气 30mL/min，氢气 30mL/min，空气 300mL/min。针对不同的仪器特点，可在此基础上、下适当调整。

(6) 经常进行试漏检查（包括进样垫），确保整个流路系统不漏气。更换进样垫时应中断载气流，更换新的隔垫后隔垫固定螺帽不能拧太紧；由于换隔垫操作是在无载气通过情况下进行的，因此，为防止高温时无载气通过而损坏色谱柱，在更换隔垫前应使柱温降至室温。

(7) 气源压力过低（<1417kPa 或 15kgf/cm^2），气体流量不稳，应及时更换新钢瓶，保持气源压力充足、稳定。

(8) 对新填充的色谱柱，一定要老化充分，避免固定液流失，产生噪声。对 OV-101、OV-17、OV-225 等试剂级固定液，老化时间不应低于 24h，对 SE-30、QF-1 等工业级固定液，因其纯度较低，老化时间不应该低于 48h。

(9) 注射器要经常用溶剂（如丙酮）清洗，实验结束后，立即清洗干净，以免被样品中高沸点物质污染。

(10) 尽量用磨口玻璃瓶作试剂容器，避免使用橡皮塞，因其可能造成样品污染，如果使用橡皮塞，要包一层聚乙烯膜，以保护橡皮塞不被溶剂溶解。

(11) 避免超负荷进样，对不经稀释直接进样的液态样品进样体积可先试 0.1μL（约

100μg），然后再做适当调整。

（12）对于稳定性较差的被测物，如农药和一些中间体，最好用溶剂稀释后再进行分析，从而可以减少样品分解。

（13）尽量采用惰性好的玻璃柱（如硼硅玻璃柱、熔融石英玻璃柱），以减少或避免金属催化分解和吸附现象。

（14）保持检测器清洁、畅通。清洗时可根据以下3种情况选择合适的方法：①检测器污染仅是由于高沸点成分引起，可采用加热方法清洗，即将检测器加热至最高使用温度后，再通入载气进行清洗；②检测器污染程度较轻，可采用溶剂进行清洗，即从进样口注入几十微升纯的丙酮等试剂进行清洗；③上述两种方法都不能解决问题时，则要彻底清洗，即将检测器拆下，选择适当溶剂进行清洗。

（15）保持汽化室的惰性和清洁，防止样品吸附、分解。每周应检查一次玻璃衬管，如污染，清洗烘干后再使用。

（16）定期检查柱头和填塞的玻璃棉是否污染。至少应每月拆下柱子检查一次，如污染应擦净柱内壁，更换1～2cm填料，塞上新的经硅烷化处理的玻璃棉，老化2h，再投入使用。

（17）注意保持仪器清洁，仪器使用完毕，应盖好防尘罩。

任务二　实训项目

项目一　食品中防腐剂（苯甲酸、山梨酸）的测定

防腐剂是在食品保存过程中具有抑制或杀灭微生物作用的一类物质的总称。通常为了延长食品的货架期，防止食品腐败变质，在采用特殊工艺条件及各种食品保藏手段的同时，可以在一定条件下配合使用一些防腐剂，以作为食品保藏的辅助手段。目前，我国常用的食品防腐剂是苯甲酸及其钠盐和山梨酸及其钾盐。其测定方法有国家标准GB/T 5009.29—2003中规定的三种色谱法，其中第一法即为气相色谱法。

1. 原理

试样经酸化后，用乙醚提取苯甲酸、山梨酸，用附氢火焰离子化检测器的气相色谱仪进行分离测定，与标准系列比较定量。

2. 试剂

（1）乙醚　不含过氧化物。

（2）石油醚　沸程30～60℃。

（3）盐酸（1+1）　取100mL盐酸，加水稀释至200mL。

（4）无水硫酸钠。

（5）氯化钠酸性溶液（40g/L）　于氯化钠溶液（40g/L）中加少量盐酸（1+1）酸化。

（6）山梨酸、苯甲酸标准溶液　准确称取山梨酸、苯甲酸各0.2000g，置于100mL容量瓶中，用石油醚-乙醚（3+1）混合溶剂溶解后并稀释至刻度，此溶液每毫升相当于含2.0mg山梨酸或苯甲酸。

（7）山梨酸、苯甲酸标准使用液　吸取适量山梨酸、苯甲酸标准溶液，以石油醚-乙醚（3+1）混合溶剂稀释至每毫升相当于含50μg，100μg，150μg，200μg，250μg山梨酸或苯甲酸。

3. 仪器

气相色谱仪，附有氢火焰离子化检测器。

4. 分析步骤

(1) 样品提取　称取 2.50g 预先混合均匀的样品，置于 25mL 带塞量筒中，加 0.5mL 盐酸（1+1）酸化，用 15mL、10mL 乙醚提取两次，每次振摇 1min，将上层乙醚提取液吸入另一个 25mL 带塞量筒中，合并乙醚提取液。用 3mL 氯化钠酸性溶液（40g/L）洗涤两次，静置 15min，用滴管将乙醚层通过无水硫酸钠滤入 25mL 容量瓶中，用乙醚洗量筒及硫酸钠层，洗液并入容量瓶，加乙醚至刻度，混匀。准确吸取 5mL 乙醚提取液于 5mL 带塞刻度试管中，置 40℃水浴上挥干，加入 2mL 石油醚-乙醚（3+1）混合溶剂溶解残渣，备用。

(2) 色谱参考条件

① 色谱柱　玻璃柱，内径 3mm，长 2m，内装涂以 5% DEGS+1%磷酸固定液的 60～80 目 Chromosorb WAW。

② 气流速度　载气为氮气，50mL/min（氮气、空气和氢气流速之比按各仪器型号不同选择各自的最佳比例条件）。

③ 温度　进样口 230℃；检测器 230℃；柱温 170℃。

(3) 测定　进样 2μL 标准系列中各浓度标准使用液于气相色谱仪中，可测得不同浓度山梨酸、苯甲酸的峰高，以浓度为横坐标，相应的峰高值为纵坐标，绘制标准曲线。同时进样 2μL 试样溶液，测得峰高与标准曲线比较定量。

5. 结果计算

$$X=\frac{A\times 1000}{m\times\left(\frac{5}{25}\right)\times\left(\frac{V_2}{V_1}\right)\times 1000}$$

式中　X——试样中山梨酸或苯甲酸的含量，mg/kg；

A——测定用试样液中山梨酸或苯甲酸的质量，μg；

V_1——加入石油醚-乙醚（3+1）混合溶剂的体积，mL；

V_2——测定时进样的体积，μL；

m——试样的质量，g；

5——测定时吸取乙醚提取液的体积，mL；

25——试样乙醚提取液的总体积，mL；

由测得的苯甲酸的量乘以 1.18，即为试样中苯甲酸钠的含量。

计算结果保留两位有效数字。

6. 精密度

重复实验条件下获得的两次独立测定结果的绝对差值不得超过算术平均值的 10%。

7. 其他

山梨酸和苯甲酸的气相色谱图见图 6.10。

山梨酸的保留时间 2min53s，苯甲酸的保留时间 6min8s。

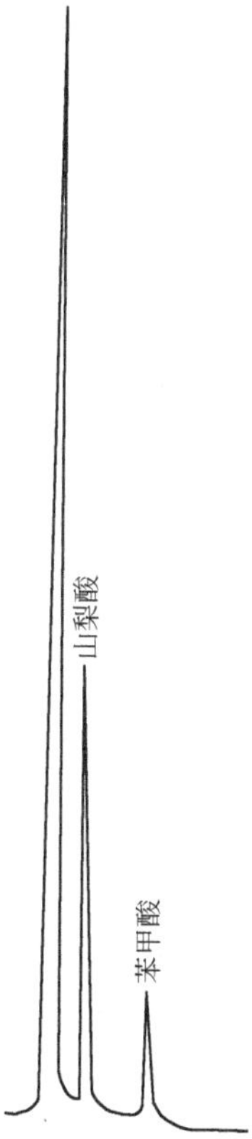

图 6.10　山梨酸和苯甲酸的气相色谱

8. 实验说明

(1) 本方法适用于酱油、水果汁、果酱等食品中山梨酸、苯甲酸含量的测定。

(2) 山梨酸、苯甲酸的最低检出量为 1μg。用于色谱分析的试样为 1g 时，最低检出浓度为 1mg/kg。

(3) 本方法回收率山梨酸为 81%～98%，相对标准偏差 2.4%～8.5%；苯甲酸的回收率为 92%～102%，相对标准偏差 0.7%～9.9%。

(4) 样品处理时，酸化的目的是使苯甲酸钠、山梨酸钾转变为苯甲酸和山梨酸，再用乙醚提取。

(5) 样品中如含有二氧化碳、酒精时应先加热除去，富含脂肪和蛋白质的样品应除去脂肪和蛋白质，以防用乙醚萃取时发生乳化。

(6) 乙醚提取液应用无水硫酸钠充分脱水，挥干乙醚后如仍残留水分，必须将水分挥干，进样溶液中含水会影响测定结果；当出现残留水分挥干析出极少量白色氯化钠时，应搅松残留的无机盐后加入石油醚-乙醚（3+1）振摇，取上清液进样，否则氯化钠覆盖了部分山梨酸、苯甲酸使测定结果偏低。

9. 评分标准

考核内容	分值	考核记录(以“√”表示)		得分
天平称量(6分)				
天平检查 ① 零点 ② 水平 ③ 称盘清扫	2	未检查水平，−0.5分		
		未清扫称盘，−0.5分		
		未检查天平零点，−1分		
样品取放	1	样品未按照规定方式取放，−0.5分		
		称样器皿未放在称盘中央，−0.5分		
称量操作 ① 开关天平门 ② 称量操作 ③ 读数记录	1.5	未做到随手开关天平门，一次−0.5分		
		称量前未及时将天平回零，一次−0.5分		
		未及时记录或用铅笔记录数据，一次−0.5分		
称量结束后 样品、天平复位	1.5	未将天平回零，−0.5分		
		未关天平门或天平开关，−0.5分		
		未清扫天平，−0.5分		
样品前处理(19分)				
试样制备	3	试样处理方法不当，未混合均匀，−3分		
提取	8	提取操作、时间不到位(四次)，−5分		
		提取过程中未充分振荡，放气，−3分		
过滤	6	未使用干滤纸，−3分		
		滤纸边缘未低于漏斗边缘，漏斗中的液面未低于滤纸边缘，−1分		
		滴管吸取乙醚层操作不当，−2分		
定容	2	未逐滴加入乙醚稀释至刻度，−2分		
样液制备(15分)				
移液管润洗	3	移液管不干燥，−2分		
		未用待测液润洗或润洗少于3次，−1分		
吸量管插入溶液前及调节液面前应用滤纸擦拭管尖	1	吸量管插入溶液前未用滤纸擦拭管尖，−0.5分		
		调节液面前应用滤纸擦拭管尖未进行，−0.5分		

续表

考核内容	分值	考核记录(以"√"表示)		得分
样液制备(15 分)				
吸量管调节液面	3	视线与刻度线不平齐,－1 分		
		吸量管不垂直,－1 分		
		调节液面的废液放回原容量瓶,－1 分		
放出溶液	2	吸量管不垂直,－1 分		
		管尖贴在容量瓶磨砂口处,－1 分		
溶液放出后,移液管靠壁 15 s 后移开	1	未进行或停留时间过短,－1 分		
水浴蒸干,溶解	5	未能正确使用温度 40℃的水浴蒸干,－3 分		
		未能准确移取 2mL 溶剂溶解残留物,－2 分		
仪器操作(35 分)				
开机 先开载气,开电源,设仪器参数,升温。开助燃气,氢气,点火,调节气流比	15	未进行气路检漏,－3 分		
		未通载气,先开电源升温,－8 分		
		未能正确设置测定参数,－2 分		
		FID 未达到 120℃即点火,－2 分		
进样	10	基线未平稳即进样,－2 分		
		未在进样前润洗进样针,－2 分		
		手拿注射器的针头和有样品部位,－2 分		
		注射器内有气泡,－2 分		
		进样过于缓慢,－2 分		
		进样操作不正确,使进样针弯曲,－5 分		
关机	10	未能先关氢气,－5 分		
		降温未完成即关闭载气(柱温＜50℃,检测器和汽化室＜100℃),－5 分		
数据处理(21 分)				
绘制标准曲线	5	标准曲线不正确,－5 分		
样品测定结果	10	峰面积未处于标准曲线线性范围内,或未接近标准样品峰面积,－3 分		
		公式正确,计算过程不正确,－3 分		
		计量单位不正确,－2 分		
		有效数字运算不正确,－2 分		
原始记录	3	数据不清楚,有涂改,－3 分		
结果评价 精密度＝(极差/平均值)×100%	3	10%＜比值≤12%,－1 分		
		12%＜比值≤15%,－2 分		
		比值≥15%,－3 分		
文明操作(4 分)				
实验过程台面	1	不整洁、混乱,－1 分		
废弃物处理	1	未按规定正确处理,－1 分		
试剂归位	1	实验完成后,全部试剂、器皿、用具没有归位,－1 分		
器皿清洗	1	器皿未清洗,或清洗不净,－1 分		
合计				

项目二　食品中有机氯农药多组分残留量的测定

有机氯农药（organochlorine pesticides，OCPs）是曾被世界各国广泛使用的高效广谱杀虫剂，主要包括以苯为原料和以环戊二烯为原料的两大类。前者如杀虫剂 DDT 和六六六等，杀螨剂三氯杀螨砜、三氯杀螨醇等，杀菌剂五氯硝基苯、百菌清等；后者如氯丹、七氯、艾氏剂等。此外以松节油为原料的莰烯类杀虫剂、毒杀芬和以萜烯为原料的冰片基氯也属于有机氯农药。这些有机氯农药具有一些相似的理化性质，如挥发性低、化学性质稳定、不易分解、易溶于脂肪和有机溶剂等。进一步研究表明，有机氯农药属神经毒物和实质脏器毒物，可致癌。但由于其稳定性，致使在禁用十余年后，仍能在水域、土壤和生物体内找到残留。GB/T 5009.19—2008 中第一法“毛细管柱气相色谱-电子捕获检测器法”规定了食品中六六六（HCH）、滴滴滴（DDD）、六氯苯、灭蚁灵、七氯、氯丹、艾氏剂、狄氏剂、硫丹、五氯硝基苯的测定方法。适用于肉类、蛋类、乳类动物性食品和植物（含油脂）中 α-HCH、β-HCH、γ-HCH、δ-HCH、六氯苯、五氯硝基苯、五氯苯胺、七氯、五氯苯基硫醚、艾氏剂、氧氯丹、环氧七氯、反氯丹、α-硫丹、顺氯丹、p,p'-滴滴伊（DDE）、狄氏剂、异狄氏剂、β-硫丹、p,p'-DDD、o,p'-DDT、异狄氏剂醛、硫丹硫酸盐、p,p'-DDT、异狄氏剂酮、灭蚁灵的分析。

1. 原理

试样中有机氯农药组分经有机溶剂提取、凝胶色谱层析净化，用毛细管柱气相色谱分离，电子捕获检测器检测，以保留时间定性，外标法定量。

2. 试剂

（1）丙酮　分析纯，重蒸。

（2）石油醚　沸程 30～60℃，分析纯，重蒸。

（3）乙酸乙酯　分析纯，重蒸。

（4）环己烷　分析纯，重蒸。

（5）正己烷　分析纯，重蒸。

（6）氯化钠　分析纯。

（7）无水硫酸钠　分析纯，将无水硫酸钠置干燥箱中，于 120℃干燥 4h，冷却后，密闭保存。

（8）聚苯乙烯凝胶（Bio-Beads S-X_3）　200～400 目，或同类产品。

（9）农药标准品　各种可检农药的标准品，纯度均应不低于 98%。

（10）标准溶液的配制　分别准确称取或量取各种可检农药标准品适量，用少量苯溶解，再用正己烷稀释成一定浓度的标准储备溶液。量取适量标准储备溶液，用正己烷稀释为系列混合标准溶液。

3. 仪器

（1）气相色谱仪　配有电子捕获检测器（ECD）。

（2）凝胶净化柱　长 30cm，内径 2.3～2.5cm 具活塞玻璃色谱柱，柱底垫少许玻璃棉，用洗脱剂乙酸乙酯-环己烷（1+1）浸泡的凝胶，以湿法装入柱中，柱床高约 26cm，凝胶始终保持在洗脱剂中。

（3）旋转蒸发仪。

（4）组织匀浆器。

（5）振荡器。

（6）氮气浓缩器。

4. 分析步骤

（1）试样制备　蛋品去壳，制成匀浆；肉品去筋后，切成小块，制成肉糜；乳品混匀待用。

（2）提取与分配

① 蛋类　称取试样20g（精确到0.01g）于200mL具塞三角瓶中，加水5mL（视试样水分含量加水，使总水量约为20g。通常鲜蛋的水分含量约75%，加水5mL即可），再加入40mL丙酮，振摇30min后，加入氯化钠6g，充分摇匀，再加入30mL石油醚，振摇30min。静置分层后，将有机相全部转移至100mL具塞三角瓶中经无水硫酸钠干燥，并量取35mL于旋转蒸发瓶中，浓缩至约1mL，加入2mL乙酸乙酯-环己烷（1+1）溶液再浓缩，如此重复3次，浓缩至约1mL，供凝胶色谱层析净化使用。

② 肉类　称取试样20g（精确到0.01g），加水15mL（视试样水分含量加水，使总水量约20g）。加40mL丙酮，振摇30min，以下按照蛋类试样的提取、分配步骤处理。

③ 乳类　称取试样20g（精确到0.01g），鲜乳不需加水，直接加丙酮提取。以下按照蛋类试样的提取、分配步骤处理。

④ 大豆油　称取试样1g（精确到0.01g），直接加入30mL石油醚，振摇30min后，将有机相全部转移至旋转蒸发瓶中，浓缩至约1mL，加2mL乙酸乙酯-环己烷（1+1）溶液再浓缩，如此重复3次，浓缩至约1mL，供凝胶色谱层析净化使用。

⑤ 植物类　称取试样匀浆20g（精确到0.01g），加水5mL（视试样水分含量加水，使总水量约20g），加丙酮40mL，振摇30min，加氯化钠6g，摇匀。再加石油醚30mL，振摇30min，以下按照蛋类试样的提取、分配步骤处理。

（3）净化　手动凝胶色谱柱净化：将试样浓缩液经凝胶柱以乙酸乙酯-环己烷（1+1）溶液洗脱，弃去0～35mL流分，收集35～70mL流分。将其旋转蒸发浓缩至约1mL，再经凝胶柱净化收集35～70mL流分，蒸发浓缩，用氮气吹除溶剂，用正己烷定容至1mL，留待GC分析。

（4）测定

① 气相色谱参考条件

a. 色谱柱　DM-5石英弹性毛细管柱，长30m、内径0.32mm、膜厚0.25μm，或等效柱。

b. 柱温　程序升温

$$90℃\ (1min) \xrightarrow{40℃/min} 170℃ \xrightarrow{2.3℃/min} 230℃\ (17min) \xrightarrow{40℃/min} 280℃\ (5min)$$

c. 进样口温度　280℃。不分流进样，进样量1μL。

d. 检测器　电子捕获检测器（ECD），温度300℃。

e. 载气流速　N_2，1mL/min；尾吹，25mL/min。

f. 柱前压　0.5 MPa。

② 色谱分析　分析吸取 1μL 混合标准液及试样净化液注入气相色谱仪中，记录色谱图，以保留时间定性，以试样和标准的峰高或峰面积比较定量。

③ 色谱图　图 6.11 为各种有机氯农药的色谱图。出峰顺序（1～26）为：α-六六六、六氯苯、β-六六六、γ-六六六、五氯硝基苯、δ-六六六、五氯苯胺、七氯、五氯苯基硫醚、艾氏剂、氧氯丹、环氧七氯、反氯丹、α-硫丹、顺氯丹、p,p′-DDE、狄氏剂、异狄氏剂、β-硫丹、p,p′-DDD、o,p′-DDT、异狄氏剂醛、硫丹硫酸盐、p,p′-DDT、异狄氏剂酮、灭蚁灵。

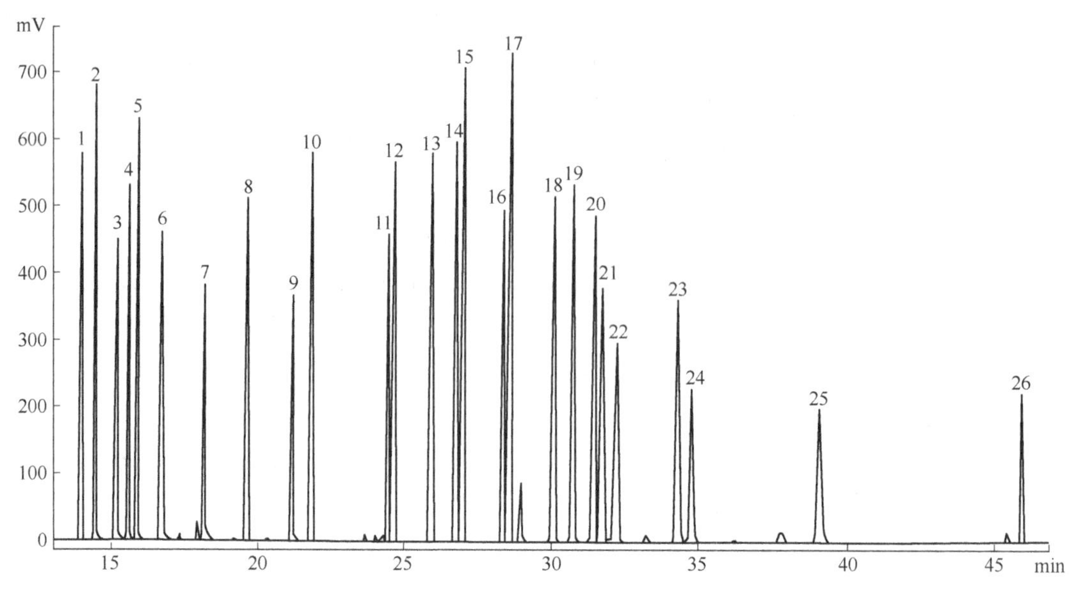

图 6.11　有机氯农药混合标准溶液的色谱（图上数字表示出峰顺序 1～26）

5. 结果计算

试样中各农药的含量按下式进行计算

$$X=\frac{m_1V_1f}{mV_2\times1000\times1000}$$

式中　X——试样中各农药的含量，mg/kg；

m_1——被测样液中各农药的含量，ng；

V_1——样液进样体积，μL；

f——稀释因子；

m——试样质量，g；

V_2——样液最后定容体积，mL。

计算结果保留两位有效数字。

6. 精密度

重复实验条件下获得的两次独立测定结果的绝对差值不得超过算术平均值的 20%。

7. 实验说明

(1) 本法适用于肉类、蛋类、乳类动物性食品和植物（含油脂）中有机氯农药测定。

(2) 此法对各种有机氯农药的检出限随试样基质不同而不同（见表 6.1）。

表 6.1　对各种有机氯农药的检出限

农药	试样检出限/(μg/kg)						
	猪肉	牛肉	羊肉	鸡肉	鱼	鸡蛋	植物油
α-六六六	0.135	0.034	0.045	0.018	0.039	0.053	0.097
六氯苯	0.114	0.098	0.051	0.089	0.030	0.060	0.194
β-六六六	0.210	0.376	0.107	0.161	0.179	0.179	0.634
γ-六六六	0.075	0.134	0.118	0.077	0.064	0.096	0.226
五氯硝基苯	0.089	0.160	0.149	0.104	0.040	0.114	0.270
δ-六六六	0.284	0.169	0.045	0.092	0.038	0.161	0.179
五氯苯胺	0.248	0.153	0.055	0.141	0.139	0.291	0.250
七氯	0.125	0.192	0.079	0.134	0.027	0.053	0.247
五氯苯基硫醚	0.083	0.089	0.078	0.050	0.131	0.082	0.151
艾氏剂	0.148	0.095	0.090	0.034	0.138	0.087	0.159
氧氯丹	0.078	0.062	0.256	0.181	0.187	0.126	0.253
环氧七氯	0.058	0.034	0.166	0.042	0.132	0.089	0.088
反氯丹	0.071	0.044	0.051	0.087	0.048	0.094	0.307
α-硫丹	0.088	0.027	0.154	0.140	0.060	0.191	0.382
顺氯丹	0.055	0.039	0.029	0.088	0.040	0.066	0.240
p,*p*′-DDE	0.136	0.183	0.070	0.046	0.126	0.174	0.345
狄氏剂	0.033	0.025	0.024	0.015	0.050	0.101	0.137
异狄氏剂	0.155	0.185	0.131	0.324	0.101	0.481	0.481
β-硫丹	0.030	0.042	0.200	0.066	0.063	0.080	0.246
p,*p*′-DDD	0.032	0.165	0.378	0.230	0.211	0.151	0.465
o,*p*′-DDT	0.029	0.147	0.335	0.138	0.156	0.048	0.412
异狄氏剂醛	0.072	0.051	0.088	0.069	0.078	0.072	0.358
硫丹硫酸盐	0.140	0.183	0.153	0.293	0.200	0.267	0.260
p,*p*′-DDT	0.138	0.086	0.119	0.168	0.198	0.461	0.481
异狄氏剂酮	0.038	0.061	0.036	0.054	0.041	0.222	0.239
灭蚁灵	0.133	0.145	0.153	0.175	0.167	0.276	0.127

注：检出限表示由特定的分析步骤能够合理地检测出的最小分析信号求得的最低浓度（或质量）。

8. 评分标准

考核内容	分值	考核记录(以"√"表示)		得分
天平称量(6分)				
天平检查 ①零点 ②水平 ③称盘清扫	2	未检查水平，−0.5分		
		未清扫称盘，−0.5分		
		未检查天平零点，−1分		
样品取放	1	样品未按照规定方式取放，−0.5分		
		称样器皿未放在称盘中央，−0.5分		

续表

考核内容	分值	考核记录（以“√”表示）		得分
天平称量（6分）				
称量操作 ①开关天平门 ②称量操作 ③读数记录	1.5	未做到随手开关天平门，一次－0.5分		
		称量前未及时将天平回零，一次－0.5分		
		未及时记录或用铅笔记录数据，一次－0.5分		
称量结束后样品、天平复位	1.5	未将天平回零，－0.5分		
		未关天平门或天平开关，－0.5分		
		未清扫天平，－0.5分		
样品处理（30分）				
试样制备	3	试样处理方法不当，未混合均匀，－3分		
提取	12	提取操作、时间不到位，－5分		
		提取过程中未充分振荡，放气，－3分		
		经无水硫酸钠干燥时，滤纸不干燥、漏斗不干燥、三角瓶不干燥，－4分		
净化	14	凝胶净化柱制备不正确，－4分		
		未能正确收集35～70mL的流分，－3分		
		旋转蒸发器进出水口连接不正确，－2分		
		未能应先减压，再开动电机转动蒸馏烧瓶，－1分		
		结束时，未能先停电动机，再通大气，－1分		
		氮气吹除溶剂操作（溅出或未吹干等），－3分		
定容	1	不能正确进行1mL定容，－1分		
仪器操作（39分）				
开机先开载气，开电源，设仪器参数，升温（检测器→进样口→柱温）。	15	未进行气路检漏，－3分		
		未观察载气过滤器后面的脱氧过滤器的安装情况，－2分		
		未通载气，先开电源升温，－8分		
		未能正确设置测定参数，－2分		
		ECD温度设置未高于柱温，－3分		
进样	10	基线未平稳即进样，－2分		
		未在进样前润洗进样针，－2分		
		手拿注射器的针头和有样品部位，－2分		
		注射器内有气泡，－2分		
		进样过于缓慢，－2分		
		进样操作不正确，使进样针弯曲，－5分		
关机	14	分析结束时，未能加大载气流速至40～50mL/min，检测器升温至350℃，烘烤30～60min以排出检测器残留样品再关机，－8分		
		降温未完成即关闭载气（柱温＜50℃，检测器和汽化室＜100℃），－6分		

续表

考核内容	分值	考核记录（以"√"表示）		得分
数据处理（21分）				
绘制标准曲线	5	标准曲线不正确，一个点－1分		
样品测定结果	10	峰面积未处于标准曲线线性范围内，或未接近标准样品峰面积，－3分		
		公式不正确，－2分		
		公式正确，计算过程不正确，－1分		
		计量单位不正确，－2分		
		有效数字运算不正确，－2分		
原始记录	3	数据不清楚，有涂改，－3分		
结果评价 精密度＝（极差/平均值）×100％	3	20％＜比值≤25％，－1分		
		25％＜比值≤30％，－2分		
		比值≥30％，－3分		
文明操作（4分）				
实验过程台面	1	不整洁、混乱，－1分		
废弃物处理	1	未按规定正确处理，－1分		
试剂归位	1	实验完成后，全部试剂、器皿、用具没有归位，－1分		
器皿清洗	1	器皿未清洗，或清洗不净，－1分		
合计				

项目三　食品中反式脂肪酸的测定

反式脂肪酸（trans fatty acids，TFA或TFAs）是一类含有反式双键的不饱和脂肪酸的总称，即与形成双键的碳原子相连的两个氢原子位于碳链两侧。反式脂肪酸在室温下为固态，主要来自部分氢化的植物油。

长期以来，人们一直认为人造脂肪来自植物油，多吃应无害。所以在食品加工中，反式脂肪酸甘油酯被用以替代天然奶油，生产各种花式蛋糕、咖啡伴侣以及冰淇淋、雪糕、棒冰等；巧克力生产中替代可可脂；在烘焙面包、蛋糕时又可替代各种高档植物油和动物油脂；此外还用作油炸食品用油等。但是，近年来随着科研水平的提高，研究者发现反式脂肪酸的摄入严重威胁人类健康，如影响必需脂肪酸的消化吸收、导致心血管疾病的发生、导致大脑功能的衰退。因此，反式脂肪酸的研究得到国内外学者的高度关注，2008年我国制定了食品中反式脂肪酸的气相色谱测定方法标准，其标准代号为GB/T 22110—2008。

1. 原理

用有机溶剂提取食品中的植物油脂。提取物（植物油脂）在碱性条件下与甲醇进行酯交换反应，生成脂肪酸甲酯。采用气相色谱法分离顺式脂肪酸甲酯和反式脂肪酸甲酯。用内标法定量反式脂肪酸。

食用植物油样品不经有机溶剂提取，直接进行酯交换。

2. 试剂

除非另有说明，所用试剂均为分析纯；分析用水应符合GB/T 6682—2008规定的二级水规格。

（1）盐酸（ρ_{20}=1.19） 优级纯。

（2）无水乙醇。

（3）乙醚。

（4）石油醚 沸程60～90℃。

（5）异辛烷 色谱纯。

（6）一水合硫酸氢钠。

（7）无水硫酸钠 约650℃灼烧4h，降温后贮于干燥器中。

（8）氢氧化钾-甲醇溶液（2mol/L） 称取13.1g氢氧化钾，溶于约80mL甲醇中，冷却至室温，用甲醇定容至100mL，加入约5g无水硫酸钠，充分搅拌后过滤，保留滤液。

（9）十三烷酸甲酯标准品：纯度不低于99%。

（10）内标溶液：称取适量十三烷酸甲酯，用异辛烷配制成浓度为1mg/mL的溶液。

（11）脂肪酸甲酯标准品：已知含量的十八烷酸甲酯、反-9-十八碳烯酸甲酯、顺-9-十八碳烯酸甲酯、反-9,12-十八碳二烯酸甲酯、顺-9,12-十八碳二烯酸甲酯、反-9,12,15-十八碳三烯酸甲酯、顺-9,12,15-十八碳三烯酸甲酯、二十烷酸甲酯、顺-11-二十碳烯酸甲酯（注：外购的脂肪酸甲酯标准品有的是单一物质，有的是两种或多种混合物质，但其含量应是已知的）。

（12）脂肪酸甲酯混合标准溶液Ⅰ：称取适量脂肪酸甲酯标准品（精确到0.1mg），用异辛烷配制成每种脂肪酸甲酯含量约为0.02～0.1mg/mL的溶液。

（13）脂肪酸甲酯混合标准溶液Ⅱ：称取适量十三烷酸甲酯、反-9-十八碳烯酸甲酯、反-9,12-十八碳二烯酸甲酯、顺-9,12,15-十八碳三烯酸甲酯各10mg（精确到0.1mg）于100mL容量瓶中，用异辛烷定容至刻度，混合均匀。

3. 仪器

（1）气相色谱仪 配有氢火焰离子化检测器。

（2）色谱柱 石英交联毛细管柱，固定液——高氰丙基取代的聚硅氧烷，柱长100m，内径0.25mm，涂膜厚度0.2μm，或性能相当的色谱柱。

（3）粉碎机。

（4）组织捣碎机。

4. 试样制备

（1）含植物油食品的块状或颗粒状样品 取有代表性的样品至少200g，用粉碎机粉碎，或用研钵研细，置于密闭的玻璃容器内。

（2）含植物油食品的粉末状、糊状或液体（包括植物油脂）样品 取有代表性样品至少200g，充分混匀，置于密闭的玻璃容器内。

（3）固液体样品 取有代表性样品至少200g，用组织捣碎机捣碎，置于密闭的玻璃容器内。

5. 分析步骤

（1）含植物油食品试样脂肪的定量 称取含植物油的食品试样2.00g（固体）或10.00g（液体），按GB/T 5009.6—2003的第二法测定脂肪含量。

（2）含植物油食品试样脂肪的提取 称取含植物油的食品试样2.00g（固体）或10.00g（液体），置于100mL试管内，加8mL水。混合均匀后再加10mL盐酸。将大试管和内容物

置于60℃水浴中加热约40～50min。每隔5～10min用玻璃棒搅拌一次，至试样消化完全，加入10mL乙醇，混合均匀，冷却至室温。加入25mL乙醚，振摇1min，再加入25mL石油醚，振摇1min，静置分层。将有机溶剂层转移到圆底烧瓶中，于60℃下将有机溶剂（乙醚和石油醚）蒸发完毕，保留脂肪。

注：如果试样中脂肪含量较低，应按比例加大试样量和试剂量。

（3）脂肪酸甲酯的制备　称取约60mg（精确到0.1mg）植物油或经上述步骤提取的脂肪，置于10mL具塞试管中，依次加入0.5mL内标溶液、4mL异辛烷、0.2mL氢氧化钾-甲醇溶液，塞紧试管塞，剧烈振摇1～2min，至试管内混合溶液澄清。加入1g一水合硫酸氢钠，剧烈振摇0.5min，静置，取上清液待测。

6．测定

（1）色谱条件

① 色谱柱温度　程序升温如下。

$$60℃(5\text{min})\xrightarrow{5℃/\text{min}}165℃(1\text{min})\xrightarrow{2℃/\text{min}}225℃(17\text{min})$$

② 汽化室温度　240℃。

③ 检测器温度　250℃。

④ 氢气流速　30mL/min。

⑤ 空气流速　300mL/min。

⑥ 载气　氦气，纯度大于99.995%，流速1.3mL/min。

⑦ 分流比　1∶30。

（2）相对质量校正因子的确定　吸取1μL脂肪酸甲酯混合标准溶液Ⅱ注入气相色谱仪，在上述色谱条件下确定十三烷酸甲酯、反-9-十八碳烯酸甲酯、反-9,12-十八碳二烯酸甲酯、顺-9,12,15-十八碳三烯酸甲酯各自的色谱峰位置和色谱峰面积。色谱图见图6.12。

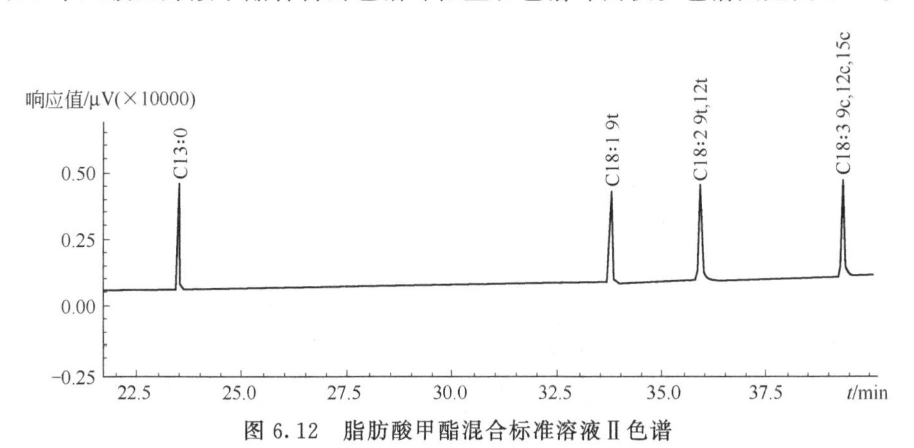

图6.12　脂肪酸甲酯混合标准溶液Ⅱ色谱

（C18∶2 9t，12t代表反-9,12-十八碳二烯酸，其他可类推）

反-9-十八碳烯酸甲酯、反-9,12-十八碳二烯酸甲酯、顺-9,12,15-十八碳三烯酸甲酯相对应的质量校正因子（f_m）按下式进行计算：

$$f_m=\frac{m_j A_{st}}{m_{st} A_j}$$

式中　m_j——脂肪酸甲酯混合标准溶液Ⅱ中反-9-十八碳烯酸甲酯、反-9,12-十八碳二烯酸甲酯、顺-9,12,15-十八碳三烯酸甲酯的质量，mg；

A_{st}——十三烷酸甲酯的色谱峰面积；

m_{st}——脂肪酸甲酯混合标准溶液Ⅱ中十三烷酸甲酯的质量，mg；

A_j——反-9-十八碳烯酸甲酯、反-9,12-十八碳二烯酸甲酯或顺-9,12,15-十八碳三烯酸甲酯的色谱峰面积。

注 1：相对校正因子至少一个月测定一次，或每次重新安装色谱柱后也应测定；

注 2：反式十八碳一烯酸甲酯、反式十八碳二烯酸甲酯和反式十八碳三烯酸甲酯的相对质量校正因子值分别对应于反-9-十八碳烯酸甲酯、反-9,12-十八碳二烯酸甲酯和顺-9,12,15-十八碳三烯酸甲酯的校正因子值。

（3）反式脂肪酸甲酯色谱峰的判断　吸取 1μL 脂肪酸甲酯混合标准溶液Ⅰ注入气相色谱仪。在上述色谱条件下，反式十八碳一烯酸甲酯、反式十八碳二烯酸甲酯、反式十八碳三烯酸甲酯色谱峰的位置应符合图 6.13～图 6.15 所示。

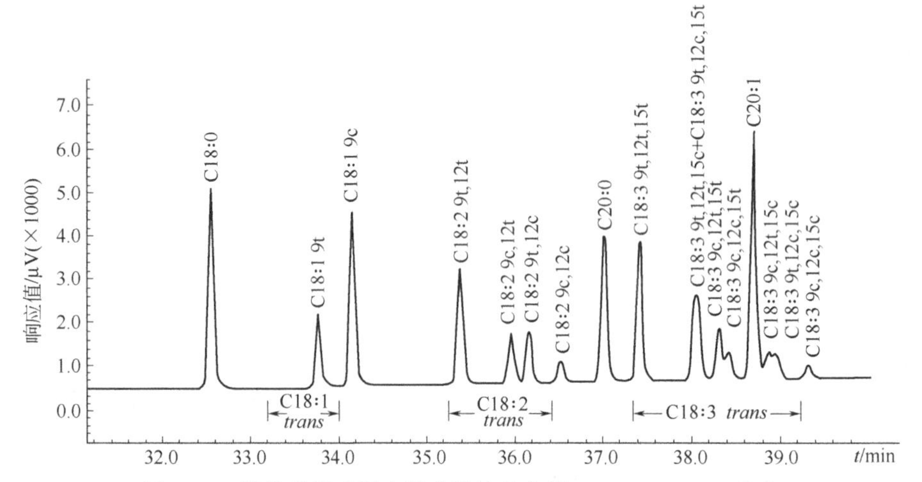

图 6.13　脂肪酸甲酯混合标准溶液Ⅰ色谱（C18：1 *trans* 代表反式十八碳一烯酸甲酯色谱峰的保留时间区域，其他依此类推）

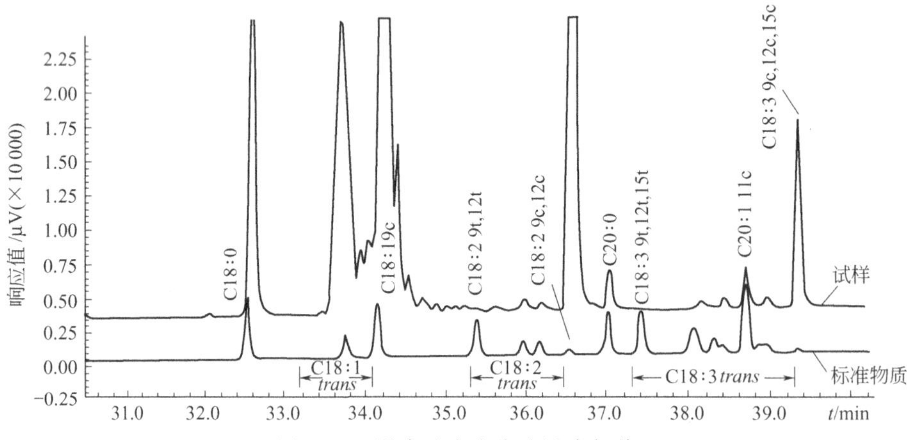

图 6.14　混合油脂脂肪酸甲酯色谱

采用不同型号的色谱柱进行分离时，二十碳烷酸甲酯和二十碳一烯酸甲酯显示的色谱峰可能不在同一位置，辨别和计算反式脂肪酸时应排除这两种成分。如果二十碳烷酸甲酯、二十碳一烯酸甲酯含量较高且色谱峰与反式十八碳三烯酸甲酯色谱峰难以辨别时，可按以下色谱条件进行分离。

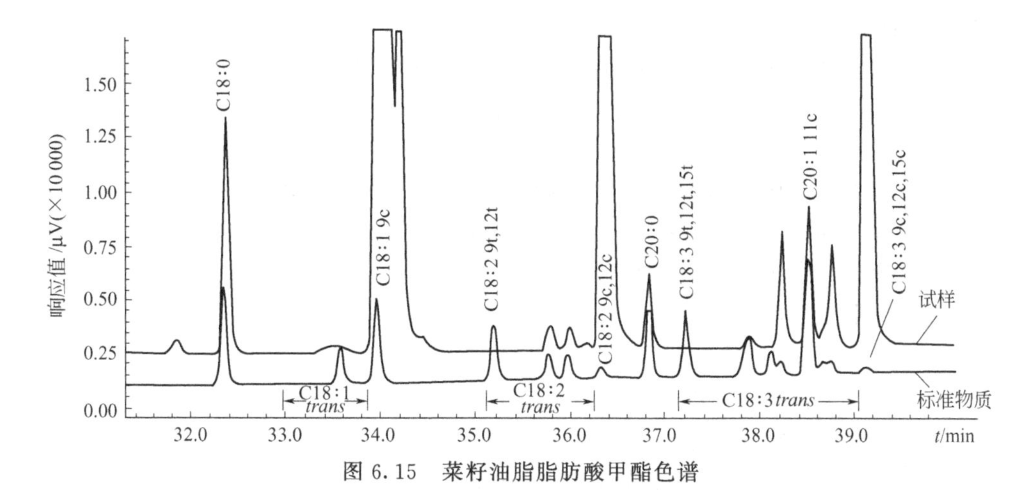

图 6.15　菜籽油脂脂肪酸甲酯色谱

① 色谱柱　石英交联毛细管柱，固定液——70%氰丙基聚亚苯基硅氧烷；柱长 50m，内径 0.22mm，涂膜厚度 0.25μm，或性能相当的色谱柱。

② 升温程序如下。

$$150℃\xrightarrow{3℃/min}240℃(10min)$$

③ 汽化室温度　240℃。

④ 检测器温度　250℃。

⑤ 氢气流速　30mL/min。

⑥ 空气流速　300mL/min。

⑦ 载气　氮气，纯度大于 99.99%。

⑧ 柱压　206.8kPa。

⑨ 分流比　1∶30。

反式十八碳三烯酸甲酯与二十碳烷酸甲酯、二十碳一烯酸甲酯色谱峰的位置应符合图 6.16 所示。

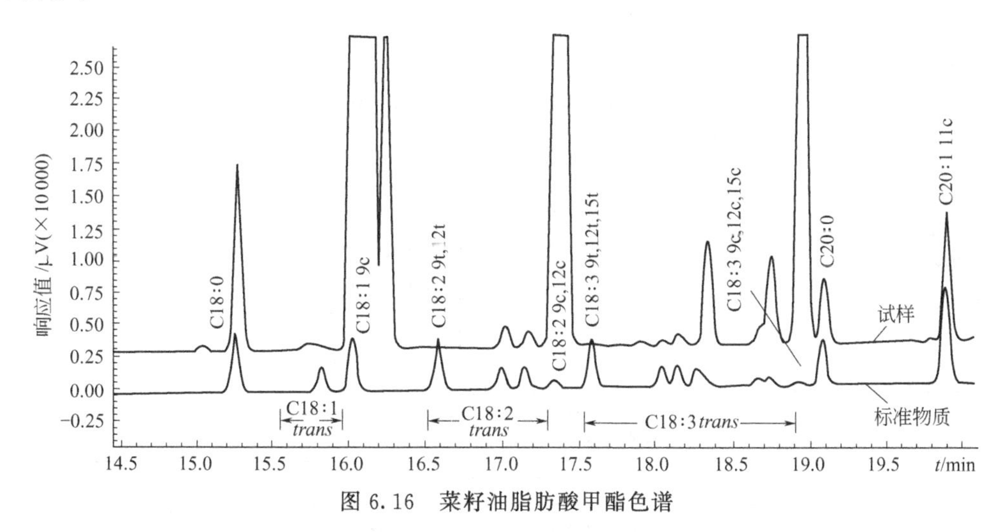

图 6.16　菜籽油脂脂肪酸甲酯色谱

(4) 试样中反式脂肪酸的定量　吸取 1μL 分析步骤 (3) 制备的待测试液注入气相色谱仪。在上述色谱条件下测定试液中各组分的保留时间和色谱峰面积。

(5) 结果计算

① 某种反式脂肪酸占总脂肪的质量分数（X_i，%）按下式计算

$$X_i(\%)=\frac{m_s A_i f_m M_{ai}}{m A_s M_{ei}}\times 100$$

式中 m_s——加入样品中的内标物（十三烷酸甲酯）的质量，mg；

A_s——加入样品中的内标物（十三烷酸甲酯）的色谱峰面积；

A_i——成分 i 脂肪酸甲酯的色谱峰面积；

m——称取脂肪的质量，mg；

M_{ai}——成分 i 脂肪酸的相对分子质量；

M_{ei}——成分 i 脂肪酸甲酯的相对分子质量；

f_m——相对质量校正因子。

② 脂肪中反式脂肪酸的质量分数（X_t），按下式计算

$$X_t=\sum X_i$$

③ 食品中反式脂肪酸的质量分数（X），按下式计算

$$X=X_t X_z$$

式中 X_z——从分析步骤（1）测定的脂肪质量分数，%。

④ 允许差　同一样品两次平行测定结果之差不得超过算术平均值的10%。

7. 实验说明

(1) 本方法适用于植物油和含植物油食品中反式脂肪酸含量的测定，不适用于动物油脂和含动物油脂食品中反式脂肪酸的测定。

(2) 本方法样品中反式脂肪酸最低检测限为0.05%（以脂肪计）。

8. 评分标准

考核内容	分值	考核记录(以"√"表示)		得分
天平称量(6分)				
天平检查 ①零点 ②水平 ③称盘清扫	2	未检查水平，-0.5分		
		未清扫称盘，-0.5分		
		未检查天平零点，-1分		
样品取放	1	样品未按照规定方式取放，-0.5分		
		称样器皿未放在称盘中央，-0.5分		
称量操作 ①开关天平门 ②称量操作 ③读数记录	1.5	未做到随手开关天平门，一次-0.5分		
		称量前未及时将天平回零，一次-0.5分		
		未及时记录或用铅笔记录数据，一次-0.5分		
称量结束后样品、天平复位	1.5	未将天平回零，-0.5分		
		未关天平门或天平开关，-0.5分		
		未清扫天平，-0.5分		
样品前处理(17分)				
试样制备	3	未能正确称量代表性样品，-2分		
		未能根据样品形状差异选择正确制备方法，-1分		

续表

考核内容	分值	考核记录(以"√"表示)		得分
样品前处理(17 分)				
脂肪提取	14	试管称取样品操作不正确,－3 分		
		消化过程未用玻璃棒定时搅拌,－2 分		
		消化液加入乙醇后未冷却至室温即开始下步操作,－3 分		
		提取操作、时间不到位,－3 分		
		有机提取液的转移操作不正确,－3 分		
样液制备(17 分)				
试管称样	2	样品滴撒到天平上,－2 分		
移液管润洗	3	未用待测液润洗或润洗少于 3 次,－1 分		
吸量管插入溶液前及调节液面前应用滤纸擦拭管尖	1	吸量管插入溶液前未用滤纸擦拭管尖,－0.5 分		
		调节液面前应用滤纸擦拭管尖未进行,－0.5 分		
吸量管调节液面	3	视线与刻度线不平齐,－1 分		
		吸量管不垂直,－1 分		
		调节液面的废液放回原容量瓶,－1 分		
放出溶液	2	吸量管不垂直,－1 分		
		管尖贴在容量瓶磨砂口处,－1 分		
溶液放出后,移液管靠壁 15s 后移开	1	未进行或停留时间过短,－1 分		
振摇	5	未能使溶液澄清,－3 分		
		振摇时间不够,－2 分		
仪器操作(35 分)				
开机先开载气,开电源,设仪器参数,升温。开助燃气,氢气,点火,调节气流比。	15	未进行气路检漏,－3 分		
		未通载气,先开电源升温,－8 分		
		未能正确设置测定参数,－2 分		
		未检测载气纯度即开机,－1 分		
		FID 未达到 120℃即点火,－1 分		
进样	10	基线未平稳即进样,－2 分		
		未在进样前润洗进样针,－2 分		
		手拿注射器的针头和有样品部位,－2 分		
		注射器内有气泡,－2 分		
		进样过于缓慢,－2 分		
		进样操作不正确,使进样针弯曲,－5 分		
关机	10	未能先关氢气,－5 分		
		降温未完成即关闭载气(柱温＜50℃,检测器和汽化室＜100℃),－5 分		
数据处理(21 分)				
相对校正因子	5	含内标物的标准溶液配制和测定不正确进行,－3 分		
		校正因子计算不正确,－2 分		

续表

考核内容	分值	考核记录(以"√"表示)		得分
数据处理(21分)				
色谱峰定性	5	未能根据标准对照图谱对样品成分定性,-5分		
样品测定结果	5	公式不正确,-5分		
		公式正确,计算过程不正确,-3分		
		计量单位不正确,-1分		
		有效数字运算不正确,-1分		
原始记录	3	数据不清楚,有涂改,-3分		
结果评价 精密度=(极差/平均值)×100%	3	10%<比值≤12%,-1分		
		12%<比值≤15%,-2分		
		比值≥15%,-3分		
文明操作(4分)				
实验过程台面	1	不整洁、混乱,-1分		
废弃物处理	1	未按规定正确处理,-1分		
试剂归位	1	实验完成后,全部试剂、器皿、用具没有归位,-1分		
器皿清洗	1	器皿未清洗,或清洗不净,-1分		
合计				

项目四　国标中气相色谱法测定的其他食品项目

序号	检测项目	检测国标	检测器
1	食品中叔丁基羟基茴香醚与2,6-二叔丁基对甲酚	GB/T 5009.30—2003	氢火焰离子化检测器
2	食品中对羟基苯甲酸酯类	GB/T 5009.31—2003	氢火焰离子化检测器
3	食品包装用聚苯乙烯树脂(苯乙烯及乙苯等挥发成分)	GB/T 5009.59—2003	氢火焰离子化检测器
4	食品包装用聚氯乙烯成型品(氯乙烯单体)	GB/T 5009.67—2003	氢火焰离子化检测器
5	粮食中二溴乙烷残留	GB/T 5009.73—2003	电子捕获检测器
6	食品中环己基氨基磺酸钠	GB/T 5009.97—2003	氢火焰离子化检测器
7	食品包装用发泡聚苯乙烯成型品(二氟二氯甲烷)	GB/T 5009.100—2003	氢火焰离子化检测器
8	植物性食品中辛硫磷农药残留	GB/T 5009.102—2003	火焰光度检测器
9	植物性食品中甲胺磷和乙酰甲胺磷农药残留	GB/T 5009.103—2003	火焰光度检测器
10	植物性食品中氨基甲酸酯类农药残留	GB/T 5009.104—2003	火焰热离子检测器
11	黄瓜中百菌清残留	GB/T 5009.105—2003	电子捕获检测器
12	植物性食品中二氯苯醚菊酯残留	GB/T 5009.106—2003	电子捕获检测器
13	植物性食品中二嗪磷残留	GB/T 5009.107—2003	火焰光度检测器
14	柑橘中水胺硫磷残留	GB/T 5009.109—2003	火焰光度检测器
15	植物性食品中氯氰菊酯、氰戊菊酯和溴氰菊酯残留	GB/T 5009.110—2003	电子捕获检测器
16	大米和柑橘中喹硫磷残留	GB/T 5009.112—2003	火焰光度检测器(磷滤光片)
17	大米中杀虫环残留	GB/T 5009.113—2003	电子捕获检测器
18	大米中杀虫双残留	GB/T 5009.114—2003	火焰光度检测器

续表

序号	检测项目	检测国标	检测器
19	稻谷中三环唑残留	GB/T 5009.115—2003	火焰光度检测器
20	复合食品包装袋中二氨基甲苯	GB/T 5009.119—2003	电子捕获检测器
21	食品中丙酸钠、丙酸钙	GB/T 5009.120—2003	氢火焰离子化检测器
22	食品中脱氢乙酸	GB/T 5009.121—2003	氢火焰离子化检测器
23	食品容器、包装材料用聚氯乙烯树脂及成型品中残留1,1-二氯乙烷	GB/T 5009.122—2003	氢火焰离子化检测器
24	植物性食品中三唑酮残留	GB/T 5009.126—2003	氮磷检测器
25	水果中乙氧基喹残留	GB/T 5009.129—2003	氮磷检测器
26	植物性食品中亚胺硫磷残留	GB/T 5009.131—2003	火焰光度检测器
27	粮食中氯麦隆残留	GB/T 5009.133—2003	电子捕获检测器
28	大米中禾草敌残留	GB/T 5009.134—2003	火焰光度检测器
29	植物性食品中五氯硝基苯残留	GB/T 5009.136—2003	电子捕获检测器
30	植物性食品中吡氟禾草灵、精吡氟禾草灵残留	GB/T 5009.142—2003	电子捕获检测器
31	蔬菜、水果、食用油中双甲脒残留	GB/T 5009.143—2003	电子捕获检测器
32	植物性食品中甲基异柳磷残留	GB/T 5009.144—2003	火焰光度检测器
33	植物性食品中有机磷和氨基甲酸酯类农药多种残留	GB/T 5009.145—2003	氮磷检测器
34	食品包装用苯乙烯-丙烯腈共聚物和橡胶改性的丙烯腈-丁二烯-苯乙烯树脂及其成型品中残留丙烯腈单体	GB/T 5009.152—2003	氮磷检测器
35	大米中稻瘟灵残留	GB/T 5009.155—2003	火焰光度检测器
36	动物性食品中有机磷农药多组分残留	GB/T 5009.161—2003	火焰光度检测器
37	动物性食品中有机氯农药和拟除虫菊酯农药多组分残留	GB/T 5009.162—2008	电子捕获检测器
38	大米中丁草胺残留	GB/T 5009.164—2003	电子捕获检测器
39	粮食中2,4-滴丁酯残留	GB/T 5009.165—2003	电子捕获检测器
40	食品中二十碳五烯酸和二十二碳六烯酸	GB/T 5009.168—2003	氢火焰离子化检测器
41	大豆、花生、豆油、花生油中氟乐灵残留	GB/T 5009.172—2003	电子捕获检测器
42	花生、大豆中异丙甲草胺残留	GB/T 5009.174—2003	电子捕获检测器
43	粮食、蔬菜中2,4-滴残留	GB/T 5009.175—2003	电子捕获检测器
44	茶叶、水果、食用植物油中三氯杀螨醇残留	GB/T 5009.176—2003	电子捕获检测器
45	大米中敌稗残留	GB/T 5009.177—2003	电子捕获检测器
46	稻谷、花生仁中恶草酮残留	GB/T 5009.180—2003	电子捕获检测器
47	粮食、蔬菜中噻嗪酮残留	GB/T 5009.184—2003	电子捕获检测器
48	食品中指示性多氯联苯	GB/T 5009.190—2006	电子捕获检测器
49	保健食品中肌醇	GB/T 5009.196—2003	氢火焰离子化检测器
50	小麦中野燕枯残留	GB/T 5009.200—2003	氮磷检测器
51	梨中烯唑醇残留	GB/T 5009.201—2003	氮磷检测器

模块七　高效液相色谱分析

高效液相色谱法（high performance liquid chromatography，HPLC）是 20 世纪 60 年代末期，从气相色谱和经典液相色谱的基础上发展起来的，主要用于有机物分离、分析的新型技术。在经典液相色谱的基础上，HPLC 采用了由全多孔或非多孔高效微粒（1.7～10μm）固定相制备的色谱柱，由高压输液泵输送流动相，用高灵敏度检测器进行检测。因此，HPLC 在分析速度、分离效率、检测灵敏度等方面，都达到了可与 GC 相比的程度，并保持了样品适用范围广、流动相种类多和便于制备的柱层析优点，在食品工业、生物工程和制药工业等领域获得了广泛应用。

任务一　高效液相色谱分析操作与仪器维护

与 GC 相比，HPLC 不受样品挥发性和热稳定性限制，适于分离沸点高、相对分子质量较大、受热易分解的不稳定有机化合物、生物活性物质以及多种天然产物。这些化合物约占全部有机物的 80%。此外，液相色谱中的流动相不仅起到使试样沿色谱柱移动的作用，而且它与固定相一样，也与试样发生选择性的相互作用，这又为控制改善分离条件提供了一个可控因素。

HPLC 的基本概念及理论基础，如各种保留值、分配系数、分配比、分离度、塔板理论、速率理论等与 GC 基本一致，其不同之处主要由流动相采用液体和气体的性质差异所引起。液体是不可压缩的，其扩散系数只有气体的万分之一至十万分之一，黏度比气体大 100 倍，而密度为气体的 1000 倍。这些差别对液相色谱的扩散和传质过程影响很大，Giddings 等在范第姆特方程的基础上提出了液相色谱速率方程。

项目一　高效液相色谱法的种类及测定原理

一、色谱法的分离原理

实现色谱分离的先决条件是必须具备固定相和流动相。固定相可以是一种固体吸附剂或涂渍于惰性载体表面的液态薄膜，此液膜可称为固定液；流动相可以是具有惰性的气体、液体或超临界流体，其应与固定相和被分离的组分无特殊的相互作用（若流动相为液体或超临界流体，可与被分离的组分存在相互作用）。

色谱分离能够实现的内因是固定相与被分离的各组分发生的吸附（或分配）作用的差别。其宏观表现为吸附（或分配）系数的差别，对其微观解释就是分子间相互作用力（取向力、诱导力、色散力、氢键力、络合作用力）的差别。实现色谱分离的外因是流动相的不间断的流动。流动相的流动使被分离的组分与固定相发生反复多次（达几百、几千次）的吸附（或溶解）、解吸（或挥发）过程，这样就使那些在同一固定相上吸附（或分配）系数只有微小差别的组分，在固定相上的移动速度产生很大差别，从而达到了各个组分的完全分离。

二、高效液相色谱仪的主要类型

按分离机制的不同，高效液相色谱法分为：液-固吸附色谱法、液-液分配色谱法（正相

与反相)、离子交换色谱法、离子对色谱法及分子排阻色谱法。

1. 液-固吸附色谱法

使用固体吸附剂，被分离组分在色谱柱上的分离是根据固定相对组分吸附力大小的不同。分离过程是一个吸附-解吸的平衡过程。常用吸附剂为硅胶或氧化铝，粒度5～10μm。适用于分子量200～1000的组分分离，大多数用于非离子型化合物，因为离子型化合物易产生拖尾。常用于分离同分异构体。

2. 液-液分配色谱法

其固定相是将特定的液态物质涂于或化学键合于担体表面，分离是根据各组分在流动相和固定相中溶解度的不同。分离过程是一个分配平衡过程。现在多采用化学键合固定相，如C_{18}、C_8、氨基柱、氰基柱和苯基柱。

液-液分配色谱法按固定相和流动相的极性不同又可分为正相色谱法（NPC）和反相色谱法（RPC）。

正相色谱法是采用极性固定相（如聚乙二醇、氨基与氰基键合相）；流动相为相对非极性的疏水性溶剂（烷烃类如正己烷、环己烷），加入乙醇、异丙醇、四氢呋喃、三氯甲烷等以调节组分的保留时间。常用于分离中等极性和极性较强的化合物（如酚类、胺类、羰基类及氨基酸类等）。

反相色谱法一般是采用非极性固定相（如C_{18}、C_8）；流动相为水或缓冲液，加入甲醇、乙腈、异丙醇、丙酮、四氢呋喃等与水互溶的有机溶剂以调节保留时间。适用于分离非极性和极性较弱的化合物。RPC在现代液相色谱中应用最为广泛。据统计，它占整个HPLC应用的80%左右。

随着柱填料的快速发展，反相色谱法的应用范围逐渐扩大，现已应用于某些无机样品或易解离样品的分析。为控制样品在分析过程中的解离，常用缓冲液控制流动相的pH值。但需注意的是，C_{18}和C_8使用的pH值通常为2～8，太高的pH值会使硅胶溶解，太低的pH值会使键合烷基脱落。

3. 离子交换色谱法

固定相是离子交换树脂。常用苯乙烯与二乙烯基苯交联形成的聚合物骨架，在表面末端芳环上接上羧基、磺酸基（称阳离子交换树脂）或季铵基（阴离子交换树脂）。被测组分在色谱柱上分离是树脂上可电离离子与流动相中具有相同电荷的离子及被测组分的离子进行可逆交换，根据各离子与离子交换基团具有不同的电荷吸引力而分离。

目前，离子交换色谱法已成为食品硝酸盐、亚硝酸盐，及水中氟、氯等离子分离检测的国家标准方法。

4. 离子对色谱法

又称偶离子色谱法，是液-液色谱法的分支。它是根据被测组分离子与离子对试剂离子形成中性的离子对化合物后，在非极性固定相中溶解度增大，从而使其分离效果改善。主要用于分析离子强度大的酸碱物质。

离子对色谱法常用ODS柱（即C_{18}），流动相为甲醇-水或乙腈-水，水中加入3～10mmol/L的离子对试剂，在一定pH值范围内进行分离。被测组分保留时间与离子对性质、浓度、流动相组成及其pH值、离子强度有关。

5. 分子排阻色谱法

固定相是具一定孔径的多孔性填料，流动相是可以溶解样品的溶剂。小分子量的化合物可以进入孔中，滞留时间长；大分子量的化合物不能进入孔中，直接随流动相流出。它是利用分子筛对分子量大小不同的各组分排阻能力的差异来完成分离。常用于分离高分子化合物，如组织提取物、多肽、蛋白质、核酸等。

项目二　高效液相色谱仪器的操作

高效液相色谱仪由输液系统、进样系统、分离系统、检测系统和数据处理系统组成，其结构流程图如图 7.1 所示。

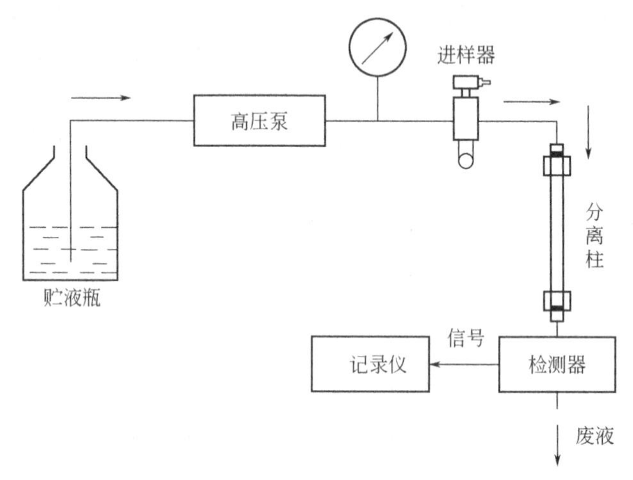

图 7.1　液相色谱仪的结构流程

一、输液系统

在高效液相色谱分析中，色谱柱装填粒度 3～10μm 的固定相，其对流动相有高的阻力。输液系统的作用是向色谱柱提供压力高、流动速度稳定的流动相。输液系统包括贮液罐、高压输液泵、过滤器、脱气装置、梯度淋洗装置等。

1. 贮液罐

贮液罐用来贮存液体流动相。贮液罐的材料应耐腐蚀，可为玻璃、不锈钢容器或特种塑料聚醚醚酮（PEEK），体积在 0.5～2L 为宜。贮液瓶要求能承受一定压力、耐腐蚀、易于脱气操作。分析中使用的流动相为有机溶剂、缓冲溶液、水及其混合物。使用前须进行脱气处理，以除去溶解其中的气体（如 O_2），以防止洗脱时流动相由色谱柱流至检测器，因压力降低而产生气泡。若低死体积检测池中存在气泡会增加基线噪声，严重时会造成分析灵敏度下降，从而无法进行分析。流动相脱气常使用抽真空或超声振荡的方法，脱气后的流动相液体应密封保存以防止外部气体的重新溶入。

2. 在线脱气装置

商品化的成套液相色谱一般均配有流动相脱气设备，如微型真空泵在线脱气，以脱除溶解在液体中的空气，防止溶解气在柱后由于压力下降而脱出，形成气泡，影响检测器正常工作。

3. 管道过滤器

在高压输液泵的进口和出口与进样阀之间，应设置过滤器。高压输液泵的柱塞和进样阀阀芯的机械加工精密度非常高，微小的机械杂质进入流动相，会导致上述部件的损坏；同时机械杂质在柱头的积累，会造成柱压升高，使色谱柱不能正常工作，因此管道过滤器的安装

十分必要。常用过滤装置是孔径为5～10μm的多孔性烧结不锈钢过滤筒。

4. 高压输液泵

高压输液泵的作用是将流动相以稳定的流速或压力输送到色谱仪，使样品在色谱柱中完成分离。因此，对高压输液泵有下述要求：压力稳定、流速恒定，流量可调节，泵体材料耐化学腐蚀、死体积小，具有较高的输出压力。

高压输液泵可分为恒流泵和恒压泵两种，目前高效液相色谱仪一般都配备往复式恒流泵。

5. 洗脱装置

洗脱装置主要用来控制分离过程中流动相的组成，一般采用等度洗脱和梯度洗脱两种方式。等度洗脱是在整个分离过程中，流动相的组成不变，这种方式柱效率相对较低，分析时间较长。梯度洗脱是使流动相中含有的两种或两种以上不同极性的溶剂，在洗脱过程中连续或间断改变配比，以调节极性，从而使每个流出组分都有合适的容量因子，并使样品中所有组分可在最短分析时间内，以适当的分离度获得选择性的分离。梯度洗脱技术可提高柱效、缩短分析时间，并可改善检测器的灵敏度，对于复杂混合物，特别是保留性能相差较大的混合物的分离是极为重要的手段，现已在高效液相色谱法中获得广泛应用。它主要包括低压梯度和高压梯度两种方式（图7.2）。

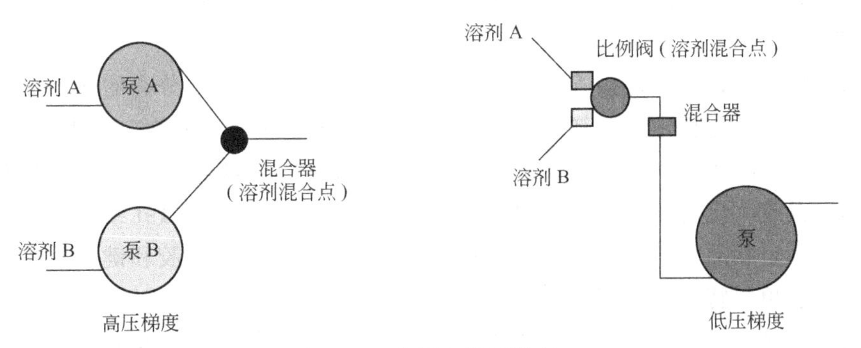

图7.2　高压和低压梯度

低压梯度，又称外梯度，是在常压下将两种溶剂（或多元溶剂）输至混合器中混合，然后用高压输液泵将流动相输入到色谱柱中。其主要优点是仅需使用一个高压输液泵。

高压梯度，又称内梯度，是用两台高压输液泵将强度不同的两种溶剂输入混合室，进行混合后再进入色谱柱。目前，多数高效液相色谱仪配有高压梯度装置。其主要优点是两台高压输液泵的流量皆可独立控制，可获得任何形式的梯度程序。

6. 阻尼器

往复式柱塞泵输出的压力脉动，会引起记录仪基线的波动，这种脉动可以通过在高压输液泵出口与色谱柱入口之间安装一个脉动阻尼器（或称缓冲器）来加以消除。最简单的脉动阻尼器是一根比较长但内径很细的螺旋状不锈钢毛细管，利用它的挠性来阻滞压力和流量的波动，起到缓冲作用。毛细管内径越细，其阻滞作用越大。

二、进样系统

进样系统的作用是将待分析样品引入色谱柱。一般高效液相色谱多采用六通阀进样。先由注射器将样品在常压下注入样品环，然后切换阀门到进样位置，高压泵输送的流动相接着将样品送入色谱柱（图7.3）。

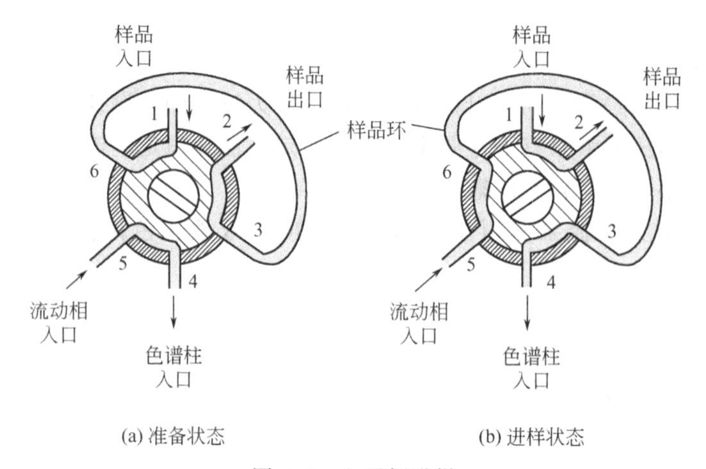

图 7.3 六通阀进样

样品环的容积是固定的，因此进样重复性好。

此外还可使用自动进样装置，它是由计算机自动控制定量阀工作。取样、进样、复位、样品管路清洗和样品盘的转动，全部按预定程序自动进行，一次可实现几十或上百个样品的自动分析。自动进样的样品量可连续调节，进样重复性高，适合作大量样品分析。

三、分离系统

分离系统包括色谱柱、连接管、恒温器等。其中色谱柱是实现分离的核心部件，要求柱效高、柱容量大、性能稳定。色谱柱是由内部抛光的不锈钢管制成的，一般长 10～50cm，内径 2～5mm。柱内装有粒度 3～10μm 的固定相，固定相大多是具有高机械强度、性质稳定、耐溶剂、具有一定的比表面积和中孔径，且孔径分布范围窄的微孔结构材料。目前商品化的液相色谱固定相品种繁多，但大多实验室常用的主要有多孔硅胶和键合硅胶固定相。柱性能与柱结构、填料特性、填充质量和使用条件有关。

高效液相色谱分析中，适当提高柱温可改善传质、提高柱效、缩短分析时间。因此，分析时可采用带有恒温加热系统的金属夹套来保持色谱柱温度。温度可以在室温到 60℃之间调节。

分析柱前一般装有保护柱。保护柱是填有相似固定相的短柱，不仅可以滤出溶剂中的颗粒杂质和污染物，并且可除去试样中含有的与固定相不可逆结合的组分，从而保护了分析柱，延长了分析柱的使用寿命。此外，液-液分配色谱中，保护柱可作为流动相对固定液的饱和器，以降低分析柱上固定液的流失。保护柱可以而且应该经常更换。

四、检测系统

高效液相色谱的检测器是用来连续监测经色谱柱分离后的流出物的组成及其含量变化的装置。理想的液相色谱检测器应具备以下特征：灵敏度高；对所有的溶质都有快速响应；响应对流动相流量和温度变化都不敏感；不引起柱外谱带扩展；线性范围宽；适用的范围广。但是，至今仍未有一种检测器能完全具备上述特征。目前常用的高效液相色谱仪的检测器主要有紫外检测器、荧光检测器、示差折光检测器、电导检测器和蒸发光散射检测器等。

1. 紫外检测器

紫外检测器（UVD）是液相色谱应用最广泛的检测器。在进行高效液相色谱分析的样品中，约有 80%的样品可使用该种检测器。UVD 主要包括固定波长和可变波长两种类型，

适用于有紫外吸收物质的检测。其工作原理是基于被分析试样组分对特定波长光的选择性吸收，组分浓度与吸光度的关系遵循朗伯-比耳定律。UVD 的灵敏度高（检测下限可达 10^{-9} g/mL），线性范围宽，对温度和流速不敏感，可用于梯度洗脱。

二极管阵列检测器（PDAD）是 20 世纪 80 年代发展起来的一种新型紫外吸收检测器，是紫外可见分光光度检测器的一个重要进展。与普通紫外吸收检测器相比，PDAD 进入流通池的不再是单色光，获得的检测信号也不是在单一波长上的，而是在全部紫外光波长上的色谱信号。因此它不仅可进行定量检测，还可提供组分的光谱定性信息（图 7.4）。

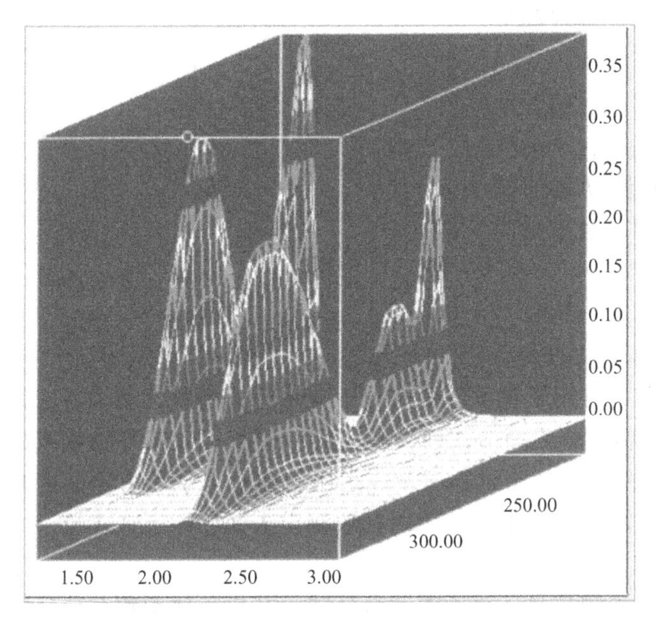

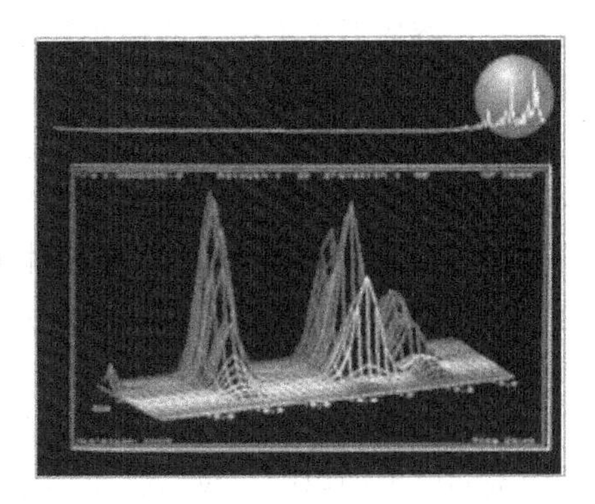

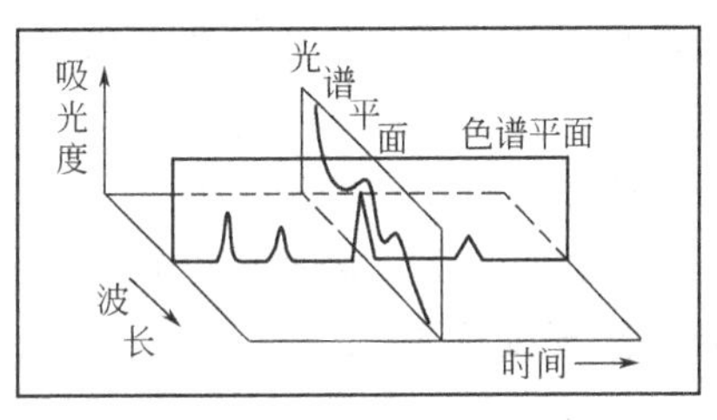

图 7.4　二极管阵列检测器获得的三维色谱-光谱

2. 荧光检测器

荧光检测器（FD）是一种具有高灵敏度和高选择性的检测器。它利用某些物质，特别是具有对称共轭结构的有机芳环分子受紫外光激发后，能发射出比紫外光波长更长的荧光进行检测，例如多环芳烃、维生素 B、黄曲霉素、卟啉类化合物等等。对不产生荧光的物质，可使其与荧光试剂反应，制成可产生荧光的衍生物再进行测定。FD 的检出限比紫外检测器高 2～3 个数量级，可达 10^{-12}～10^{-13} g/mL，适于痕量分析，也可用于梯度洗脱，但其适用范围有一定局限性。

3. 示差折光检测器

示差折光检测器也称折光指数检测器（RID），是一种通用型检测器。其检测原理是基于溶质随流动相洗出形成的溶液与流动相的折射率的差异，差值大小反映流动相中溶质的浓度。凡是具有与流动相折射率不同的组分，均可使用这种检测器。如果流动相选择适当，可检测所有的样品组分。示差折光检测器的优点是通用性强，操作简便；缺点是灵敏度低，最小检出限约为 10^{-7} g/mL，不能进行痕量分析。此外，折射率对温度和流速敏感，检测器需要恒温，也不适用于梯度洗脱。

4. 电导检测器

电导检测器（ECD）属电化学检测器，是离子色谱法中使用最广泛的检测器。其作用原理是根据物质在某些介质中解离后所产生的电导变化来测定解离物质含量，电导值的大小取决于溶液中离子的数量、电荷及迁移率。电导检测器操作简便，在不发生电解的情况下有很高的灵敏度（10^{-9}～10^{-8}g/mL）。

5. 蒸发光散射检测器

蒸发光散射检测器（ELSD）是一种通用型检测器，其工作原理如图 7.5 所示。色谱柱后的流出物在通向检测器途中，被高速载气（N_2）喷成雾状液滴。在受温度控制的蒸发漂移管中，流动相不断蒸发，溶质形成不挥发的微小颗粒，被载气载带通过检测系统。检测系统由一个激光光源和一个光二极管检测器构成。在散射室中，光被散射的程度取决于散射室中溶质颗粒的大小和数量。粒子的数量取决于流动相的性质及喷雾气体和流动相的流速。当流动相和喷雾气体的流速恒定时，散射光的强度仅取决于溶质的浓度。

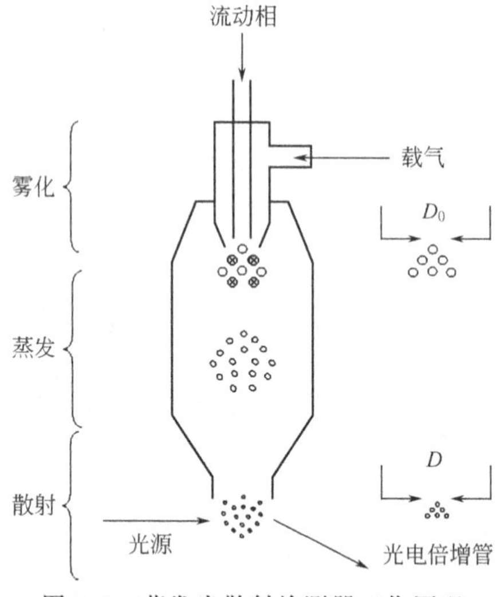

图 7.5 蒸发光散射检测器工作原理

与 RID 相比，ELSD 的灵敏度高，相应信号不受溶剂和温度的影响，仅与光束中溶质颗粒的大小和数量有关，而与溶质的化学组成无关，可用于梯度洗脱，但不宜采用非挥发性缓冲溶液为流动相。目前，ELSD 已广泛用于检测糖类、表面活性剂、聚合物、酯类等无紫外吸收或紫外吸收系数较小的物质。此外，ELSD 的响应值与试样质量成正比，即对几乎所有样品的响应因子接近一致，因此可以在没有标准品的情况下，采用内标法测定未知物的近似含量。

五、数据处理系统

早期的液相色谱仪是用记录仪记录检测信号，再手工测量计算。其后，使用积分仪计算并打印出峰高、峰面积和保留时间等参数。20 世纪 80 年代后，计算机技术的广泛应用使液相色谱操作更加快速、简便、准确、精密和自动化，现在已可在互联网上远程处理数据。计算机的用途包括三个方面：①采集、处理和分析数据；②控制仪器；③色谱系统优化和专家系统。

项目三 高效液相色谱分离操作条件的选择

一种高效液相色谱分析方法的建立，是由多种因素决定的。除了解样品的性质及实验室具备的条件外，对液相色谱分离理论的理解，对前人从事过的相近工作的借鉴以及分析工作者自身的实践经验等，都对分析方法的建立有着重要影响。通常在确定被分析样品后，一般会按照下述步骤建立合适的 HPLC 的分析方法：根据被分析样品的特性选择适于样品分析的一种 HPLC 分析方法；选择合适的色谱柱，即确定柱的规格（内径和柱长），选用合适的固定相（粒径和孔径）；选择适当的或优化的分离操作条件，确定流动相的组成、流速及洗脱方法。其中，分离模式选择的依据主要有样品的溶解度、样品的相对分子质量范围、样品的分子结构和分析特性。分离操作条件的选择包括下述几方面。

一、容量因子和死时间的测量

在 HPLC 分析中，容量因子是一个非常重要的参数，它对如何选择流动相的溶剂组成、改善多组分分离的选择性都发挥着重要的作用。

在 HPLC 分析中，死时间的测量是一个比较困难的问题。由于 HPLC 分离方法的多样

性，可以采用几种方法进行测量，但是，HPLC 很难像 GC 那样选择空气或甲烷作为测量死时间的通用探针。对于液-固色谱，若用 RID 作检测器，以正己烷（正庚烷）与极性改性剂做流动相，可以正戊烷做探针测量死时间；若用 UVD 作检测器，可以苯、四氯乙烯或 KNO_3 水溶液做探针测量死时间。对于液-液色谱，若用 RID 作检测器，可以重水（D_2O）、氘代甲醇（CD_3OH）做探针测量死时间；若用 UVD 作检测器，反相可用 NaCl、$NaNO_3$、HNO_3、$HClO_3$、苯甲酸、苦味酸、尿嘧啶水溶液做探针测量死时间，但测量误差较大，正相可用四氯乙烯、四氟乙烯做探针测量死时间。

二、色谱柱操作参数的选择

色谱柱的操作参数是指柱长 L、柱内径 ϕ、柱内填充固定相的粒度 d_p、柱压力降 Δp 和用对应于每米柱长的理论塔板数 n 表示的柱效。对分析型的液相色谱柱，选择操作参数的一般为：色谱柱长 L 为 10～25cm；柱内径 ϕ（直径）为 4～6mm；固定相粒度 d_p 为 5～10μm；柱压力降 Δp 为 5～14MPa；理论塔板数 n 为 $(2\sim5)\times10^3\sim(2\sim10)\times10^4$ 块/m。

三、样品组分保留值和容量因子的选择

当选择采用前述的常用参数的高效液相色谱柱后，通常希望完成一个简单样品的分析时间控制在 10～30min 之内，若为含多组分的复杂样品，分析时间可控制在 60min 以内。

若使用恒定组成流动相洗脱，与组分保留时间相对应的容量因子应保持在 1～10，以便获得满意的分析结果。

对组成复杂、具有宽范围容量因子值组分构成的混合物，仅用恒定组成流动相洗脱，在所希望的分析时间内，通常无法使全部的组分都洗脱出来。此时需用梯度洗脱技术，才能使样品中每个组分都在最佳状态下洗脱出来。使用梯度洗脱时，通常能将组分的容量因子减小至原来的 1/10～1/100，从而缩短分析时间。

保留时间和容量因子是由色谱过程的热力学因素控制的，可通过改变流动相的组成和使用梯度洗脱来进行调节。

四、相邻组分的选择性系数和分离度的选择

各种色谱分析方法的目的都是要以最短的时间消耗来获得混合物中各组分的完全分离。色谱分析中通常规定，当色谱图中两相邻色谱峰达到基线分离时，其分离度 $R=1.5$。若 $R=1.0$，表明两相邻组分达到了 94%的分离，可作为满足多组分优化分离的最低指标。

影响分离度各种因素的计算公式为

$$R=\frac{\sqrt{n}}{4}\times\frac{\alpha-1}{\alpha}\times\frac{k'_2}{1+k'_2}$$

可以看出，分离度是受热力学因素［容量因子 k' 和选择性系数 α（$\alpha=k'_2/k'_1$）］和动力学因素（理论塔板数 n）两个方面控制的。

为了达到欲获得的某一确定分离度，选择性系数的优化十分重要。对能达到预期柱效为 $10^3\sim10^5$ 块/m 理论塔板的色谱柱，相邻组分的容量因子在 1～10，且选择性系数保持 1.05～1.10 以上，就比较容易达到满足多组分优化分离的最低分离度指标，即 $R=1.0$。

当选定一种高效液相色谱方法时，通常很难将各组分间的分离度均调至最佳，而只能使少数几对难分离物质对的分离度至少保持 $R=1.0$。若 $R<1.0$，仅呈半峰处分离时，则应通过改变流动相组成或改变流动相流速，以调节分离度 R 尽量达到 1.0，这样才能满足准确定量分析的要求。当谱图中出现相邻组分的重叠色谱峰时，不宜进行定量分析。

项目四　高效液相色谱分析

液相色谱分析中，当操作条件确定后，将一定量样品注入色谱柱，经过一定时间，样品中各组分在柱中分离，经检测器后，可在记录仪上得到一张确定的色谱图。由谱图中各组分出峰位置对其进行定性分析，由峰高或峰面积可进行定量分析。

一、定性分析

与GC定性分析一致，液相色谱定性分析的任务也是鉴定所分离色谱峰各代表何种物质。一定色谱条件（固定相、操作条件）下，各种物质均有确定不变的保留值，故保留值可作为定性指标。同一色谱条件下，比较已知物和未知物的保留值，即可初步确定此未知色谱峰所代表的组分。按保留值确定试样中不存在某个化合物一般是可靠的；而要较准确地鉴定一个色谱峰是某化合物常需改变色谱条件，在两种色谱系统上定性，即双柱或双色谱体系定性。两种色谱体系上不同化合物具有相同的保留值的概率较低，因此，可提高定性的可靠性。改变色谱条件主要是改变固定相或流动相组成。

1. 利用绝对保留值定性

此法简单方便，只需在相同的操作条件下，分别测出已知物和未知物的保留值（保留时间或调整保留时间），若二者保留值相同，则判断样品中可能含有已知物组分，否则可判断该组分未检出。

2. 利用峰高增加法定性

当样品较复杂、峰间距太近、或操作条件不易控制，准确测定保留值有一定困难时，可采用峰高增加法定性。具体操作是将已知物加到未知样品中混合进样，若待测组分的峰高比不加前增高了，而半峰宽并没有增加，则表明待测试样中可能含有该已知组分；若发现有新峰或者在峰上有不规则形状出现，则表示已知物和样品中的未知组分并非同一物质。

二、定量分析

色谱峰峰面积与进入色谱柱的物质的量之间有线性的正比关系（在检测器响应值的线性范围之内），这就是色谱峰利用被测化合物的峰面积进行定量的基础。液相色谱分析的定量方法主要有外标法和内标法。面积归一化法较少使用是因为液相色谱的检测器对不同物质的响应值存在较大差异。

1. 外标法

以待测组分的纯品作为标准品，取已知浓度的该标准品溶液注入色谱仪得到响应值（峰面积或峰高），在一定浓度范围内，标样量与响应值之间有较好的线性关系。然后在相同条件下对样品进行分析，与标准品进行比较定量。此法又可分为标准曲线法和标准对照法两类。

（1）标准曲线法

取纯物质配制成一系列不同浓度的标准溶液，分别取一定体积的标准溶液注入色谱仪，在相同的测量条件下，分别得到相应的色谱峰，用峰面积或峰高与其对应的浓度做标准曲线。进行分析时，在与标准曲线完全相同的测定条件下进行试样测定，得到样品中待测组分的峰面积或峰高，然后从标准曲线上查出其对应的浓度。此法操作简单，是色谱分析常用的一种方法，但进样量要求十分准确，操作条件也需严格控制。此法适用于日常控制分析和大量同类样品分析。

（2）标准对照法

标准对照法是用一种浓度的对照品溶液对比测定样品溶液中 i 组分的含量。将对照品溶液与样品溶液在相同条件下多次进样测定，测得峰面积的平均值，用下式计算样品中 i 组分的量

$$\frac{w_i}{A_i}=\frac{w_s}{A_s}$$

式中 w_i——试样中待测组分含量；

w_s——标准样品的含量；

A_i——试样中待测组分的峰面积；

A_s——标准样品的峰面积。

此法的准确性受进样重复性和实验条件稳定性的影响。此外，为了降低标准对照法的实验误差，应尽量使配制的对照品溶液的浓度与样品中组分的浓度相近。

2. 内标法

内标法是一种间接或相对的校准方法。在分析测定试样中的某组分含量时，加入一种内标物质以校准和消除由于操作条件的波动而对分析结果产生的影响，以提高分析结果的准确度。

由于试样中内标物的浓度已知，在进行色谱测定之后，待测组分峰面积（峰高）和内标物峰面积（峰高）之比应该等于待测组分的质量与内标物质的质量之比，由此求出待测组分的质量，进而求出试样中待测组分的含量。内标法应用中的关键是内标物的选择。内标物应该是试样中不存在的物质，与目标成分的化学性质相似，且不与试样发生化学反应；加入的量应接近于被测组分；必须和样品中的其他所有物质的峰能够完全分开；内标物应该在目标峰附近出峰。

项目五 高效液相色谱仪器的维护保养

高效液相色谱仪是一种很精密的分析仪器。为保持仪器运行正常，保证其性能，延长使用寿命，使用时有下述要求。

一、贮液罐

贮存的流动相都应预先经小于 0.5μm 的滤膜过滤、脱气后方可使用。溶剂过滤器使用 3～6 个月后，出现堵塞可先经超声波振荡器清洗，若无效应及时更换。贮液罐需定期清洗，尤其当使用磷酸盐缓冲溶液时，易产生絮状沉积物，必须及时清除，否则易引起柱堵塞。

二、高压输液泵

液相色谱使用中应注意柱前压是否稳定。若压力突然升高，表明管道过滤器或色谱柱头堵塞，应立即停用。待更换过滤片并清理色谱柱头堵塞后，方可重新开启高压输液泵。当使用酸或碱缓冲溶液，或腐蚀性溶剂后，应及时清洗，防止无机盐结垢，造成泵堵塞从而受到磨损或腐蚀。当往复式泵的泵头的单向阀排液不畅通时，应拆开通向混合器的接头，用流动相冲洗出机械杂质，而不要轻易拆开单向阀导致泵无法工作。

三、六通阀进样器

手柄位处进样（Load）位置时，样品经微量进样针从进样孔注射进定量环，定量环充满后，多余样品从放空孔排出；将手柄转动至进样（Inject）位置时，阀与液相流路接通，由泵输送的流动相冲洗定量环，推动样品进入液相分析柱进行分析。手柄处于 Load 和

Inject 之间时，由于暂时堵住了流路，流路中压力骤增，再转到进样位，过高的压力易在柱头上引起损坏，所以应尽快转动阀，不能停留在中途。

进样阀转动手柄用力要适当，欲用于进样的样品最好经小于 0.5μm 滤膜过滤后再用于分析；应使用平头注射器进样以保护阀体的密封垫；每次实验结束要冲洗进样阀，防止缓冲溶液中无机盐或腐蚀物质残留阀内。

四、色谱柱的日常维护与保养

色谱柱是高效液相色谱仪的心脏。被测物质能否得到很好的分离和检测，色谱柱性能起着决定性作用。因此为了保持柱效，延长色谱柱的使用寿命，必须对色谱柱进行仔细的使用和保养。

(1) 避免压力和温度的急剧变化及任何机械震动。温度的突然变化或者使色谱柱从高处掉下都会影响柱内的填充状况；柱压的突然升高或降低也会冲动柱内填料，因此在调节流速时应该缓慢进行，在阀进样时阀的转动不能过缓。

(2) 使用前仔细阅读色谱柱附带的说明书，注意适用范围，如 pH 值范围、温度范围、流动相类型等。

(3) 避免使用高黏度的溶剂作为流动相，要注意流动相的脱气、过滤。

(4) 应逐渐改变溶剂的组成，特别是反相色谱中，不应直接从有机溶剂改变为全部是水，反之亦然。

(5) 避免将基质复杂的样品直接注入柱内，需要对样品进行预处理，样品溶液应经小于 0.5μm 滤膜过滤。避免超负荷进样。

(6) 使用保护柱时，保护柱一般是填有相似固定相的短柱。保护柱可以而且应该经常更换。

(7) 一般说来色谱柱不能反冲，只有生产者指明该柱可以反冲时，才可以反冲除去留在柱头的杂质，否则反冲会迅速降低柱效。

(8) 保存色谱柱时应将柱内充满适当的溶剂，反相色谱柱可充满甲醇。柱接头要拧紧，防止溶剂挥发干燥。绝对禁止将缓冲溶液留在柱内静置过夜或更长时间。

(9) 色谱柱使用过程中，如果压力升高，一种可能是烧结滤片被堵塞，这时应更换滤片或将其取出进行清洗；另一种可能是大分子进入柱内，使柱头被污染。如果柱效降低或色谱峰变形，则可能柱头出现塌陷，死体积增大。

(10) 每次工作完后，最好用洗脱能力强的洗脱液冲洗，例如 ODS 柱宜用甲醇冲洗至基线平衡。如所用流动相为含盐流动相，反相色谱柱使用后，先用水或低浓度甲醇水（如 5% 甲醇水溶液），再用甲醇冲洗。

五、检测器

检测器每次使用时应及时排出流通池中的气泡。分析前，在柱平衡将完成时（通常大于 30min），再打开检测器；分析完成后，马上关闭检测器，以延长检测器的使用寿命。

任务二 实训项目

项目一 乳制品中三聚氰胺的测定

三聚氰胺（melamine，$C_3H_6N_6$），俗称蜜胺、蛋白精，IUPAC 命名为 1,3,5-三嗪-2,

4,6-三胺，是一种三嗪类含氮杂环有机化合物，为白色单斜晶体，几乎无味，微溶于水(3.1g/L，常温)，可溶于甲醇、甲醛、乙酸、热乙二醇、甘油、吡啶等，不溶于丙酮、醚类，属常用化工原料，不可用于食品加工或食品添加物。但是，与蛋白质（平均含氮量16%）相比，由于三聚氰胺（含氮量66%）含有较高比例的氮原子，加之目前食品中蛋白质含量的测试方法——凯氏定氮法存在着明显缺陷，即通过测定氮原子的含量以间接推算食品中蛋白质含量，所以三聚氰胺被一些牟取暴利的造假者利用，添加在食品中造成了蛋白质含量较高的假象。2007年美国宠物食品污染事件和2008年中国毒奶粉事件是近些年最严重的由三聚氰胺引起的食品安全事故。

目前，三聚氰胺的检测方法有浊度法（GB 9567—1997)、升华法、重量法（GB 9567—1988)、0.5mol/L硫酸电位滴定法、HPLC法、HPLC-MS法和GC-MS法。GB/T 22388—2008为我国现行的原料乳与乳制品中三聚氰胺检测的标准方法。

1. 原理

试样用三氯乙酸-乙腈提取，用高效液相色谱测定，经反相色谱柱分离后，根据保留时间和峰面积进行定性和定量。

2. 试剂与材料

除非另有说明，所有试剂均为分析纯，水为GB/T 6682规定的一级水。

(1) 甲醇　色谱纯。

(2) 乙腈　色谱纯。

(3) 氨水　含量为25%～28%。

(4) 三氯乙酸。

(5) 柠檬酸。

(6) 辛烷磺酸钠　色谱纯。

(7) 氨化甲醇溶液（5%）　准确量取5mL氨水和95mL甲醇，混匀后备用。

(8) 离子对试剂缓冲液　准确称取2.10g柠檬酸和2.16g辛烷磺酸钠，加入约980mL水溶解，调节pH至3.0后，定容至1L备用。

(9) 三氯乙酸溶液（1%）　准确称取10g三氯乙酸于1L容量瓶中，用水定容至刻度，混匀后备用。

(10) 三聚氰胺标准品　CAS 108-78-01，纯度大于99.0%。

(11) 三聚氰胺标准贮备液　准确称取100mg（精确到0.1mg）三聚氰胺标准品于100mL容量瓶中，用甲醇溶液（1+1，体积比）溶解并定容至刻度，配制成浓度为1mg/mL的标准贮备液，于4℃避光保存。

(12) 阳离子交换固相萃取柱　混合型阳离子交换固相萃取柱，基质为苯磺酸化的聚苯乙烯-二乙烯基苯高聚物，60mg，3mL，或相当者。使用前依次用3mL甲醇、5mL水活化。

(13) 定性滤纸。

(14) 海沙　化学纯，粒度0.65～0.85mm，二氧化硅（SiO_2）含量为99%。

(15) 微孔滤膜　0.2μm，有机相。

(16) 氮气　纯度大于等于99.999%。

3. 仪器

(1) 高效液相色谱（HPLC）仪　配有紫外检测器或二极管阵列检测器。

（2）分析天平　感量为0.0001g和0.01g。

（3）离心机　转速不低于4000r/min。

（4）超声波水浴。

（5）固相萃取装置。

（6）氮气吹干仪。

（7）涡旋混合器。

（8）具塞塑料离心管：50mL。

（9）研钵。

4. 样品处理

（1）提取

① 液态奶、奶粉、酸奶、冰淇淋和奶糖等　称取2g（精确至0.01g）试样于50mL具塞塑料离心管中，加入15mL三氯乙酸溶液和5mL乙腈，超声提取10min，再振荡提取10min后，以不低于4000r/min离心10min。上清液经三氯乙酸溶液润湿的滤纸过滤后，用三氯乙酸溶液定容至25mL，移取5mL滤液，加入5mL水混匀后做待净化液。

② 奶酪、奶油和巧克力等　称取2g（精确至0.01g）试样于研钵中，加入适量海沙（试样质量的4～6倍）研磨成干粉状，转移至50mL具塞塑料离心管中，用15mL三氯乙酸溶液分数次清洗研钵，清洗液转入离心管中，再往离心管中加入5mL乙腈，余下操作同①中“超声提取10min……加入5mL水混匀后做待净化液”。

注：若样品中脂肪含量较高，可以用三氯乙酸溶液饱和的正己烷液-液分配除脂后再用SPE柱净化。

（2）净化

将（1）中的待净化液转移至固相萃取柱中。依次用3mL水和3mL甲醇洗涤，抽至近干后，用6mL氨化甲醇溶液洗脱。整个固相萃取过程流速不超过1mL/min。洗脱液于50℃下用氮气吹干，残留物（相当于0.4g样品）用1mL流动相定容，涡旋混合1min，过微孔滤膜后，供HPLC测定。

5. 实验步骤

（1）HPLC参考条件

① 色谱柱　C_8柱，250mm×4.6mm（i.d.），5μm，或相当者；C_{18}柱，250mm×4.6mm（i.d.），5μm，或相当者。

② 流动相　C_8柱，离子对试剂缓冲液-乙腈（85＋15，体积比），混匀；C_{18}柱，离子对试剂缓冲液-乙腈（90＋10，体积比），混匀。

③ 流速　1.0mL/min。

④ 柱温　40℃。

⑤ 波长　240nm。

⑥ 进样量　20μL。

（2）标准曲线的制备　用流动相将三聚氰胺标准贮备液逐级稀释得到浓度分别为0.8μg/mL、2μg/mL、20μg/mL、40μg/mL、80μg/mL的标准工作液，浓度由低到高进样检测，以峰面积-浓度作图，得到标准曲线回归方程。基质匹配加标三聚氰胺的样品HPLC色谱图参见实验说明（1）。

（3）定量测定　待测样液中三聚氰胺的响应值应在标准曲线线性范围内，超过线性范围则应稀释后再进样分析。

6. 结果计算

试样中三聚氰胺的含量由色谱数据处理软件或按下式计算

$$X=\frac{AcV\times 1000}{A_{s}m\times 1000}\times f$$

式中　X——试样中三聚氰胺的含量，mg/kg；

A——样液中三聚氰胺的峰面积；

c——标准溶液中三聚氰胺的浓度，μg/mL；

V——样液最终定容体积，mL；

A_s——标准溶液中三聚氰胺的峰面积；

m——试样的质量，g；

f——稀释倍数。

计算结果保留两位有效数字。

7. 精密度

在重复性条件下，获得的两次独立测量结果的绝对差值不得超过算术平均值的 10%。

8. 实验说明

(1) 基质匹配加标三聚氰胺的样品 HPLC 色谱图（如图 7.6 所示）（检测波长 240nm，保留时间 13.6min，C_8 色谱柱）。

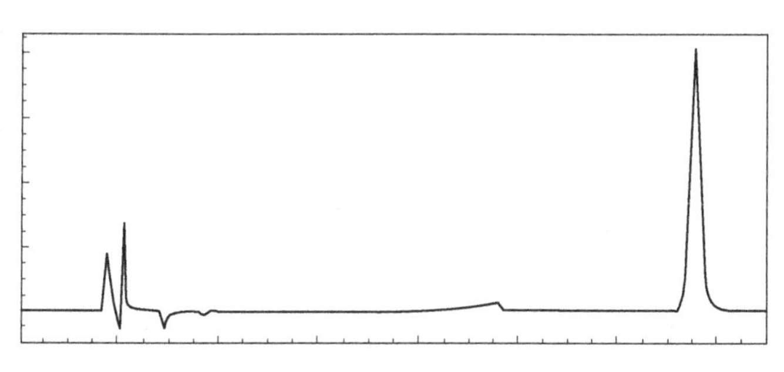

图 7.6　基质匹配加标三聚氰胺的样品 HPLC 色谱

(2) 空白实验　除不称取样品外，其余均按上述测定条件和步骤进行。

(3) 本方法的定量限为 2mg/kg。

(4) 添加浓度 2～10mg/kg，回收率在 80%～110%，相对标准偏差小于 10%。

(5) 乳制品中含有较多蛋白质、脂肪等大分子物质时，试样中加入三氯乙酸、乙腈，蛋白质被沉淀下来，然后经高速离心，上层清液经过滤定容、混匀后，经 0.45μm 过滤后备用。

9. 评分标准

考核内容	分值	考核记录(以"√"表示)		得分
天平称量(10 分)				
天平检查 ①零点 ②水平 ③称盘清扫	3	未检查水平，-1 分		
		未清扫称盘，-1 分		
		未检查天平零点，-1 分		

续表

考核内容	分值	考核记录(以"√"表示)		得分
天平称量(10分)				
样品取放	5	称量过程洒落样品,−2分		
		称量瓶未放在称盘中央,−1分		
		未关闭天平门读数,−1分		
		样品未正确标识和记录,−1分		
称量结束天平复位	2	未将天平回零,−1分		
		未关天平门或天平开关,−1分		
样品处理(20分)				
移液	7	未用待装液润洗或润洗少于3次,−1分		
		润洗时有吸空现象,−1分		
		移液管插入溶液前及调节液面前未用滤纸擦拭管尖,−1分		
		调节液面时视线与刻度线不水平,−1分		
		调节液面时移液管不垂直,−1分		
		放出溶液时移液管不垂直,−1分		
		正式吸量溶液时用洗耳球吹出溶液,−1分		
提取	1	未正确进行或者提取时间未记录,−1分		
离心	4	未将离心管配平或配平操作不规范,−2分		
		转速不符合要求,−1分		
		离心时间未达到标准要求,−1分		
过滤	4	滤纸折叠不正确,−1分		
		滤纸未经三氯乙酸润湿,−1分		
		样液转移操作不正确,−1分		
		漏斗下尖端未贴容器壁,−1分		
定容	4	用三氯乙酸溶液稀释至容量瓶2/3～3/4处时未平摇,−1分		
		加三氯乙酸溶液至标线约1cm时未等待1～2min,−1分		
		调节液面操作不规范,−1分		
		摇匀操作不规范,−1分		
仪器操作(40分)				
流动相的配制	10	流动相试剂纯度达不到要求,−2分		
		流动相用水选择不正确,−2分		
		流动相体积配比不正确,−2分		
		流动相未过滤,−2分		
		流动相过滤时滤膜选择错误,−1分		
		流动相未进行脱气处理,−1分		
在线脱气	2	未进行或操作不正确,−2分		
流动相流速设置	2	流速超出柱子的使用范围,−2分		

续表

考核内容	分值	考核记录(以"√"表示)		得分
仪器操作(40 分)				
检测器的预热及波长选择	4	波长选择不正确,−3 分		
		未进行预热,−1 分		
进样操作	12	样液未过滤,−3 分		
		滤膜选择不正确,−1 分		
		进样量不正确,−2 分		
		进样时未检查是否有气泡,−2 分		
		有气泡未进行正确处理,−2 分		
		进样时手柄转动过于缓慢,−2 分		
关机	10	未用 5∶95 甲醇-水溶液冲洗,−4 分		
		直接用超纯水冲洗柱子,−2 分		
		未用正确的溶剂保存柱子,−3 分		
		冲洗时间不够,−1 分		
数据记录(3 分)				
原始记录	2	不清楚,有涂改,−2 分		
是否使用法定计量单位	1	否,−1 分		
数据处理(7 分)				
有效数字运算	2	不符合规则,−2 分		
计算方法(公式、校正值)及结果	5	公式不正确,−5 分		
		公式正确,计算过程不正确,−3 分		
		公式、计算过程正确,结果不正确,−2 分		
工作曲线绘制(5 分)				
正确配制标准系列溶液	1	不正确、不规范,−1 分		
进样操作	1	不正确、不规范,−1 分		
样品峰面积处于工作曲线线性范围内或样品峰面积与标准溶液峰面积相接近	3	不正确,−3 分		
结果评价(8 分)				
测定结果准确度	6	相对误差≤5%	−0 分	
		5%<相对误差≤6%	−1 分	
		6%<相对误差≤7%	−2 分	
		7%<相对误差≤8%	−3 分	
		8%<相对误差≤9%	−4 分	
		9%<相对误差≤10%	−5 分	
		相对误差>10%	−6 分	
报告结果单位	2	不正确,−2 分		
文明操作(7 分)				
实验过程台面	1	不整洁,混乱,−1 分		
废液、纸屑等	1	按规定处理,乱扔乱倒,−1 分		
实验后试剂、仪器放回原处	2	未放,−2 分		
所用器皿清洗	3	未清洗或清洗不干净,一次−1 分,最多−3 分		
合计				

项目二　饮料中苯甲酸、山梨酸、糖精钠的测定

我国的《食品安全国家标准——食品添加剂使用标准》（GB 2760—2011）将食品添加剂定义为：改善食品品质和色、香、味，以及为防腐和加工工艺的需要而加入食品中的化学合成或者天然物质，营养强化剂、食品用香料、胶基糖果中基础性物质、食品工业用加工助剂也包括在内。目前，绝对安全的食品添加剂尚不存在，所以我国对食品添加剂在食品工业中的使用都有严格的量的规定。食品添加剂中的苯甲酸和山梨酸属于防腐剂，糖精钠属于甜味剂。液相色谱法可实现苯甲酸、山梨酸和糖精钠的准确测定。

1. 原理

试样加热除去二氧化碳和乙醇，调节 pH 值近中性，过滤后进高效液相色谱仪，经反相色谱柱分离后，根据保留时间和峰面积进行定性和定量。

2. 试剂

除特殊规定，所用试剂均为分析纯，水为 GB/T 6682 规定的一级水。

（1）甲醇（色谱纯）　经 0.45μm 滤膜过滤。

（2）稀氨水（1+1）　氨水与水等体积混合。

（3）乙酸铵溶液（0.02mol/L）　称取 1.54g 乙酸铵，加水至 1000mL 溶解，经 0.45μm 滤膜过滤。

（4）碳酸氢钠溶液（20g/L）　称取 2g 碳酸氢钠（优级纯），加水至 100mL，振摇溶解。

（5）苯甲酸标准贮备溶液　准确称取 0.1000g 苯甲酸，加碳酸氢钠溶液（20g/L）5mL，加热溶解，移入 100mL 容量瓶中，加水定容至 100mL，苯甲酸含量为 1mg/mL，作为贮备溶液。

（6）山梨酸标准贮备溶液　准确称取 0.1000g 山梨酸，加碳酸氢钠溶液（20g/L）5mL，加热溶解，移入 100mL 容量瓶中，加水定容至 100mL，山梨酸含量为 1mg/mL，作为贮备溶液。

（7）糖精钠标准贮备溶液　准确称取 0.0851g 经 120℃ 烘干 4h 后的糖精钠（$C_6H_4CONaSO_2 \cdot 2H_2O$），加水溶解定容至 100mL，糖精钠含量 1.0mg/mL，作为贮备溶液。

也可直接购买以上 3 种物质的有证国家标准溶液作为标准贮备溶液。

（8）苯甲酸、山梨酸、糖精钠标准混合使用溶液：取苯甲酸、山梨酸、糖精钠标准贮备溶液 1.0mL，移入 100mL 容量瓶中，加水至刻度，此溶液含苯甲酸、山梨酸、糖精钠各 0.01mg/mL，经 0.45μm 滤膜过滤。

3. 仪器

（1）高效液相色谱仪　配有紫外检测器或二极管阵列检测器。

（2）分析天平　感量为 0.0001g。

（3）pH 计　测量精度±0.02。

（4）超声波水浴。

（5）溶剂过滤器。

（6）恒温水浴锅。

4. 实验步骤。

（1）样品处理　称取 5.00～10.00g 样品，放入小烧杯中，微温搅拌除去二氧化碳，用

氨水（1+1）调 pH 约为 7，转移至 100mL 容量瓶，加水定容，经滤膜（0.45μm）过滤备用。

（2）HPLC 参考条件

① 色谱柱　C_{18}柱，250mm×4.6mm（i. d.），5μm，不锈钢柱。

② 流动相　甲醇-乙酸铵溶液（0.02mol/L，10∶90）。

③ 流速　1mL/min。

④ 进样量　20μL。

⑤ 检测器　紫外检测器或二极管阵列检测器，波长为 230nm。

（3）测定　取样品处理液和标准使用液各 20μL（或相同体积）注入高效液相色谱仪进行分离测定，以其标准溶液峰的保留时间为依据进行定性，以其峰面积求出样液中被测物质的含量。

5. 结果计算

试样中苯甲酸或山梨酸、糖精钠的含量由色谱数据处理软件或按下式计算获得

$$X=\frac{AcV\times 1000}{A_s m\times 1000\times 1000}$$

式中　X——试样中苯甲酸或山梨酸、糖精钠的含量，g/kg；

A——样液中苯甲酸或山梨酸、糖精钠的峰面积；

c——标准溶液的浓度，mg/L；

V——样液最终定容体积，mL；

A_s——标准溶液中苯甲酸或山梨酸、糖精钠的峰面积；

m——样品质量，g。

计算结果保留两位有效数字。

6. 精密度

在重复性条件下，获得的两次独立测量结果的绝对差值不得超过算术平均值的 10%。

7. 实验说明

（1）上述高效液相分离条件下可同时测定苯甲酸、山梨酸和糖精钠，其分离色谱图如图 7.7 所示。

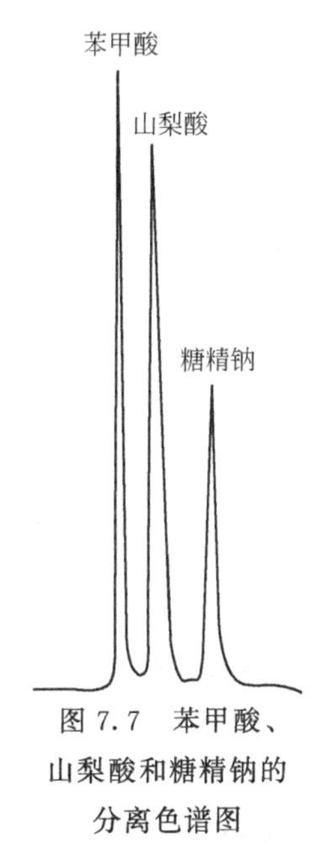

图 7.7　苯甲酸、山梨酸和糖精钠的分离色谱图

（2）对于糖精钠的测定，取样量为 10g，进样量为 10μL 时，检出量为 1.5ng。

（3）含二氧化碳样品需经加热除去二氧化碳；含酒精样品需加氢氧化钠溶液调至碱性，于沸水浴中加热除去酒精。

（4）本实验对 4 种添加剂在 190～400nm 之间进行全波长扫描，安赛蜜、糖精钠、苯甲酸、山梨酸的最大吸收波长分别在 224.0nm、219.5nm、223.4nm、254.1nm 处，为兼顾各组分的灵敏度，本测定选择的实验波长为 230nm，在此波长下各组分均有较高的灵敏度。

（5）甲醇和乙酸铵溶液在流动相中比例的少量变化会使 4 种组分的保留时间发生显著改变。减少甲醇含量，各组分保留时间变长，分离效果较好，但扩散效应大，峰形差；反之，会使出峰时间提前。所以，可根据实验情况调整甲醇和乙酸铵溶液的配比。

8. 评分标准

考核内容	分值	考核记录(以"√"表示)		得分
天平称量(10分)				
天平检查 ①零点 ②水平 ③称盘清扫	3	未检查水平,-1分		
		未清扫称盘,-1分		
		未检查天平零点,-1分		
样品取放	5	称量过程洒落样品,-2分		
		称量瓶未放在称盘中央,-1分		
		未关闭天平门读数,-1分		
		样品未正确标识和记录,-1分		
称量结束天平复位	2	未将天平回零,-1分		
		未关天平门或天平开关,-1分		
样品处理(20分)				
样品驱除二氧化碳	2	未进行,-2分		
样品调pH值	8	未进行,-8分		
		调pH前未对pH计进行校正,-3分		
		校正操作不规范或校正用缓冲液选择不正确,-1分		
		校正或测定过程中未打开电极上的通气孔,-1分		
		未正确清洗电极,-1分		
		擦拭电极操作不正确,-1分		
		pH计读数不正确,-1分		
定容	10	转移样品时未用玻璃棒引流,-2分		
		未用蒸馏水充分洗涤小烧杯并将样品全部转移至容量瓶中,-2分		
		样品转移过程中有液体滴在外面,-2分		
		用蒸馏水稀释至容量瓶2/3～3/4处时未平摇,-1分		
		加蒸馏水至标线约1cm时未等待1～2min,-1分		
		调节液面操作不规范,-1分		
		摇匀操作不规范,-1分		
仪器操作(40分)				
流动相的配制、过滤、脱气	10	流动相试剂纯度未达要求,-2分		
		流动相用水选择不正确,-2分		
		流动相体积配比不正确,-2分		
		流动相未过滤,-2分		
		流动相过滤选择滤膜错误,-1分		
		流动相未进行脱气处理,-1分		
在线脱气	2	未进行或操作不正确,-2分		
流动相流速设置	2	流速超出柱子的使用范围,-2分		
检测器的预热及波长选择	4	波长选择不正确,-3分		
		未进行预热,-1分		

续表

考核内容	分值	考核记录(以"√"表示)		得分
仪器操作(40 分)				
进样操作	12	样液未过滤,—3 分		
		滤膜选择不正确,—1 分		
		进样量不正确,一次—2 分		
		未检查是否有气泡,一次—2 分		
		有气泡未进行正确处理,—2 分		
		进样时手柄转动过于缓慢,—2 分		
关机	10	未用 5∶95 甲醇-水溶液冲洗,—4 分		
		直接用超纯水冲洗柱子,—2 分		
		未用正确的溶剂保存柱子,—3 分		
		冲洗时间不够,—1 分		
数据记录(3 分)				
原始记录	2	不清楚,有涂改,—2 分		
是否使用法定计量单位	1	否,—1 分		
工作曲线的绘制(5 分)				
正确配制标准系列溶液	1	不正确、不规范,—1 分		
进样操作	1	不正确、不规范,—1 分		
样品峰面积处于工作曲线线性范围内或样品峰面积与标准溶液峰面积相接近	3	不正确,—3 分		
数据处理(7 分)				
有效数字运算	2	不符合规则,—2 分		
计算方法(公式、校正值)及结果	5	公式不正确,—5 分		
		公式正确,计算过程不正确,—3 分		
		公式、计算过程正确,结果不正确,—2 分		
结果评价(8 分)				
测定结果准确度	6	相对误差≤5%	—0 分	
		5%<相对误差≤6%	—1 分	
		6%<相对误差≤7%	—2 分	
		7%<相对误差≤8%	—3 分	
		8%<相对误差≤9%	—4 分	
		9%<相对误差≤10%	—5 分	
		相对误差>10%	—6 分	
报告结果单位	2	不正确,—2 分		
文明操作(7 分)				
实验过程台面	1	不整洁,混乱,—1 分		
废液、纸屑等	1	按规定处理,乱扔乱倒,—1 分		
实验后试剂、仪器放回原处	2	未放,—2 分		
所用器皿清洗	3	未清洗或清洗不干净,一次—1 分,最多—3 分		
合计				

项目三 食品中合成着色剂的测定

着色剂，也称食用色素，用于食品的着色，以改善食品的色泽，增进大众对食品的嗜好性。食品在保存和加工过程中，其色泽往往会有不同程度的变化，为改善食品色泽，使其尽可能恢复至原来的颜色，除采用一定护色措施外，往往还得添加一定量的食用色素进行着色。目前使用的食用色素主要有天然和人工合成两种。

合成着色剂的原料主要是化工产品，是通过化学合成制得的有机色素。合成着色剂按化学结构可分为偶氮类色素和非偶氮类色素；按溶解性又可分为油溶性色素和水溶性色素。此外还有一类色淀，它是由水溶性色素沉积在许可使用的不溶性基质上制成的特殊着色剂，可含有不同的纯色素（10%～40%）和水分，并且不溶于大多数溶剂。我国食品添加剂使用卫生标准列入的合成色素有胭脂红、苋菜红、日落黄、赤藓红、柠檬黄、新红、靛蓝、亮蓝等，其特点有色泽鲜艳、色调多、性能稳定、着色力强、坚牢度大、调色易、使用方便、成本低廉和应用广泛。我国现行的食品中合成着色剂的测定标准为GB/T 5009.35—2003。

1. 原理

食品中人工合成着色剂在酸性条件下用聚酰胺吸附法或液-液分配法提取，制成水溶液，注入高效液相色谱仪，经反相色谱分离后，根据保留时间定性，与峰面积比较进行定量。

2. 试剂

除非另有说明，所有试剂均为分析纯，水为GB/T 6682规定的一级水。

（1）甲醇（色谱纯） 经0.45μm滤膜过滤。

（2）0.02mol/L乙酸铵溶液 称取1.54g乙酸铵，加水溶解至1000mL，经0.45μm滤膜过滤。

（3）聚酰胺粉（尼龙6） 过200目筛。

（4）甲醇-甲酸（6+4）溶液 量取甲醇60mL、甲酸40mL，混匀。

（5）柠檬酸溶液 称取20g柠檬酸，加水至100mL，溶解混匀。

（6）无水乙醇-氨水-水（7+2+1）溶液 量取无水乙醇70mL、氨水20mL、水10mL，混匀。

（7）pH 6的水 水加柠檬酸溶液调pH值至6。

（8）合成着色剂标准溶液 准确称取按其纯度折算为100%质量的柠檬黄、日落黄各0.100g，置100mL容量瓶中，加pH 6水到刻度，配成浓度为1.00mg/mL的着色剂水溶液。

也可以直接购买该着色剂的有证国家标准物质作为标准溶液。

（9）合成着色剂标准使用液 临用时将上述溶液加水稀释100倍，经0.45μm滤膜过滤，配成每毫升相当于10μg的合成着色剂标准使用液。

（10）乙酸。

3. 仪器

（1）高效液相色谱仪 配有紫外检测器或二极管阵列检测器。

（2）分析天平 感量为0.0001g。

（3）电热恒温干燥箱。

（4）真空泵。

（5）真空抽滤瓶。

（6）G3 垂融漏斗。

4. 实验步骤

（1）试样处理

① 橘子汁、果味水、果子露汽水等　称取 20.0～40.0g，放入 100mL 烧杯中，含二氧化碳试样加热驱除二氧化碳。

② 配制酒类　称取 20.0～40.0g，放入 100mL 烧杯中，加小碎瓷数片，加热驱除乙醇。

③ 硬糖、蜜饯类、淀粉软糖等　称取 5.00～10.00g 粉碎试样，放入 100mL 小烧杯中，加水 30mL，温热溶解，若试样溶液 pH 值较高，用柠檬酸溶液调 pH 到 6 左右。

④ 巧克力豆及着色糖衣制品　称取 5.00～10.00g 试样，放入 100mL 小烧杯中，用水反复洗涤色素，到试样无色素为止，合并色素漂洗液为试样溶液。

（2）色素提取

① 聚酰胺吸附法（适用于不含赤藓红试样）　试样溶液加柠檬酸溶液调 pH 值到 6，加热至 60℃，将 1g 聚酰胺粉加少许水调成粥状，倒入试样溶液中，搅拌片刻，以 G3 垂融漏斗抽滤，用 60℃ pH=4 的水洗涤 3～5 次，然后用甲醇-甲酸混合溶液洗涤 3～5 次，再用水洗至中性，用乙醇-氨水-水混合溶液解吸 3～5 次，每次 5mL，收集解吸液，加乙酸中和，蒸发至近干，加水溶解，定容至 5mL，经 0.45μm 滤膜过滤，取 10μL 进高效液相色谱仪分析。

② 液-液分配法（适用于含赤藓红试样）　将制备好的试样溶液放入分液漏斗中，加 2mL 盐酸、三正辛胺正丁醇溶液（5%）10～20mL，振摇提取，分取有机相，重复提取至有机相无色，合并有机相，用饱和硫酸钠溶液洗 2 次，每次 10mL，分取有机相，放蒸发皿中，水浴加热浓缩至 10mL，转移至分液漏斗中，加 60mL 正己烷，混匀，加氨水提取 2～3 次，每次 5mL，合并氨水层（含水溶性酸性色素），用正己烷洗 2 次氨水层，加乙酸调成中性，水浴加热蒸发至近干，加水定容至 5mL，经 0.45μm 滤膜过滤，取 10μL 进高效液相色谱仪分析。

（3）HPLC 参考条件

① 色谱柱　C_{18}柱，250mm×4.6mm（i. d.），5μm，或相当者。

② 流动相　甲醇-乙酸铵溶液（pH=4.0，0.02mol/L）。

③ 梯度洗脱　甲醇 20%～35%，5min；35%～98%，5min；98%继续 6min。

④ 流速　1mL/min。

⑤ 检测波长　254nm。

（4）测定　取相同体积样液和合成着色剂标准使用液分别注入高效液相色谱仪，根据保留时间定性，外标峰面积法定量。

5. 结果计算

试样中着色剂的含量由色谱数据处理软件或按下式计算获得

$$X=\frac{AcV\times 1000}{A_s m\times 1000}$$

式中　X——试样中着色剂的含量，g/kg；

A——样液中着色剂的峰面积；

c——标准溶液的浓度，mg/L；

V——样液最终定容体积，mL；

A_s——标准溶液中着色剂的峰面积；

m——样品质量，g。

计算结果保留两位有效数字。

6. 精密度

在重复性条件下，获得的两次独立测量结果的绝对差值不得超过算术平均值的10%。

7. 实验说明

(1) 本方法检出限　新红5ng，柠檬黄4ng，苋菜红6ng，胭脂红8ng，日落黄7ng，赤藓红18ng，亮蓝26ng。当进样量相当于0.025g时，检出浓度分别为0.2mg/kg、0.16mg/kg、0.24mg/kg、0.32mg/kg、0.28mg/kg、0.72mg/kg、1.04mg/kg。

(2) 聚酰胺粉在弱酸性条件下对合成着色剂的吸附能力强，吸附亦完全，因此样品在加入聚酰胺粉前需调节pH 6以下。用水洗涤可以除去可溶性杂质，要求水偏酸性，防止聚酰胺粉上吸附的色素在洗涤过程中洗脱下来。

(3) 分离色谱图　八种着色剂的色谱分离图及其出峰顺序如图7.8所示。

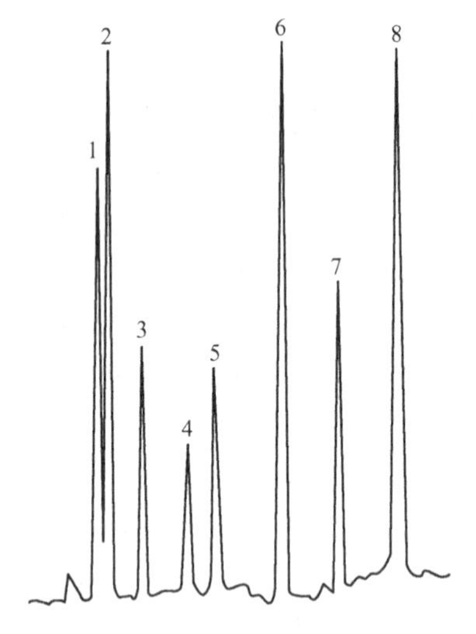

图7.8　八种着色剂的色谱峰及其出峰顺序

1—新红；2—柠檬黄；3—苋菜红；4—靛蓝；5—胭脂红；6—日落黄；7—亮蓝；8—赤藓红

8. 评分标准

考核内容	分值	考核记录(以"√"表示)		得分
天平称量(10分)				
天平检查 ①零点 ②水平 ③称盘清扫	3	未检查水平，−1分		
		未清扫称盘，−1分		
		未检查天平零点，−1分		
样品取放	5	称量过程洒落样品，−2分		
		称量瓶未放在称盘中央，−1分		
		未关闭天平门读数，−1分		
		样品未正确标识和记录，−1分		
称量结束天平复位	2	未将天平回零，−1分		
		未关天平门或天平开关，−1分		
样品处理(20分)				
样品驱除二氧化碳	2	未进行，−2分		
吸附色素	10	未调节样液pH值小于6，−1分		
		调节pH值操作不正确，−1分		
		未将样液加热至60℃，−1分		
		加聚酰胺粉后未充分搅拌，−1分		
		布氏漏斗选择不正确，−1分		
		过滤过程中有样液洒出，−1分		

续表

考核内容	分值	考核记录(以"√"表示)		得分
样品处理(20 分)				
吸附色素	10	未将样液全部转移至布氏漏斗,－1 分		
		未用 pH4 的水洗涤或洗涤次数小于 3 次,－1 分		
		未用甲醇-甲酸混合溶液洗涤或洗涤次数小于 3 次,－1 分		
		未用水冲洗至中性,－1 分		
解吸色素	4	乙醇-氨水-水混合溶液解吸少于 3 次,－1 分		
		收集解吸液的容器不洁净,－1 分		
		未用乙酸将解吸液中和至中性,－1 分		
		蒸发操作不规范或蒸发至全干,－1 分		
定容	4	未用蒸馏水充分洗涤小烧杯并将样品全部转移至容量瓶中,－1 分		
		样品转移过程中有液体滴在外面,－1 分		
		用蒸馏水稀释至容量瓶 2/3～3/4 处时未平摇,－0.5 分		
		加蒸馏水至标线约 1cm 时未等待 1～2min,－0.5 分		
		调节液面操作不规范,－0.5 分		
		摇匀操作不规范,一次－0.5 分		
仪器操作(40 分)				
流动相的配制、过滤、脱气	10	流动相试剂纯度达不到要求,－2 分		
		流动相用水选择不正确,－2 分		
		流动相体积配比不正确,－2 分		
		流动相未过滤,－2 分		
		流动相过滤选择滤膜错误,－1 分		
		流动相未进行脱气处理,－1 分		
在线脱气	2	未进行或操作不正确,－2 分		
流动相流速设置	2	流速超出柱子的使用范围,－2 分		
检测器的预热及波长选择	4	波长选择不正确,－3 分		
		未进行预热,－1 分		
进样操作	12	样液未过滤,－3 分		
		滤膜选择不正确,－1 分		
		进样量不正确,一次－2 分		
		未检查是否有气泡,一次－2 分		
		有气泡未进行正确处理,－2 分		
		进样时手柄转动过于缓慢,－2 分		
关机	10	未用 5∶95 甲醇-水溶液冲洗,－4 分		
		直接用超纯水冲洗柱子,－2 分		
		未用正确的溶剂保存柱子,－3 分		
		冲洗时间不够,－1 分		

续表

考核内容	分值	考核记录(以“√”表示)		得分
数据记录(3分)				
原始记录	2	不清楚,有涂改,－2分		
是否使用法定计量单位	1	否,－1分		
工作曲线绘制(5分)				
正确配制标准系列溶液	1	不正确、不规范,－1分		
进样操作	1	不正确、不规范,－1分		
样品峰面积处于工作曲线线性范围内或样品峰面积与标准溶液峰面积相接近	3	不正确,－3分		
数据处理(7分)				
有效数字运算	2	不符合规则,－2分		
计算方法(公式、校正值)及结果	5	公式不正确,－5分		
		公式正确,计算过程不正确,－3分		
		公式、计算过程正确,结果不正确,－2分		
结果评价(8分)				
测定结果准确度	6	相对误差≤5%	－0分	
		5%<相对误差≤6%	－1分	
		6%<相对误差≤7%	－2分	
		7%<相对误差≤8%	－3分	
		8%<相对误差≤9%	－4分	
		9%<相对误差≤10%	－5分	
		相对误差>10%	－6分	
报告结果单位	2	不正确,－2分		
文明操作(7分)				
实验过程台面	1	不整洁,混乱,－1分		
废液、纸屑等	1	按规定处理,乱扔乱倒,－1分		
实验后试剂、仪器放回原处	2	未放,－2分		
所用器皿清洗	3	未清洗或清洗不干净,一次－1分,最多－3分		
合计				

项目四　国标中高效液相色谱法测定的其他食品项目

序号	测定项目	检测国标	检测器
1	粮、油、菜中甲萘威残留	GB/T 5009.21—2003	示差折光检测器
2	维生素A、维生素E	GB/T 5009.82—2003	紫外或二极管阵列检测器
3	畜禽肉中己烯雌酚	GB/T 5009.108—2003	紫外或二极管阵列检测器
4	畜禽肉中土霉素、四环素、金霉素残留	GB/T 5009.116—2003	紫外或二极管阵列检测器
5	尼龙6树脂及成型品中己内酰胺	GB/T 5009.125—2003	紫外或二极管阵列检测器
6	大豆及谷物中氟磺胺草醚残留	GB/T 5009.130—2003	紫外或二极管阵列检测器

续表

序号	测定项目	检测国标	检测器
7	灭幼脲残留	GB/T 5009.135—2003	紫外或二极管阵列检测器
8	饮料中咖啡因	GB/T 5009.139—2003	紫外或二极管阵列检测器
9	饮料中乙酰磺胺酸钾	GB/T 5009.140—2003	紫外或二极管阵列检测器
10	除虫脲残留	GB/T 5009.147—2003	紫外或二极管阵列检测器
11	游离棉酚	GB/T 5009.148—2003	紫外或二极管阵列检测器
12	栀子黄	GB/T 5009.149—2003	荧光检测器
13	食品中有机酸	GB/T 5009.157—2003	紫外或二极管阵列检测器
14	蔬菜中维生素 K_1	GB/T 5009.158—2003	紫外或二极管阵列检测器
15	水果中单甲醚残留	GB/T 5009.160—2003	紫外或二极管阵列检测器
16	动物性食品中氨基甲酸酯类农药多组分残留	GB/T 5009.163—2003	紫外或二极管阵列检测器
17	饮用天然矿泉水中氟、氯、溴离子和硝酸根、硫酸根	GB/T 5009.167—2003	紫外或二极管阵列检测器
18	牛磺酸	GB/T 5009.169—2003	紫外或二极管阵列检测器
19	保健食品中褪黑素	GB/T 5009.170—2003	紫外或二极管阵列检测器
20	梨果类、柑橘类水果中噻螨酮残留	GB/T 5009.173—2003	紫外或二极管阵列检测器
21	保健食品中脱氢表雄甾酮	GB/T 5009.193—2003	紫外或二极管阵列检测器
22	保健食品中免疫球蛋白 IgG	GB/T 5009.194—2003	紫外或二极管阵列检测器
23	保健食品中吡啶甲酸铬	GB/T 5009.195—2003	紫外或二极管阵列检测器
24	保健食品中盐酸硫胺素、盐酸吡哆醇、烟酸、烟酰胺和咖啡因	GB/T 5009.197—2003	紫外或二极管阵列检测器
25	记忆丧失性贝类毒素软骨藻酸	GB/T 5009.198—2003	紫外或二极管阵列检测器
26	脱氢乙酸	GB/T 23377—2009	紫外或二极管阵列检测器
27	叔丁基对苯二酚	GB/T 21927—2008	荧光检测器
28	丙酸钠、丙酸钙	GB/T 23382—2009	紫外或二极管阵列检测器
29	咖啡因	GB/T 19182—2003	紫外或二极管阵列检测器
30	赭曲霉毒素 A	GB/T 25220—2010	荧光检测器
31	罗丹明 B	SN/T 2430—2010	荧光检测器
32	苏丹红	GB/T 19681—2005	紫外或二极管阵列检测器
33	孔雀石绿	GB/T 20361—2006	荧光检测器
34	链霉素	农业部 1077 号公告-3—2008	荧光检测器
35	四环素类兽药	GB/T 21317—2007	紫外或二极管阵列检测器
36	氟喹诺酮类药物	农业部 1025 号公告-14—2008	荧光检测器
37	多菌灵	GB/T 23380—2009	紫外或二极管阵列检测器
38	胆固醇	GB/T 22220—2008	紫外或二极管阵列检测器
39	果糖、葡萄糖、蔗糖、麦芽糖、乳糖	GB/T 22221—2008	示差折光检测器
40	苯并[*a*]芘	GB/T 22509—2008	荧光检测器
41	有毒生物胺	SN/T 2209—2008	紫外或二极管阵列检测器
42	黄曲霉毒素	GB/T 18979—2003	荧光检测器

模块八　食品微生物检验技术

食品微生物（food microorganisms）是与食品有关的微生物的总称，共包括 3 大类：①生产型食品微生物，通过此类微生物作用可生产出各种饮料、酒、醋、酱油、味精、馒头和面包等发酵食品；②引起食品变质败坏的微生物；③食源性病原微生物，包括能引起人们食物中毒，和使人、动植物感染而发生传染病的病原微生物。

食品微生物检验是食品检验的重要组成部分。通过微生物检验，可判断食品的卫生质量（微生物指标方面）及可食用情况，可判断食品的加工环境、食品原料及其在加工过程中被微生物污染及其生长的情况，为食品的环境卫生管理和生产管理，及对某些传染病的防控和防疫措施提供科学依据。

任务一　食品微生物检验操作

项目一　食品微生物检验基础知识

一、食品微生物的检验方法

感官检验：通过观察食品表面有无霉斑、霉状物、粒状、粉状及毛状物，色泽是否变灰、变黄，有无霉味及其他异味，食品内部是否霉变等，从而确定食品的微生物污染程度。

直接镜检：将送检样品放在显微镜下进行菌体测定计数。

培养检验：根据食品的特点和分析目的选择适宜的培养方法求得带菌量。

二、食品微生物检验的样品采集

食品微生物检验的样品采集首先须有得力工具。灭菌探子、铲子、匙、采样器、吸管、广口瓶、剪刀、开罐器等为几种常用工具。

食品检验中，采集的样品须有代表性。加工批号、原料情况（来源、种类、地区、季节等)、加工方法、运输、保藏条件、销售中的各个环节及销售人员的责任心和卫生认识水平等均可影响到食品卫生质量，因此必须考虑周密。

（1）样品种类　样品种类可分为大样、中样、小样三种。大样系指一整批，中样是从样品各部分取得混合样品，小样系指做分析用的检样。定型包装及散装食品均采样 250g。

（2）采样方法　采样必须在无菌操作下进行。

根据样品种类（袋装、瓶装和罐装食品），应采用完整的未开封的样品。如果样品很大，则需用无菌采样器取样；固体粉末样品，应边取边混合；液体样品要振摇混匀；冷冻食品应保持冷冻状态；非冷冻食品需在 0～5℃温度下保存。

（3）采样数量　根据不同种类，采样数量有所不同。一般来说，进出口贸易合同对食品抽样量有明确规定的，按合同规定抽样；进出口贸易合同没有具体抽样规定的，可根据检验的目的、产品及被抽样品的批的性质和分析方法的性质确定抽样方案。我国的食品取样方案见表 8.1。

表 8.1　我国食品的取样方案

检样种类	采样数量	备注
进口粮油	粮:按三层五点采样法进行(表、中、下三层) 油:重点采取表层及底层油	每增加 10000t,增加一个混样
肉及肉制品	生肉:取屠宰后两腿侧肌或背最长肌,100g/只 脏器:根据检验目的而定 光禽:每份样品一只 熟肉:酱卤制品、肴肉及灌肠取样应不少于 200g,烧烤制品应取样 $50cm^2$。 熟禽:每份样品一只 肉松:每份样品 200g 香肚:每份样品一个	要在容器的不同部位采取
乳及乳制品	生乳:1 瓶 奶酪:1 个 消毒乳:1 瓶 奶粉:1 袋或 1 瓶,大包装 200g 奶油:1 包,大包装 200g 酸奶:1 瓶或 1 罐 淡炼乳:1 罐 炼乳:1 瓶或 1 听	每批样品按千分之一采样,不足千件者抽一件
蛋品	全蛋粉:每件 200g 巴氏消毒全蛋粉:每件 200g 蛋黄粉:每件 200g 蛋白粉:每件 200g	一日或一班生产为一批。检验沙门菌按 5%抽样,但每批不少于 3 个检样;测菌落总数、大肠菌群,每批按装听过程前、中、后流动取样 3 次,每次取样 50g,每批合为一个样品
	冰全蛋:每件 200g 冰蛋黄:每件 200g 冰蛋白:每件 200g	在装听时流动采样。检验沙门菌,每 250kg 取样一件
	巴氏消毒全蛋:每件 200g	检验沙门菌,每 500kg 取样一件;测菌落总数、大肠菌群,每批按装听过程前、中、后流动取样 3 次,每次取样 50g
水产食品	鱼:1 条 虾:200g 蟹:2 只 贝壳类:按检验目的而定 鱼松:1 袋	不足 200g 者加量
罐头	可采用下列方法之一: (1)按杀菌锅抽样 ①低酸性食品罐头杀菌冷却后抽样 2 罐,3kg 以上的大罐每锅抽样 1 罐 ②酸性食品罐头每锅抽 1 罐,一般一个班的产品组成一个检验批,各锅的样罐组成一个检验组,每批每个品种取样基数不得少于 3 罐 (2)按生产班(批)次抽样 ①取样数为 1/6000,尾数超过 2000 者增取 1 罐,每班(批)每个品种不得少于 3 罐 ②某些产品班产量较大,则以 30000 罐为基准,其取样数为1/6000;超过 30000 罐以上的按 1/20000;尾数超过 4000 者增取 1 罐。 ③个别产品量较小,同品种、同规格可合并班次为一批取样,但合并班次总数不超过 5000 罐,每个班次取样数不得少于 3 罐	产品如按锅堆放,在遇到由于杀菌操作不当引起问题时,也可以按锅处理

续表

检样种类	采样数量	备注
冷冻饮品	冰棍、雪糕:每批不得少于3件,每件不得少于3只。 冰淇淋:原装4杯为1件,散装200g 食用冰块:500g为1件	班产量20万只以下者,一班为一批;20万只以上者以工作台为一批
软饮料	碳酸饮料及果汁饮料:原装2瓶为1件,散装500mL 散装饮料:500mL为1件 固体饮料:原装1袋	每批3件,每件2瓶
调味品	酱油、醋、酱等:原装1瓶,散装500mL 味精:1袋 袋装调味料:1袋	
酒类	原装2瓶为1件,散装500mL	
冷食菜、豆制品	采取200g	不足200g者加量

(4) 采样标签　采样前或后应立即贴上标签，每件样品必须标记清楚，如样品的名称、来源、数量、采样地点、采样人及采样时间等。

三、样品处理

1. 固体样品

用灭菌刀、剪或镊子取不同部位的样品10g，剪碎放入灭菌容器内，加一定量的水（不易剪碎的可加海沙研磨）混匀，制成1：10混悬液，进行检验。在处理蛋制品时，加入约30个玻璃珠，以便振荡均匀。生肉及内脏，先进行表面消毒，再剪去表面样品后采集深层样品。

2. 液体样品

(1) 原包装样品　用点燃的酒精棉球消毒瓶口，再用经石炭酸或来苏尔消毒液消毒过的纱布将瓶口盖上，用经火焰消毒的开罐器开启，摇匀后用无菌吸管吸取。

(2) 含有二氧化碳的液体样品　按上述方法开启瓶盖后，将样品倒入无菌磨口瓶中，盖上消毒纱布，将盖开一缝，轻轻摇动，使气体逸出后进行检验。

(3) 冷冻食品　将冷冻食品放入无菌容器内，融化后检验。

3. 罐头

(1) 密闭试验　将被检验罐头置于85℃以上的水浴中，使罐头沉入水面以下5cm，观察5min，如有小气泡连续上升，表明漏气。

(2) 膨胀试验　将罐头放在37℃±2℃环境下7d，如是水果、蔬菜罐头放在25～27℃环境下7d，观察其盖和底有无膨胀现象。

(3) 检验　先用酒精棉球擦去罐上油污，然后用点燃的酒精棉球消毒开口的一端。用来苏尔消毒液纱布盖上，再用灭菌的开罐器打开罐头，除去表层，用灭菌匙或吸管取出中间部分的样品进行检验。

四、食品微生物检验的范围和指标

1. 食品微生物检验的范围

(1) 生产环境的检验　包括车间用水、空气、地面、墙壁等的微生物学检验。

(2) 原辅料的检验　包括主料、辅料、添加剂等一切原辅材料的微生物学检验。

(3) 食品加工、贮藏、销售环节的检验　包括生产工人的卫生状况、加工工具、运输车辆、包装材料等的微生物学检验。

（4）食品的检验　重点是对出厂食品、可疑食品及食物中毒食品的检验，这是食品微生物检验的重点范围。

2. 食品微生物检验的指标

（1）菌落总数　食品中细菌总数通常是指每克、每毫升或每平方厘米面积食品上的细菌数，但不考虑其种类。根据所用检测计数方法不同，有两种表示方法。一是在严格规定的条件下（样品处理、培养基及其 pH、培养温度与时间、计数方法等），使适应这一条件的每一个活菌总数细胞必须且只能生成一个肉眼可见的菌落，经过计数所获得的结果称为该食品的菌落总数。二是将食品经过适当处理（溶解和稀释），在显微镜下对细菌细胞数进行直接计数。这样计数的结果，既包括活菌，也包括尚未被分解的死菌体，因此称为细菌总数。目前中国的食品卫生标准中规定的细菌总数实际上是指菌落总数。

通过检测食品中细菌总数可判断食品被污染的程度，还可预测食品存放的期限。据报道，在 0℃条件下，每平方厘米细菌总数为 10^5 个的鱼只能保存 6d；如果细菌总数为 10^3 个，则可延至 12d。

细菌总数必须与其他检测指标配合，才能对食品的质量作出正确的判断。因此有时食品中的细菌总数很多，而食品不一定出现腐败变质现象。

（2）大肠菌群　大肠菌群是指一群好氧及兼厌氧性，在 37℃、24h 能分解乳糖、产酸产气的革兰阴性无芽孢杆菌，主要包括埃希菌属，称为典型大肠杆菌；其次还有柠檬细菌属、肠杆菌属、克雷伯菌属等，习惯上称为非典型大肠杆菌。

大肠菌群能在很多培养基和食品上繁殖，在－2～50℃范围内均能生长，适应 pH 值范围也较广，为 4.4～9.0。大肠菌群能在只有一种有机碳（如葡萄糖）和一种氮源（如硫酸铵）以及一些无机盐类组成的培养基上生长。在肉汤培养基上，37℃培养 24h，就出现可见菌落。它们能够在含胆盐的培养基上生长（胆盐能抑制革兰阳性杆菌）。大肠菌群一个最显著的特点是能分解乳糖而产酸产气，利用这一点能够把大肠菌群与其他细菌区别开来。

大肠菌群既可作为食品被粪便污染的指标菌，也可作为肠道致病菌污染食品的指标菌。

大肠菌群检验结果，中国和其他许多国家均采用每 100mL（g）样品中大肠菌群最近似数来表示，简称为大肠菌群 MPN，它是按一定方案检验结果的统计数值。这种检验方案，在我国统一采用样品三个稀释度各三管的乳糖发酵三步法。根据各种可能的检验结果，编制相应的 MPN 检索表供实际查阅用。

（3）致病菌　致病菌指肠道致病菌、致病性球菌、沙门菌等。食品卫生标准规定食品中不得检出致病菌，否则人们食用后会发生食物中毒，危害身体健康。

由于致病菌种类多、特性不一，在食品中进行致病菌检验时不可能对各种致病菌都进行检验，而应根据不同的食品或不同场合选检某一种或某几种致病菌。如罐头食品常选检肉毒梭状芽孢杆菌，蛋及蛋制品选检沙门菌、金黄色葡萄球菌等。当某种病流行时，则有必要选检引起该病的病原菌。

另外，目前我国还没有制定出霉菌的具体指标，但实际上有多种霉菌会产生毒素，引起疾病，故也要根据具体情况对产毒霉菌进行检验，如黄曲霉、橘青霉、岛青霉菌等。

肝炎病毒、口蹄疫病毒、猪瘟病毒等与人类健康有直接关系的病毒类微生物在一定场合也是食品微生物检验的指标。

项目二　微生物培养操作

一、培养基制备技术

1. 玻璃器皿的清洗

在制备培养基的过程中，首先要使用一些玻璃器皿，如试管、三角瓶、培养皿、烧杯和吸管等。这些器皿在使用前都要根据不同的情况，经过一定的处理，洗刷干净。有的还要进行包装，经过灭菌等准备就绪后，才能使用。

(1) 新购的玻璃器皿　除去包装沾染的污垢后，先用热肥皂水刷洗，流水冲净，再浸泡于1%～2%的工业盐酸中数小时，使游离的碱性物质除去，再以流水冲净。对容量较大的器皿，如大烧瓶、量筒等，洗净后注入浓盐酸少许，转动容器使其内部表面均沾有盐酸，数分钟后倾去盐酸，再以流水冲净，倒置于洗涤架上将水控干，即可使用。

(2) 用过的玻璃器皿　凡确定无病原菌或未被带菌物污染的器皿，使用后可随时冲洗。吸取过化学试剂的吸管，可先浸泡于清水中，待到一定数量后再集中进行清洗。有可能被病原菌污染的器皿，必须经过适当消毒后，将污垢除去，用皂液洗刷，再用流水冲洗干净。若用皂液未能洗净的器皿，可用洗液浸泡适当时间后再用清水洗净。洗液的主要成分是重铬酸钾和浓硫酸，其作用是将有机物氧化成可溶性物质，以便冲洗。洗液有很强的腐蚀作用，使用时应特别小心，避免溅到衣服、身体和其他物品上。

2. 培养基的类型

在实验室中配制的适合微生物生长繁殖或累积代谢产物的任何营养基质，都叫做培养基。由于各类微生物对营养的要求不同，培养目的和检测需要不同，因而培养基的种类很多。我们可根据某种标准，将种类繁多的培养基划分为若干类型。

(1) 根据对培养基组成物质的化学成分是否完全了解来区分，可以将培养基分为天然培养基、合成培养基和半合成培养基。

① 天然培养基　天然培养基是指利用各种动、植物或微生物的原料，其成分难以确切知道。用作这种培养基的主要原料有：牛肉膏、麦芽汁、蛋白胨、酵母膏、玉米粉、麸皮、各种饼粉、马铃薯、牛奶、血清等。用这些物质配成的培养基虽然不能确切知道它的化学成分，但一般来讲，营养是比较丰富的，微生物生长旺盛，而且来源广泛，配制方便，所以较为常用，尤其适合于配制实验室常用的培养基。这种培养基的稳定性常受生产厂家或批号等因素的影响。

② 合成培养基　合成培养基是一类化学成分和数量完全知道的培养基，它是用已知化学成分的化学药品配制而成的。这类培养基化学成分精确、重复性强，但价格昂贵，而微生物又生长缓慢，所以它只适用于做一些科学研究，例如营养、代谢的研究。

③ 半合成培养基　在合成培养基中，加入某种或几种天然成分；或者在天然培养基中，加入一种或几种已知成分的化学药品即成半合成培养基，例如马铃薯蔗糖培养基等。这种培养基在生产实践和实验室中使用最多。

(2) 根据培养基的物理状态来区分，可以分为液体培养基、固体培养基和半固体培养基。

① 液体培养基　所配制的培养基是液态的，其中的成分基本上溶于水，没有明显的固形物，液体培养基营养成分分布均匀，易于控制微生物的生长代谢状态。

② 固体培养基　在液体培养基中加入适量的凝固剂即成固体培养基。常用作凝固剂的

物质有琼脂、明胶、硅胶等，以琼脂最为常用。固体培养基在实际中用得十分广泛。在实验室中，它被用作微生物的分离、鉴定、检验杂菌、计数、保藏、生物测定等。

③ 半固体培养基 如果把少量的凝固剂加入到液体培养基中，就制成了半固体培养基。以琼脂为例，它的用量在0.2%～1%。这种培养基有时可用来观察微生物的动力，有时用来保藏菌种。

(3) 根据培养基的用途来区分，可分为选择培养基、增殖培养基、鉴别培养基等。

① 选择培养基 在培养基中加入某种物质以杀死或抑制不需要的菌种生长的培养基，称之为选择培养基。如链霉素、氯霉素等抑制原核微生物的生长；制霉菌素、灰黄霉素等能抑制真核微生物的生长；结晶紫能抑制革兰阳性细菌的生长等。图8.1为选择性平板细菌的生长现象。

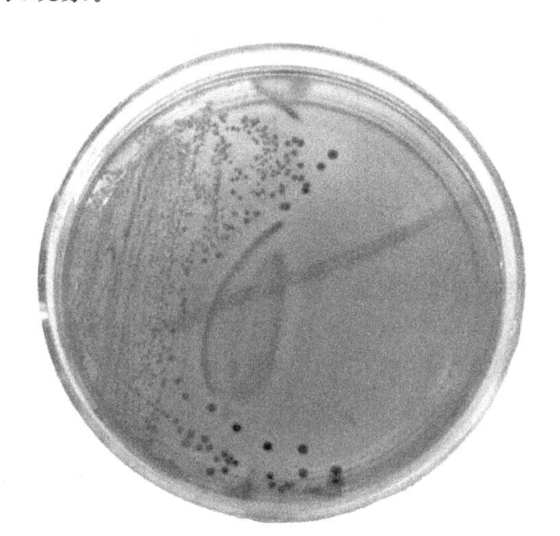
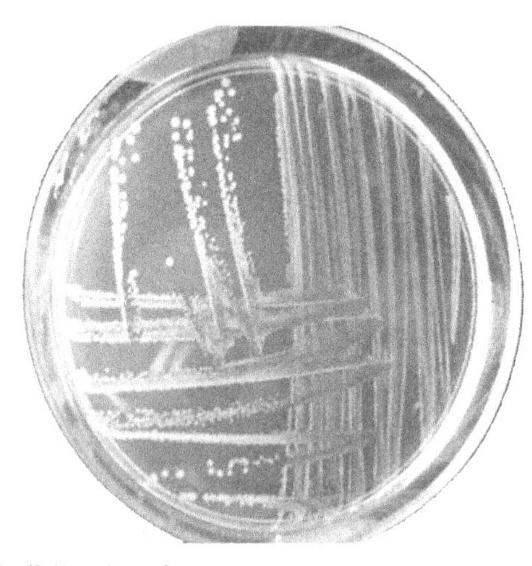

图8.1 选择性平板细菌的生长现象

常用的选择性培养基：

a. SS平板 含乳糖、中性红指示剂、胆盐、煌绿、硫代硫酸钠等。

b. MAC平板 含乳糖、中性红指示剂、胆盐等。

c. 中国蓝平板 含乳糖、中国蓝和玫瑰红酸指示剂。

d. EMB平板 含乳糖、伊红和美蓝指示剂。

选择性培养基的特点：

a. 均含有乳糖和酸碱指示剂 细菌分解乳糖产酸，使培养基pH降低，指示剂呈酸性变色。指示剂不同，菌落呈现不同的颜色。分解乳糖的细菌呈有色菌落，不分解乳糖的细菌为无色菌落。

b. 含有不同的抑制剂 对革兰阳性菌和非致病菌有不同程度的抑制作用，因此可以选择性地培养肠道致病菌。

② 增殖培养基 在自然界中，不同种的微生物常生活在一起，为了分离我们所需要的微生物，在普通培养基中加入一些某种微生物特别喜欢的营养物质，以增加这种微生物的繁殖速度，逐渐淘汰其他微生物，这种培养基称为增殖培养基。这种培养基常用于菌种筛选和选择增菌中。从某种程度上讲，增殖培养基也是一种选择培养基。

③ 鉴别培养基 在培养基中加入某种试剂或化学药品，使难以区分的微生物经培养后呈现出明显差别，因而有助于快速鉴别某种微生物，这样的培养基称为鉴别培养基。

例如用以检查饮水和乳品中是否含有肠道致病菌的伊红和美蓝培养基就是一种常用的鉴别性培养基。

有些培养基具有选择和鉴别双重作用。例如食品检验中常用的麦康凯培养基就是一例。它含有胆盐、乳糖和中性红。胆盐具有抑制肠道菌以外的细菌的作用（选择性），乳糖和中性红（指示剂）能帮助区别乳糖发酵肠道菌（如大肠杆菌）和不能发酵乳糖的肠道致病菌（如沙门菌和志贺菌）（图 8.2）。

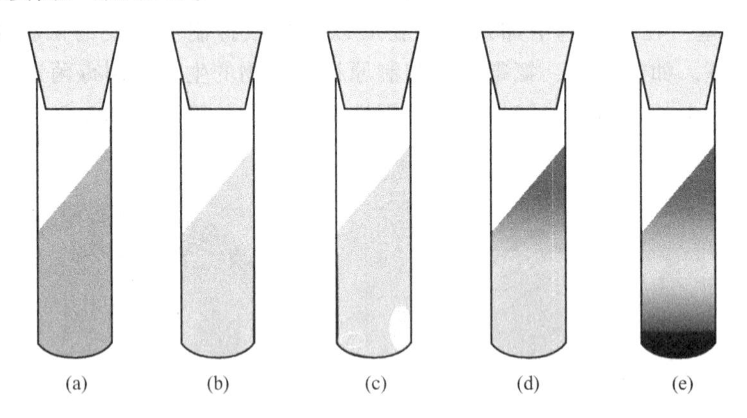

图 8.2　麦康凯培养基接种培养的现象

(a) 未接种细菌；(b) 分解乳糖和葡萄糖产酸不产气、硫化氢阴性（AA－－）；(c) 分解乳糖和葡萄糖产酸产气、硫化氢阴性（AA＋－）；(d) 不分解乳糖、分解葡萄糖产酸不产气、硫化氢阴性（KA－－）；(e) 不分解乳糖、分解葡萄糖产酸不产气、硫化氢阳性（KA－＋）

另外，根据培养基的营养成分是否“完全”，可以分为基本培养基、完全培养基和补充培养基。这类术语主要是用在微生物遗传学中。根据培养基用于生产的目的来区分，可以分为种子培养基和发酵培养基。还有专门用于培养病毒等寄生微生物的活组织培养基，如鸡胚等；专门用于培养自养微生物的无机盐培养基等。

3. 培养基制备

(1) 一般培养基的配制　按照配方的组分及用量先分别称量并配成液体，根据要求调到一定的酸碱度（pH）；若要制成固体则加入 2%的琼脂并加热溶化。根据需要的数量分装入试管或三角烧瓶中，加塞或盖上纱布；包扎灭菌后备用。

(2) 斜面培养基的配制　步骤：称量→溶解→调 pH 值→加琼脂→过滤→分装→加塞→包扎→灭菌→摆斜面→无菌检查。

① 培养基配方的选定　同一种培养基的配方在不同著作中常会有某些差别。因此，除所用的是标准方法，应严格按其规定进行配制外，一般均应尽量收集有关资料，加以比较核对，再依据自己的使用目的选用，记录其来源。

② 培养基的制备记录　每次制备培养基均应有记录，包括培养基名称、配方及其来源、各种成分的牌号、最终 pH 值、消毒的温度、制备日期和制备者等。记录应复制一份，原记录保存备查。复制记录随制好的培养基一同存放，以防发生混乱。

③ 培养基成分的称取　培养基的各种成分必须精确称取，并要注意防止错乱，最好一次完成，不要中断。可将配方置于旁侧，每称完一种成分即在配方上做出记号，并将所需称取的药品一次取齐，置于左侧，每种称取完毕后，即移放于右侧。完全称取完毕后，还应进行一次检查。

④ 培养基各成分的混合和溶化　培养基所用化学药品均应是化学纯。使用的蒸煮锅不得为铜锅或铁锅，以防有微量铜或铁混入培养基，使细菌不易生长。最好使用不锈钢锅加热溶化，可放入大烧杯或大烧瓶中置高压蒸汽灭菌器或流动蒸汽消毒器中蒸煮溶化。在锅中溶化时，可先用温水加热并随时扰动，以防焦化。如发现有焦化现象，培养基即不能使用，应重新制备。待大部分固体成分溶化后，再用较小火力使所有成分完全溶化，直至煮沸。如为琼脂，可单独溶再用另一部分水溶化其他成分，然后将两溶液充分混合。加热溶化过程中，因蒸发而丢失的水分，最后必须加以补足。

⑤ 培养基 pH 的初步调正　因培养基在加热消毒过程中，pH 会有所变化，所以培养基各成分完全溶解后，应进行 pH 的初步调正。例如，牛肉浸液 pH 约可降低 0.2，而肠浸液 pH 却会有显著的升高。因此，对这个步骤，操作者应随时注意探索经验，以期能掌握培养基的最终 pH，保证培养基的质量。pH 调整后，还应将培养基煮沸数分钟，以利培养基沉淀物析出。

⑥ 培养基的过滤澄清　液体培养基必须绝对澄清，琼脂培养基也应透明无显著沉淀，因此，需采用过滤或其他澄清方法以达此要求。一般液体培养基可用滤纸过滤，滤纸折叠成折扇或漏斗形，以避免因液压不均匀而引起滤纸破裂。

琼脂培养基可用清洁的白色薄绒布趁热过滤，亦可用中间夹有薄层吸水棉的双层纱布过滤。新制肉、肝、血和土豆等浸液时，则须先用绒布将碎渣滤去，再用滤纸反复过滤。过滤法如不能达到澄清要求，须用蛋清澄清法：将冷却至 55～60℃的培养基放入大的三角烧瓶内，装入量不得超过烧瓶容量的 1/2，每 1000mL 培养基加入 1～2 个鸡蛋白，强力振摇 3～5min，置高压蒸汽灭菌器中，121℃加热 20min，取出，趁热以绒布过滤即可。

⑦ 培养基的分装　培养基的分装，应按使用的目的和要求，分装于试管、烧瓶等适当容器内。分装量不得超过容器装盛量的 2/3。容器口可用垫有防湿纸的棉塞封堵，其外还须用防水纸包扎（现试管一般多有用螺旋盖者）。分装时最好能使用半自动或电动的定量分装器。分装琼脂斜面培养基时，分装量应以能形成 2/3 底层和 1/3 斜面的量为恰当。分装容器预先应清洗干净并经干烤消毒，以利于培养基的彻底灭菌。每批培养基应另外分装 20mL 培养基于一小玻璃瓶中，随该批培养基同时灭菌，用以测定该批培养基的最终 pH。

⑧ 培养基的灭菌　一般培养基可采用 121℃高压蒸汽灭菌 15min 的方法。在各种培养基制备方法中，如无特殊规定，即可用此法灭菌。

某些畏热成分，如糖类，应另行配成 20%或更高的浓液，以过滤或间歇灭菌法消毒，以后再用无菌操作技术，定量加于培养基中。明胶培养基亦应用较低温度灭菌。血液、体液和抗生素等则应以无菌操作技术抽取和加至经冷却约 50℃的培养基中。

琼脂斜面培养基应在灭菌后立即取出，冷至 55～60℃时，摆置成适当斜面，待其自然凝固。

⑨ 培养基的质量测试　每批培养基制备好以后，应仔细检查一遍，如发现破裂、水分浸入、色泽异常、棉塞被培养基沾染等，均应挑出弃去。测定最终 pH。

将全部培养基放入 36℃±1℃恒温箱培养过夜，如发现有菌生长，即弃去。

用有关的标准菌株接种 1～2 管（或瓶）培养基，培养 24～48h，如无菌生长或生长不好，应追查原因并重复接种一次。如结果仍同前，则该批培养基即应弃去，不能使用。

⑩ 培养基保存　培养基应存放于冷暗处，最好能放于普通冰箱内。放置时间不宜超过

一周，倾注的平板培养基不宜超过 3 天。每批培养基均必须附有该批培养基制备记录副页或明显标签。

4. 常用器皿的灭菌

培养微生物常用的玻璃器具主要有试管、三角瓶、培养皿、吸管等，在使用前必须先进行灭菌，使容器中不含任何杂菌。为避免玻璃器皿在灭菌后再受空气中杂菌污染，仍然能保持无菌状态，在灭菌前需进行严格的包装或包扎。

试管和三角瓶常采用合适的棉花塞（或硅胶塞）封口。蒸汽灭菌前，一般将 7～10 支试管用绳扎在一起，用牛皮纸包裹棉花塞部分，再用绳扎紧。每个三角瓶可单独用牛皮纸包扎棉花塞部分。

培养皿是专为防止空气中杂菌污染而设计的，底皿加上皿盖为一套，洗净烘干后进行灭菌。到使用时，才在超净工作台中取出打开。

洗净烘干的吸管，在吸气的一端用镊子或针塞入少许未脱脂棉花（棉花勿外露），以防止菌体误吸入洗耳球中，或洗耳球中的微生物通过吸管而进入培养物中造成污染。每支吸管用一条宽约 5cm 的纸条，以 45°角螺旋形卷起来，剩余一端折叠打结，灭菌后烘干，使用时才在超净工作台上从纸条中抽出。

（1）高压蒸汽灭菌　一般玻璃器皿以及无菌水、耐热药物、一般培养基常采用高压蒸汽灭菌。该法的优点是时间短、灭菌效果好，可杀灭所有微生物，包括最耐热的细菌芽孢及其他休眠体。

单独玻璃器皿灭菌温度可比培养基灭菌温度高些，维持的时间可长些。具体温度和时间，应随灭菌物品的性质和容量的多少而灵活掌握。要注意灭菌因素是高温而不是高压，故灭菌锅内的冷空气要彻底排除（在排除冷空气的条件下，蒸气压与温度之间有一定关系），否则，压力虽达到 0.1MPa，但温度没有达到要求。

实验室常用的有自控或非自控卧式高压蒸汽灭菌锅（大量灭菌物品时使用），也有手提式小型灭菌锅。

（2）干热灭菌　培养皿、三角烧瓶、试管、吸管等玻璃器皿，金属器皿及其他干燥耐热物品，烘干后经适当包扎（勿装液体），采用干热灭菌，即在电热烘箱中利用干热空气灭菌。该法比湿热灭菌所需温度高些（160～170℃），时间也要长些（1～2h）。但灭菌温度不能超过 180℃，否则包扎用的纸或棉花塞容易烧焦。

二、无菌操作技术

培养基经高压灭菌后，用经过灭菌的工具（如接种针和吸管等）在无菌条件下接种含菌材料（如样品、菌苔或菌悬液等）于培养基上，这个过程叫做无菌接种操作。实验室检验中的各种接种必须是无菌操作。

1. 无菌环境条件

无菌环境操作是指在无菌室、无菌箱、超净工作室或工作台等无菌或相对无菌的环境条件下进行操作。

超净工作室或工作台目前较常用，是通过通入经超细过滤的无菌空气，以维持其无菌状态。无菌室或无菌箱现在较少用，是在使用前一段时间，用紫外线灯或化学试剂进行室内空气灭菌，以维持其相对无菌状态。

实验台面不论是什么材料，一律要求光滑、水平。光滑是便于用消毒剂擦洗，水平是倒琼脂培养基时利于培养皿内平板的厚度保持一致。在实验台上方，空气流动应缓慢，杂菌应

尽量减少。为此，必须清扫室内，关闭实验室门窗，并用消毒剂进行空气消毒处理，尽可能减少杂菌数量。

2. 无菌操作接种技术

无菌环境条件只是相对而言，实际上不可能保持环境的绝对无菌。因此，接种的关键是要严格进行正确的无菌操作，即充分利用酒精灯火焰周围的高温区（无菌区）。接种时，管口和瓶口始终保持在火焰旁边，进行熟练的移接种操作，使用的接种工具也要无菌，以保证微生物的纯种培养。

（1）接种工具　在实验室或工厂实践中，使用最多的接种工具是接种环和接种针（图8.3）。由于接种要求或方法不同，接种针的针尖部常做成不同的形状，有刀形、耙形等。有时滴管、吸管也可作为接种工具进行液体接种。在固体培养基表面要将菌液均匀涂布时，需要用到涂布棒。

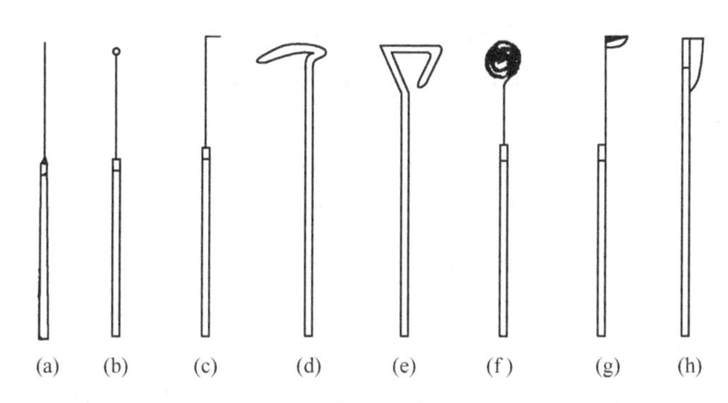

图8.3　接种和分离工具

（a）接种针；（b）接种环；（c）接种钩；（d）、（e）玻璃涂布棒；（f）接种圈；（g）接种锄；（h）小解剖刀

空气中的杂菌在气流小的情况下，可随着灰尘落下，所以接种时，打开培养皿的时间应尽量短，用于接种的器具必须经干热或火焰等灭菌。接种环的火焰灭菌方法：通常接种环在火焰上充分烧红（接种柄，一边转动一边慢慢地来回通过火焰3次），冷却，先接触一下培养基，待接种环冷却到室温后，方可用以挑取含菌材料或菌体，迅速地接种到新培养基上。然后，将接种环从柄部至环端逐渐通过火焰灭菌，复原。不要直接烧环，以免残留在接种环上的菌体爆溅而污染空间。平板接种时，通常将平板面倾斜，把培养皿的盖打开一小部分进行接种。在向培养皿内倒培养基或接种时，试管口或瓶壁外面不要接触皿底边，试管或瓶口应倾斜一下在火焰上通过。

（2）常用接种方法

① 画线接种　最常用接种方法。即在固体培养基表面作来回直线形移动，即可达到接种目的。常用接种工具有接种环、接种针等。斜面接种和平板画线中常用此法。

② 三点接种　研究霉菌形态时常用此法。即把少量的微生物接种在平板表面上，成等边三角形的三点，使其各自独立形成菌落，观察、研究其形态。除三点外，也有一点或多点进行接种的。

③ 穿刺接种　保藏厌氧菌种或研究微生物的动力时常用此法。做穿刺接种，使用的接种工具是接种针，培养基一般是半固体培养基。具体操作是：用接种针蘸取少量菌种，沿半固体培养基中心向管底作直线穿刺，如某细菌具有鞭毛而能运动，则在穿刺线周围能够

生长。

④ 浇混接种　将待接的微生物先放入培养皿中，然后再倒入冷却至45℃左右的固体培养基，迅速轻轻摇匀，菌液即达到稀释目的。待平板凝固之后，置合适温度下培养，一段时间后可长出单个的微生物菌落。

⑤ 涂布接种　与浇混接种略有不同，就是先倒好平板，让其凝固，然后再将菌液倒入平板上面，迅速用涂布棒在表面作来回左右涂布，使菌液均匀分布，一段时间后可长出单个的微生物菌落。

⑥ 液体接种　从固体培养基上将菌洗下，倒入液体培养基中，或者从液体培养物中，用移液管将菌液接至液体培养基中，或从液体培养物中将菌液移至固体培养基中，都可称为液体接种。

⑦ 注射接种　用注射的方法将待接微生物转接至活的生物体内，如人或其他动物中。常见的疫苗预防接种，就是用注射接种，接入人体来预防某些疾病。

⑧ 活体接种　活体接种是专门用于培养病毒或其他病原微生物的方法。

3. 微生物分离纯化技术

含有一种以上微生物的培养物称为混合培养物。如果在一个菌落中所有细胞均来自于一个亲代细胞，那么这个菌落称为纯培养。在进行菌种鉴定时，所用的微生物一般要求为纯的培养物。得到纯培养的过程称为分离纯化。其方法如下。

(1) 倾注平板法　首先把微生物悬液通过一系列稀释，然后取一定量稀释液与溶化好的保持在40～50℃的营养琼脂培养基充分混合，再把此混合液倾注到无菌培养皿中，待凝固后，平板倒置在恒温箱中培养。单一细胞经过多次增殖后形成一个菌落，取单个菌落制成悬液，重复上述步骤数次，便可得到纯培养物。

(2) 涂布平板法　首先把微生物悬液通过适当稀释，取一定量稀释液放在无菌的已经凝固的营养琼脂平板上，然后用无菌玻璃刮刀把稀释液均匀地涂布在培养基表面，经恒温培养可得到单个菌落。

(3) 平板画线法　最简单的分离微生物的方法。用无菌的接种环取培养物少许在平板上进行画线。画线的方法很多，常见的比较容易出现单个菌落的画线方法有斜线法、曲线法、方格法、放射法、四格法等。当接种环在培养基表面上往后移动时，接种环上的菌液逐渐稀释，最后在所画的线上分散着单个细胞，经培养，每一个细胞长成一个菌落。

(4) 富集培养法　创造一些条件只让所需微生物生长，所需微生物能有效地与其他微生物进行竞争，其生长能力远远超过其他微生物。创造的条件包括：最适的碳源、能源、温度、光、pH、渗透压和氢受体等。

(5) 厌氧法　实验室中，为了分离某些厌氧菌，可以利用装有原培养基的试管作为培养容器，把这支试管放在沸水浴中加热数分钟，以便逐出培养基中的溶解氧，然后快速冷却，进行接种。接种后，加入无菌的石蜡于培养基表面，使培养基与空气隔绝；或者，接种后利用 N_2 或 CO_2 取代培养基中的气体，然后在火焰上把试管口密封。有时为了更有效地分离某些厌氧菌，可以把所分离的样品接种于培养基上，然后再把培养皿放在完全密封的厌氧培养装置中。

三、染色技术

由于微生物细胞含有大量水分（一般在80%甚至90%以上），对光线的吸收和反射与水溶

液的差别不大，与周围背景没有明显的明暗差。所以，除了观察活体微生物细胞的运动性和直接计算菌数外，绝大多数情况都必须经过染色，才能在显微镜下进行观察。但是，此法的最大缺陷是染色后的微生物标本是死的，在染色过程中微生物的形态与结构均会发生一些变化，不能完全代表生活细胞的真实情况，染色观察时必须注意。

1. 染色的基本原理

微生物染色的基本原理是借助物理因素和化学因素的作用而进行的。物理因素如细胞及细胞物质对染料的毛细现象、渗透、吸附作用等；化学因素则是根据细胞物质和染料的不同性质而发生的各种化学反应。酸性物质对于碱性染料较易吸附，且吸附作用稳固；碱性物质对酸性染料较易吸附。要使酸性（碱性）物质染上酸性（碱性）材料，必须把物理形式加以改变（如改变 pH 值），才利于吸附作用。

影响染色的其他因素，还有菌体细胞的构造和其外膜通透性，如细胞膜的通透性、膜孔的大小和细胞结构完整与否。此外，培养基的组成、菌龄、染色液中的电介质含量、pH、温度、药物的作用等，也都能影响细菌的染色。

2. 染料种类和选择

染料分为天然染料和人工染料两种。天然染料有胭脂虫红、地衣素、石蕊和苏木素等，多从植物体中提取得到，成分较为复杂。目前使用较多的是人工染料，也称煤焦油染料，多从煤焦油中提取获得，是苯的衍生物。按照电离后染料离子所带电荷的性质，染料又可分为酸性染料、碱性染料、中性（复合）染料和单纯染料四大类。

(1) 酸性染料　电离后带负电荷的一类染料，如伊红、刚果红、藻红、苯胺黑、苦味酸和酸性复红等，可与碱性物质结合成盐。当培养基因糖类分解产酸，使 pH 值下降时，细菌所带的正电荷增加，这时选择酸性染料，易被染色。

(2) 碱性染料　电离后带正电的一类染料，可与酸性物质结合成盐。微生物实验室一般常用的碱性染料有美兰、甲基紫、结晶紫、碱性复红、中性红、孔雀绿和蕃红等。在一般的情况下，细菌易被碱性染料染色。

(3) 中性（复合）染料　酸性染料与碱性染料的结合物叫做中性（复合）染料，如瑞脱染料和基姆萨染料等，后者常用于细胞核的染色。

(4) 单纯染料　这类染料的化学亲和力低，不能和被染物质生成盐，其染色能力视其是否溶于被染物而定，因为它们大多数都属于偶氮化合物，不溶于水，但溶于脂肪溶剂中，如紫丹类染料。

3. 制片和染色的基本程序

微生物的染色方法很多，各种方法应用的染料也不尽相同，但是一般染色都要经历下述步骤：制片→固定→染色→媒染→脱色→复染→水洗→干燥→镜检。

(1) 制片　在干净的载玻片上滴一滴蒸馏水，用接种环进行无菌操作，挑取培养物少许，置于载玻片水滴中，与水混合做成悬液并涂成直径约 1cm 的薄层。为避免因菌数过多聚集成团，不利于观察个体形态，可在载玻片另一侧再加一滴水，从已涂布的菌液中再取一环于此水滴中进行稀释，涂布成薄层。若材料为液体培养物或固体培养物中洗下制备的菌液，则直接涂布于载玻片上即可。

(2) 自然干燥　涂片最好在室温下使其自然干燥。有时为了使之干得更快些，可将标本面向上，手持载玻片一端的两侧，小心地在酒精灯上方较高处微微加热，使水分蒸发，但切勿紧靠火焰或加热时间过长，以防标本烤枯而变形。

(3) 固定　标本干燥后即进行固定。固定的目的为：杀死微生物，固定细胞结构；保证菌体能更牢地黏附在载玻片上，防止标本被水冲洗掉；改变染料对细胞的通透性，因为死的原生质比活的原生质易于染色。

固定常常利用高温，手执载玻片的一端（涂有标本的远端），标本向上，在酒精灯火焰外层尽快地来回通过 3～4 次，共约 2～3s，并不时以载玻片背面加热触及皮肤，不觉过烫为宜（不超过 60℃），放置待冷后，进行染色。

上述固定法在微生物实验室中虽然应用较为普遍，但是应当指出，在研究微生物细胞结构时不适用，应采用化学固定法。

(4) 染色　标本固定后，滴加染色液。染色的时间各不相同，视标本与染料的性质而定，有时染色时还要加热。染料作用标本的时间平均约 1～3min，而所有的染色时间内，整个涂片（或有标本的部分）应该浸在染料之中。

若作复合染色，在媒染处理时，媒染剂与染料形成不溶性化合物，可增加染料和细菌的亲和力。一般固定后媒染，但也可以结合固定或染色同时进行。

(5) 脱色　用醇类或酸类处理染色的细胞，使之脱色。可检查染料与细胞结合的稳定程度，鉴别不同种类的细菌。常用的脱色剂是 95%酒精和 3%盐酸溶液。

(6) 复染　脱色后再用一种染色剂进行染色，与不被脱色部位形成鲜明的对照，便于观察。革兰染色在酒精脱色后用番红、石炭酸复红，最后进行染色，就是复染。

(7) 水洗　染色到一定时候，用细小的水流从标本的背面把多余的染料冲洗掉，被菌体吸附的染料则保留。

(8) 干燥　着色标本洗净后，将标本晾干；或用吸水纸把多余的水吸去，然后晾干或微热烘干。用吸水纸时，切勿使载玻片翻转，以免将菌体擦掉。

(9) 镜检　干燥后的标本可用显微镜观察。

4. 染色方法

微生物的染色方法一般分为单染色法和复染色法两种。前者用一种染料使微生物染色，但不能鉴别微生物。复染色法是用两种或两种以上染料，有协助鉴别微生物的作用，故亦称鉴别染色法。常用的复染色法有革兰染色法和抗酸性染色法，此外还有鉴别细胞各部分结构（如芽孢、鞭毛、细胞核等）的特殊染色法。食品微生物检验中常用的是单染色法和革兰染色法。

(1) 单染色法　用一种染色剂对涂片进行染色，简便易行，适于进行微生物的形态观察。一般情况下，细菌菌体多带负电荷，易于和带正电荷的碱性染料结合而被染色。因此，常用碱性染料进行单染色，如美兰、孔雀绿、碱性复红、结晶紫和中性红等。若使用酸性染料，多用刚果红、伊红、藻红和酸性品红等。使用酸性染料时，必须降低染液的 pH，使其呈现强酸性（低于细菌菌体等电点），让菌体带正电荷，才易于被酸性染料染色。

单染色一般要经过涂片、固定、染色、水洗和干燥五个步骤。染色结果依染料不同而不同：石炭酸复红染色液的着色快，时间短，菌体呈红色；美兰染色液的着色慢，时间长，效果清晰，菌体呈蓝色；草酸铵结晶染色液，染色迅速，着色深，菌体呈紫色。

(2) 革兰染色法　革兰染色法是细菌学中广泛使用的一种鉴别染色法。细菌先经碱性染料结晶紫染色，再经碘液媒染后，用酒精脱色。一定条件下有的细菌紫色不被脱去，有的可被脱去，由此可将细菌分为两大类，前者叫做革兰阳性菌（G^+），后者为革兰阴性菌

(G⁻)。为观察方便，脱色后再用一种红色染料，如碱性番红等进行复染。阳性菌仍带紫色，阴性菌则被染上红色。有芽孢的杆菌和绝大多数球菌，以及所有的放线菌和真菌都呈革兰阳性反应；弧菌、螺旋体和大多数致病性的无芽孢杆菌都呈现阴性反应。

革兰染色法一般包括初染、媒染、脱色、复染等四个步骤，具体操作过程是：涂片固定→草酸铵结晶紫染 1min→自来水冲洗→加碘液覆盖涂面染 1min→水洗，用吸水纸吸去水分→加 95%酒精数滴，并轻轻摇动进行脱色，30s 后水洗，吸去水分→番红染色液复染 1min 后，自来水冲洗→干燥，镜检。

任务二　实训项目

项目一　水样中菌落总数的测定

食品检样经过处理，在一定条件下（如培养基、培养温度和培养时间等）培养后，所得每克（毫升）检样中形成的微生物菌落总数。按照国家标准（GB 47892—2010）规定，此种培养是在需氧条件下，即 37℃培养 48h，在普通营养琼脂平板上生长的细菌菌落总数。厌氧菌或微需氧菌，有特殊营养要求的，以及非嗜中温的细菌，难以在此繁殖生长。因此，菌落总数并不表示所有细菌总数，且不能区分其中细菌种类，又被称为杂菌数或需氧菌数。

菌落总数主要用以判定食品被污染的程度，也可应用此方法观察细菌在食品中的繁殖动态，以便为被检样品进行卫生学评价提供依据。

1. 设备和材料

(1) 恒温培养箱　36℃±1℃。

(2) 冰箱　2～5℃。

(3) 恒温水浴箱　46℃±1℃。

(4) 天平　0～500g，精确至 0.5g。

(5) 均质器或灭菌乳钵。

(6) 菌落计数器。

(7) 无菌吸管　1mL（具 0.01mL 刻度）、10mL（具 0.1mL 刻度）或微量移液器及吸头。

(8) 无菌锥形瓶　容量 500mL。

(9) 无菌培养皿　直径 90mm。

(10) 灭菌试管　16mm×160mm。

(11) 灭菌刀、剪子、镊子等。

(12) 灭菌玻璃珠　直径约 5mm。

2. 培养基和试剂

(1) 营养琼脂培养基。

(2) 磷酸盐缓冲稀释液。

(3) 0.9%灭菌生理盐水。

(4) 75%乙醇。

3. 检验程序

菌落总数的检验程序见图 8.4。

4. 操作步骤

(1) 样品处理

① 以无菌操作将检样 25g (25mL) 移至盛有 225mL 灭菌生理盐水或其他稀释液的灭菌玻璃瓶内 (瓶内预置适当数量的无菌玻璃珠) 或灭菌乳钵内，固体检样需 8000～10000r/min，均质 1～2min，若样品为液态，充分振荡混匀，制成 1∶10 的均匀稀释液。

② 用 1mL 无菌吸管或微量移液器吸取 1∶10 样品匀液 1mL，沿管壁徐徐注入含 9mL 灭菌生理盐水的试管内 (注意吸管尖端不要触及管内稀释液)，振荡试管或换用一支无菌吸管反复吹打使其混合均匀，制成 1∶100 的样品匀液。依次类推，做出 1∶1000 等稀释度的稀释液。每个稀释度更换一支灭菌吸管或吸头。

③ 根据食品卫生标准要求或对样品污染状况的估计，选择 2～3 个适宜稀释度的样品匀液 (液体也可包括原液)，分别在做 10 倍递增稀释的同时，即以吸取该样品稀释液的吸管移 1mL 样品稀释液于灭菌平皿内 (每个稀释度接种两个平皿)，并及时将冷却至 46℃的营养琼脂培养基 (事先置于 46℃水浴锅中保温) 注入平皿约 15mL，转动平皿使之混合均匀。同时将营养琼脂培养基倾入加有 1mL 无菌水的灭菌平皿内做空白对照。

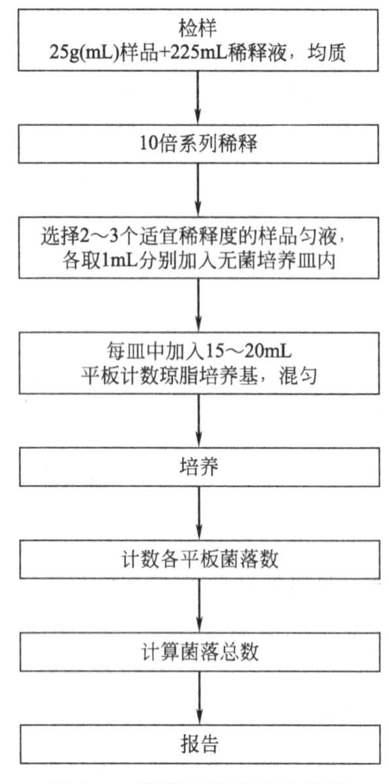

图 8.4 菌落总数的检验程序

(2) 培养 待琼脂凝固后，翻转平板，置于 36℃±1℃培养箱内，培养 48h±2h，达到规定培养时间，应立即计数。如果不能立即计数，应将平板放置于 0～4℃，但不要超过 24h。

(3) 菌落计数 可肉眼观察计数，必要时用放大镜或菌落计数器，以防遗漏。记录稀释倍数和相应的菌落数量。菌落计数以菌落形成单位 (colony-forming units，CFU) 表示。

① 选取菌落数在 30～300CFU、无蔓延菌落生长的平皿计数菌落总数。低于 30CFU 的平板记录具体菌落总数，大于 300CFU 的可记为“多不可计”。每个稀释度的菌落数应采用两个平板的平均数。

② 其中一个平板有较大片状菌落生长时，则不宜采用，而应以无片状菌落生长的平板作为该稀释度的菌落数；若片状菌落不到平板的一半，而其余一半菌落分布又很均匀，即可计算半个平板后乘以 2，代表一个平板的菌落数。

③ 当平板上出现菌落间无明显界限的链状生长时，则可每条单链作为一个菌落计数。

5. 结果与报告

(1) 菌落总数的计算方法

① 若只有一个稀释度平板上的菌落数在适宜计数范围内，计算两个平板菌落数的平均值，再乘以相应稀释倍数，作为每克 (毫升) 样品中菌落总数结果。

② 若有两个连续稀释度的平板菌落数在适宜计数范围内时，按下列公式计算

$$N=\frac{\sum C}{(n_1+0.1n_2)d}$$

式中 N——样品中菌落数；

$\sum C$——平板（含适宜范围菌落数的平板）菌落数之和；

n_1——第一个适宜稀释度的测试片数；

n_2——第二个适宜稀释度的测试片数；

d——稀释因子（第一稀释度）。

③ 若所有稀释度的平板上菌落数均大于300CFU，则对稀释度最高的平板进行计数，其他平板可记录为多不可计，结果按平均菌落数乘以最高稀释倍数计算。

④ 若所有稀释度的平板菌落数均小于30CFU，则应按稀释度最低的平均菌落数乘以稀释倍数计算。

⑤ 若所有稀释度（包括液体样品原液）平板均无菌落生长，则以小于1乘以最低稀释倍数计算。

⑥ 若所有稀释度的平板菌落数均不在30～300CFU，其中一部分小于30CFU或大于300CFU时，则以最接近30CFU或300CFU的平均菌落数乘以稀释倍数计算。

（2）菌落总数的报告

① 菌落数小于100CFU时，按“四舍五入”原则修约，以整数报告。

② 菌落数大于或等于100CFU时，第3位数字采用“四舍五入”原则修约后，取前2位数字，后面用0代替位数，也可用10的指数形式来表示，按“四舍五入”原则修约后，采用两位有效数字。

③ 若所有平板上为蔓延菌落而无法计数，则报告菌落蔓延。

④ 若空白对照上有菌落生长，则此次检测结果无效。

⑤ 称量取样以CFU/g为单位报告，体积取样以CFU/mL为单位报告。

6. 实验说明

① 平板计数琼脂（plate count agar，PCA）培养基

成分：胰蛋白胨5.0g，酵母浸膏2.5g，葡萄糖1.0g，琼脂15.0g，蒸馏水1000mL，pH7.0±0.2。

制法：将上述成分加于蒸馏水中，煮沸溶解，调节pH。分装试管或锥形瓶，121℃高压灭菌15min。

② 磷酸盐缓冲液

成分：磷酸二氢钾（KH_2PO_4）34.0g，蒸馏水500mL，pH7.2

制法

贮存液：称取34.0g的磷酸二氢钾溶于500mL蒸馏水中，用大约175mL的1mol/L氢氧化钠溶液调节pH，用蒸馏水稀释至1000mL后贮存于冰箱。

稀释液：取贮存液1.25mL，用蒸馏水稀释至1000mL，分装于适宜容器中，121℃高压灭菌15min。

③ 无菌生理盐水

成分：氯化钠8.5g，蒸馏水1000mL。

制法：称取8.5g氯化钠溶于1000mL蒸馏水中，121℃高压灭菌15min。

7. 评分标准

考核内容	分值	考核记录(以"√"表示)		得分
		准备(3分)		
物品摆放及酒精擦手	2	摆放的物品影响操作,−1分		
		取菌前未用酒精擦手,−1分		
编号(试管、培养皿)	1	每漏编一个,−0.5分		
		每错编一个,−0.5分		
		样品稀释(40分)		
样品混匀 ①原始样品 ②稀释样品	4	原始样品没有混匀,−1分		
		稀释样品没有混匀,一个−1分		
		手心振摇试管时没塞塞子,−1分		
		吸管吸放时棉花掉落,一支−1分		
吸管使用 ①打开方式 ②取液 ③调节液面 ④放液 ⑤稀释顺序	6	打开吸管包扎纸时手碰到管尖至吸管的1/3处,一次−1分		
		放液时若吸管外壁碰到试管口却没有灼烧试管口,一次−1分		
		吸取刻度不准确,1次−1分		
		稀释时将移取过高浓度菌液的吸管插入到低浓度试管中,一次−1分		
		移液过程中液体流滴在试管外面,一次−1分		
试管、开盖瓶操作 ①开塞 ②管口灭菌 ③持法 ④盖塞	6	开塞不正确,一次−1分		
		盖塞不正确,一次−1分		
		持法不正确(移液时未做到右手至少持一个试管塞),一次−1分		
		菌种试管开塞未灼烧,−1分		
接种 ①换管 ②培养皿个数	6	将移取过高浓度菌液的吸管插入到低浓度试管中进行接种,一次−1分		
		吸管外壁碰到培养皿壁,一次−0.5分		
		漏接培养皿,一个−2分		
		试管被污染,每根−1分		
加培养基 ①培养皿持法 ②加入量 ③污染皿壁 ④混匀	8	加入培养基量低于10mL,一次−1分		
		培养基污染皿壁,一次−1分		
		培养基瓶接触平皿,一次−0.5分		
		培养基有凝块、不透明,一次−1分		
酒精灯附近区操作	4	点燃但未在酒精灯附近区操作,−2分		
		未点燃酒精灯,+4分		
空白	2	未进行,−2分		
操作熟练程度	4	熟练,+4分		
		一般,+2分		
		不熟练,+0分		
		培养(5分)		
琼脂凝固	3	没有凝固−3分		
翻转培养皿	2	培养时未翻转培养皿,−2分		

续表

考核内容		分值	考核记录(以"√"表示)		得分
结果判断(35分)					
培养结果观察		10	菌落不成稀释梯度,-3分		
			混合不均匀,片状低于25%,一块平板-1分		
			混合不均匀,片状高于25%,一块平板-2分		
			空白平板有菌落,一个平板-1分		
精密度	极差与平均值之比(%)(以计数平板进行计算)	15	≤10%	-0分	
			10%~15%	-3分	
			15%~20%	-7分	
			20%~30%	-10分	
			>30%	-15分	
准确度	$\frac{平均值-对照值}{对照值}\times100\%$(以计数平板进行计算)	10	≤10%	-0分	
			10%~20%	-2分	
			20%~30%	-6分	
			>30%	-10分	
原始记录及报告(12分)					
观察现象记录清楚		4	观察现象与记录不一致、不清楚、有涂改,-4分		
计算公式、过程		4	公式不正确,-4分		
			公式正确但代入数据不正确,-1分		
报告结果规范、正确		4	不清楚、混乱,-4分		
文明操作(5分)					
实验后台面整理		3	整理但不够整洁,-2分		
			未整理,-1分		
器皿破损		2	破损,-2分		
完成时间(0分)					
≤30min		0	超时:每超1分钟,扣1分(最多扣5分)		
合计					

项目二　水样中大肠菌群数的测定

大肠菌群并非细菌学分类命名，而是卫生细菌领域的用语。它不代表某一个或某一属细菌，而指的是具有某些特性的一组与粪便污染有关的细菌，这些细菌在生化及血清学方面并非完全一致，其定义为：需氧及兼性厌氧，在37℃能分解乳糖产酸产气的革兰阴性无芽孢杆菌。一般认为该菌群细菌可包括大肠埃希菌、柠檬酸杆菌、产气克雷伯菌和阴沟肠杆菌等。其中大肠杆菌Ⅰ型和Ⅲ型对靛基质、甲基红、V-P和柠檬酸盐利用实验这四个项目的生化反应结果均为"＋＋－－"，通常称为典型大肠杆菌，而其他类大肠杆菌则被称为非典型大肠杆菌。

大肠菌群是评价食品卫生质量的重要指标之一。大肠杆菌普遍存在于人和动物的肠道内，若在肠道以外的环境中被发现，则可认为是受到粪便污染，所以大肠杆菌可作为判定食品被粪便污染的指标菌。大肠杆菌的检出不仅反映检样受粪便污染的程度，也反映了食品在生产、加工、运输、贮存等过程中的卫生状况，具有广泛的卫生学意义。

食品中大肠菌群数是以每100mL（g）检样内大肠菌群最可能数（most probable number，MPN，又称最近似数）来表示的。MPN法是基于泊松分布的一种间接计数方法。GB 47893—2010为我国现行的食品中大肠菌群测定的标准方法，MPN计数法为其仲裁方法。

1. 设备和材料

（1）恒温培养箱　36℃±1℃。

（2）冰箱　2～5℃。

（3）恒温水浴箱　46℃±1℃。

（4）天平　感量0.1g。

（5）均质器。

（6）振荡器。

（7）无菌吸管　1mL（具0.01mL刻度）、10mL（具0.1mL刻度）或微量移液器及吸头。

（8）无菌锥形瓶　容量500mL。

（9）无菌培养皿　直径90mm。

（10）灭菌刀、剪子、镊子等。

（11）灭菌玻璃珠　直径约5mm。

2. 培养基和试剂

（1）月桂基硫酸盐胰蛋白胨肉汤。

（2）煌绿乳糖胆盐肉汤。

（3）结晶紫中性红胆盐琼脂。

（4）磷酸盐缓冲液。

（5）无菌生理盐水。

（6）无菌1mol/L NaOH。

（7）无菌1mol/L HCl。

3. 检验程序

大肠菌群MPN计数法的检验程序见图8.5。

4. 操作步骤

（1）样品处理

① 以无菌操作将检样25g（25mL）移至盛有225mL灭菌生理盐水或其他稀释液的灭菌玻璃瓶内（瓶内预置适当数量的无菌玻璃珠）或灭菌乳钵内，固体检样需8000～10000r/min，匀质1～2min，若样品为液态，充分振荡混匀，制成1∶10的均匀稀释液。样品匀液的pH值应在6.5～7.5，必要时分别用无菌1mol/L NaOH或1mol/L HCl调节。

② 用1mL无菌吸管或微量移液器吸取1∶10样品匀液1mL，沿管壁徐徐注入含9mL灭菌生理盐水的试管内（注意吸管尖端不要触及管内稀释液），振荡试管或换用一支无菌吸管反复吹打使其混合均匀，制成1∶100的样品匀液。根据对样品污染状况的估计，按上述操作，依次制成10倍递增系列稀释样品匀液。每个稀释度更换一支无菌吸管或吸头。从制

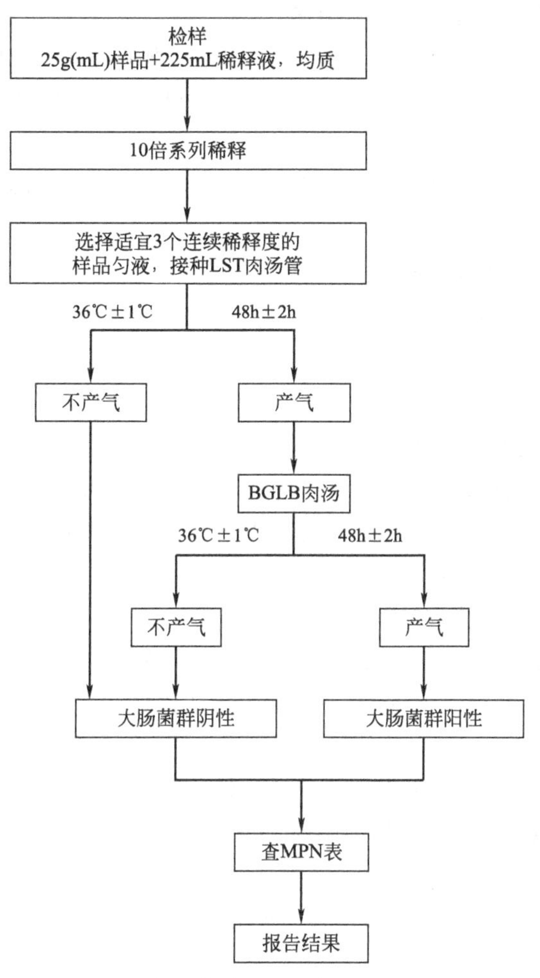

图 8.5　大肠菌群 MPN 计数法检验程序

备样品匀液至样品接种完毕，全过程不得超过 15min。

(2) 初发酵试验　每个样品，选择 3 个适宜的连续稀释度的样品匀液（液体样品也可选择原液），分别在做 10 倍递增稀释的同时，即以吸取该样品稀释液的吸管移 1mL 样品匀液分别接种于 3 管月桂基硫酸盐胰蛋白胨（LST）肉汤中（如接种量超过 1mL，则用双料 LST 肉汤），36℃±1℃培养 24h±2h，观察倒管内是否有气泡产生。24h±2h 产气者进行复发酵试验；如未产气则继续培养至 48h±2h，产气者进行复发酵试验，未产气者为大肠菌群阴性。

(3) 复发酵试验　用接种环从产气的 LST 肉汤管中分别取培养物 1 环，移种于煌绿乳糖胆盐肉汤（BGLB）管中，36℃±1℃培养 48h±2h，观察产气情况。产气者，即为大肠菌群阳性管。

5. 大肠菌群最可能数（MPN）的报告

按（3）确证的大肠菌群 LST 阳性管数，检索 MPN 表（见实验说明），报告每克（毫升）样品中大肠菌群的 MPN 值。

6. 实验说明

(1) 培养基和试剂

① 月桂基硫酸盐胰蛋白胨（LST）肉汤

成分：胰蛋白胨或胰酪胨 20.0g，氯化钠 5.0g，乳糖 5.0g，磷酸氢二钾（K_2HPO_4）2.75g，磷酸二氢钾（KH_2PO_4）2.75g，月桂基硫酸钠 0.1g，蒸馏水 1000mL。

pH6.8±0.2

制法：将上述成分溶解于蒸馏水中，调节 pH。分装到有玻璃小倒管的试管中，每管 10mL。121℃高压灭菌 15min。

② 煌绿乳糖胆盐（BGLB）肉汤

成分：蛋白胨 10.0g，乳糖 10.0g，牛胆粉（oxgall 或 oxbile）溶液 200mL，0.1%煌绿水溶液 13.3mL，蒸馏水 800mL。

pH7.2±0.1

制法：将蛋白胨、乳糖溶于约 500mL 蒸馏水中，加入牛胆粉溶液 200mL（将 20.0g 脱水牛胆粉溶于 200mL 蒸馏水中，调节 pH 至 7.0～7.5），用蒸馏水稀释到 975mL，调节 pH，再加入 0.1%煌绿水溶液 13.3mL，用蒸馏水补足到 1000mL，用棉花过滤后，分装到有玻璃小倒管的试管中，每管 10mL。121℃高压灭菌 15min。

③ 结晶紫中性红胆盐琼脂（VRBA）

成分：蛋白胨 7.0g，酵母膏 3.0g，乳糖 10.0g，氯化钠 5.0g，胆盐或 3 号胆盐 1.5g，中性红 0.03g，结晶紫 0.002g，琼脂 15～18g，蒸馏水 1000mL。

pH7.4±0.1

制法：将上述成分溶于蒸馏水中，静置几分钟，充分搅拌，调节 pH。煮沸 2min，将培养基冷却至 45～50℃倾注平板。使用前临时制备，不得超过 3h。

④ 磷酸盐缓冲液

成分：磷酸二氢钾（KH_2PO_4）34.0g，蒸馏水 500mL。

pH7.2

制法：

贮存液　称取 34.0g 的磷酸二氢钾溶于 500mL 蒸馏水中，用大约 175mL 的 1mol/L 氢氧化钠溶液调节 pH，用蒸馏水稀释至 1000mL 后贮存于冰箱中。

稀释液：取贮存液 1.25mL，用蒸馏水稀释至 1000mL，分装于适宜容器中，121℃高压灭菌 15min。

⑤ 无菌生理盐水

成分：氯化钠 8.5g，蒸馏水 1000mL。

制法：称取 8.5g 氯化钠溶于 1000mL 蒸馏水中，121℃高压灭菌 15min。

⑥ 1mol/L NaOH

成分：NaOH 40.0g，蒸馏水 1000mL。

制法：称取 40g 氢氧化钠溶于 1000mL 蒸馏水中，121℃高压灭菌 15min。

⑦ 1mol/L HCl

成分：HCl 90mL，蒸馏水 1000mL。

制法：移取浓盐酸 90mL，用蒸馏水稀释至 1000mL，121℃高压灭菌 15min。

(2) 大肠菌群最可能数（MPN）检索表　每克（毫升）检样中大肠菌群最可能数（MPN）的检索见表 8.1。

表 8.1　每克（毫升）检样中大肠菌群最可能数（MPN）的检索表

阳性管数			MPN	95%可信限		阳性管数			MPN	95%可信限	
0.10	0.01	0.001		下限	上限	0.10	0.01	0.001		下限	上限
0	0	0	<3.0	—	9.5	2	2	0	21	4.5	42
0	0	1	3.0	0.15	9.6	2	2	1	28	8.7	94
0	1	0	3.0	0.15	11	2	2	2	35	8.7	94
0	1	1	6.1	1.2	18	2	3	0	29	8.7	94
0	2	0	6.2	1.2	18	2	3	1	36	8.7	94
0	3	0	9.4	3.6	38	3	0	0	23	4.6	94
1	0	0	3.6	0.17	18	3	0	1	38	8.7	110
1	0	1	7.2	1.3	18	3	0	2	64	17	180
1	0	2	11	3.6	38	3	1	0	43	9	180
1	1	0	7.4	1.3	20	3	1	1	75	17	200
1	1	1	11	3.6	38	3	1	2	120	37	420
1	2	0	11	3.6	42	3	1	3	160	40	420
1	2	1	15	4.5	42	3	2	0	93	18	420
1	3	0	16	4.5	42	3	2	1	150	37	420
2	0	0	9.2	1.4	38	3	2	2	210	40	430
2	0	1	14	3.6	42	3	2	3	290	90	1.000
2	0	2	20	4.5	42	3	3	0	240	42	1.000
2	1	0	15	3.7	42	3	3	1	460	90	2.000
2	1	1	20	4.5	42	3	3	2	1100	180	4.100
2	1	2	27	8.7	94	3	3	3	>1100	420	—

注：1. 本表采用 3 个稀释度[0.1g(mL)、0.01g(mL)和 0.001g(mL)]，每个稀释度接种 3 管。

2. 表内所列检样量如改用 1g(mL)、0.1g(mL)和 0.01g(mL)时，表内数字应相应降低 10 倍；如改用 0.01g(mL)、0.001g(mL)、0.0001g(mL)时，则表内数字应相应增高 10 倍，其余类推。

7. 评分标准

考核内容	分值	考核记录(以"√"表示)		得分
准备(10 分)				
物品摆放及酒精擦手	4	摆放的物品影响操作,—2 分		
		取菌前未用酒精擦手,—2 分		
编号(试管、发酵管)	6	每漏编一个,—1 分		
		每错编一个,—1 分		
样品稀释、初发酵(40 分)				
样品混匀 ①原始样品 ②稀释样品	4	原始样品没有混匀,—2 分		
		稀释样品没有混匀,一个—1 分		
		手心振摇试管时没塞塞子,—1 分		

续表

考核内容	分值	考核记录(以"√"表示)		得分
样品稀释、初发酵(40分)				
吸管使用 ①打开方式 ②取液 ③调节液面 ④放液 ⑤稀释顺序	8	打开吸管包扎纸时手碰到管尖至吸管的1/3处,一次−1分		
		放液时若吸管外壁碰到试管口却没有灼烧试管口,一次−1分		
		吸取刻度不准确,1次−1分		
		稀释时将移取过高浓度菌液的吸管插入到低浓度试管中,−2分		
		移液过程中液体流滴在试管外面,一次−1分		
发酵管、样品瓶操作 ①开塞 ②管口灭菌 ③持法 ④盖塞	8	开塞不正确,一次−2分		
		盖塞不正确,一次−2分		
		持法不正确(移液时未做到右手至少持一个试管塞),−2分		
		菌种试管开塞未灼烧,−2分		
接种 ①换管 ②接种量 ③LST肉汤发酵管个数	10	将移取过高浓度菌液的吸管插入到低浓度试管中进行接种,−2分		
		吸管外壁碰到发酵管壁,一次−1分		
		漏接发酵管,一个−1分		
		接种量不是1mL,一次−1分		
		接种后发酵管摇动,−1分		
酒精灯附近区操作	4	点燃但未在酒精灯附近区操作,−2分		
		未点燃酒精灯,−4分		
操作熟练程度	6	较熟练,−2分		
		一般,−4分		
		不熟练,−6分		
复发酵(20分)				
接种环使用灼烧灭菌、冷却取菌、灼烧多余菌液	5	接种环灼烧不彻底,一次−1分		
		灼烧后接种环未冷却直接取菌,一次−1分		
		接种后未灼烧多余菌液,一次−1分		
接种 ①换管 ②BGLB肉汤发酵管个数	5	塞子直接放在台面上,一次−1分		
		未同时左手持两管,一次−1分		
		漏接BGLB发酵管,一个−1分		
酒精灯附近区操作	4	未在酒精灯附近区操作,−2分		
		未点燃酒精灯,−4分		
操作熟练程度	6	较熟练,−2分		
		一般,−4分		
		不熟练,−6分		
原始记录及报告(20分)				
观察现象记录清楚	10	观察现象与记录不一致、不清楚、有涂改,−6分		
MPN表检索	4	数据不正确,−4分		

续表

考核内容	分值	考核记录(以"√"表示)		得分
原始记录及报告(20分)				
报告结果规范、正确	6	不清楚、不正确、有涂改,-4分		
		单位错误,-2分		
文明操作(10分)				
实验后台面整理	6	整理但不够整洁,-3分		
		未整理,-6分		
器皿破损	4	破损,-4分		
合计				

注:1. 扣分补充说明:每大项中的小项考核点除特殊说明外不重复扣分,在每大项中不可倒扣分。
2. 擅自涂改实验的原始记录,以作弊计,得0分。

项目三 食品中金黄色葡萄球菌的检验

金黄色葡萄球菌(*Staphylococcus aureus*)是一种革兰染色阳性球形细菌。显微镜下排列成葡萄串状,是常见的引起食物中毒的致病菌。因为金黄色葡萄球菌可以产生肠毒素,因此,检验食品中金黄色葡萄球菌有重要的实际意义。

金黄色葡萄球菌在Baird-Parker平板上,菌落直径为2~3mm,颜色呈灰色到黑色,边缘为淡色,周围为一混浊带,其外层有一透明圈。金黄色葡萄球菌能产生血浆凝固酶,使血浆凝固;多数致病性的菌株能产生溶血素,使血琼脂平板菌落周围出现溶血环,在试管中出现溶血反应。这些都是鉴定金黄色葡萄球菌的重要指标。GB 4789.10—2010中第一法适用于食品中金黄色葡萄球菌的定性检验;第二法适用于金黄色葡萄球菌含量较高的食品中金黄色葡萄球菌的计数;第三法适用于金黄色葡萄球菌含量较低而杂菌含量较高的食品中金黄色葡萄球菌的计数。

1. 设备和材料

除微生物实验室常规灭菌及培养设备外,其他设备和材料如下。

(1) 恒温培养箱 36℃±1℃。

(2) 冰箱 2~5℃。

(3) 恒温水浴箱 37~65℃。

(4) 天平 感量0.1g。

(5) 均质器。

(6) 振荡器。

(7) 无菌吸管 1mL(具0.01mL刻度)、10mL(具0.1mL刻度)或微量移液器及吸头。

(8) 无菌锥形瓶 容量100mL、500mL。

(9) 无菌培养皿 直径90mm。

(10) 注射器 0.5mL。

(11) pH计、pH比色管或精密pH试纸。

2. 培养基和试剂

(1) 10%氯化钠胰酪胨大豆肉汤。

(2) 7.5%氯化钠肉汤。

（3）血琼脂平板。

（4）Baird-Parker 琼脂平板。

（5）脑心浸出液肉汤（BHI）。

（6）兔血浆。

（7）稀释液：磷酸盐缓冲液。

（8）营养琼脂小斜面。

（9）革兰染色液

（10）无菌生理盐水

3. 检验程序

图 8.6 为金黄色葡萄球菌定性检验程序。

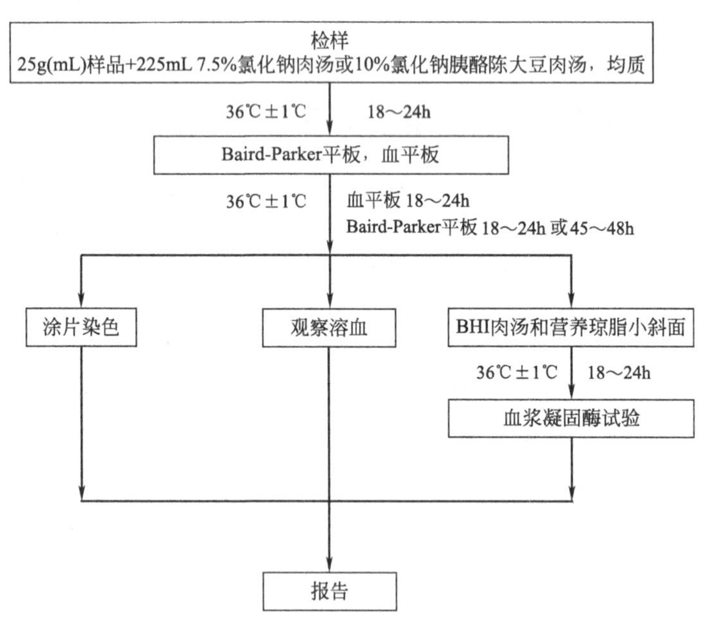

图 8.6　金黄色葡萄球菌定性检验程序

4. 操作步骤

（1）样品的处理　称取 25g 样品至盛有 225mL 7.5%氯化钠肉汤或 10%氯化钠胰酪胨大豆肉汤的无菌均质杯内，8000～10000r/min 均质 1～2min，或放入盛有 225mL 7.5%氯化钠肉汤或 10%氯化钠胰酪胨大豆肉汤的无菌均质袋中，用拍击式均质器拍打 1～2min。若样品为液态，吸取 25mL 样品至盛有 225mL 7.5%氯化钠肉汤或 10%氯化钠胰酪胨大豆肉汤的无菌锥形瓶（瓶内可预置适当数量的无菌玻璃珠）中，振荡混匀。

（2）增菌和分离培养

① 将上述样品匀液于 36℃±1℃培养 18～24h。金黄色葡萄球菌在 7.5%氯化钠肉汤中呈浑浊生长，污染严重时，在 10%氯化钠胰酪胨大豆肉汤内呈浑浊生长。

② 将上述培养物，分别画线接种到 Baird-Parker 平板和血平板。血平板 36℃±1℃培养 18～24h，Baird-Parker 平板 36℃±1℃培养 18～24h 或 45～48h。

③ 金黄色葡萄球菌在 Baird-Parker 平板上，菌落直径为 2～3mm，颜色呈灰色到黑色，边缘为淡色，周围为一浑浊带，在其外层有一透明圈，用接种针接触菌落有似奶油至树胶样的硬度。偶然会遇到非脂肪溶解的类似菌落，但无混浊带及透明圈。长期保存的冷冻或干燥

食品中所分离的菌落比典型菌落产生的黑色较淡些，外观可能粗糙并干燥。在血平板上，形成菌落较大，圆形、光滑凸起、湿润、金黄色（有时为白色），菌落周围可见完全透明溶血圈。挑取上述菌落进行革兰染色镜检及血浆凝固酶试验。

(3) 鉴定

① 染色镜检 金黄色葡萄球菌为革兰阳性球菌，排列呈葡萄球状，无芽孢，无荚膜，直径约为0.5～1μm。

② 血浆凝固酶试验 挑取 Baird-Parker 平板或血平板上可疑菌落 1 个或以上，分别接种到 5mL BHI 和营养琼脂小斜面，36℃±1℃培养 18～24h。取新鲜配制兔血浆 0.5mL，放入小试管中，再加入 BHI 培养物 0.2～0.3mL，振荡摇匀，置 36℃±1℃温箱或水浴箱内，每半小时观察一次，观察 6h，如呈现凝固（即将试管倾斜或倒置时，呈现凝块）或凝固体积大于原体积的一半，被判定为阳性结果。同时以血浆凝固酶试验阳性和阴性葡萄球菌菌株的肉汤培养物作为对照。也可用商品化的试剂，按说明书操作，进行血浆凝固酶试验。结果如可疑，挑取营养琼脂小斜面的菌落到 5mLBHI，36℃±1℃培养 18～48h，重复试验。

(4) 葡萄球菌肠毒素的检验 可疑食物中毒样品或产生葡萄球菌肠毒素的金黄色葡萄球菌菌株的鉴定，应检测葡萄球菌肠毒素。

5. 结果与报告

(1) 结果判定 符合 4.（2）③、4（3），可判定为金黄色葡萄球菌。

(2) 结果报告 在 25g（mL）样品中检出或未检出金黄色葡萄球菌。

6. 培养基和试剂

① 10%氯化钠胰酪胨大豆肉汤

成分：胰酪胨（或胰蛋白胨）17.0g，植物蛋白胨（或大豆蛋白胨）3.0g，氯化钠 100.0g，磷酸氢二钾 2.5g，丙酮酸钠 10.0g，葡萄糖 2.5g，蒸馏水 1000mL。

pH 7.3±0.2

制法：将上述成分混合，加热，轻轻搅拌并溶解，调节 pH，分装，每瓶 225mL，121℃高压灭菌 15min。

② 7.5%氯化钠肉汤

成分：蛋白胨 10.0g，牛肉膏 5.0g，氯化钠 75g，蒸馏水 1000mL。

pH 7.4

制法：将上述成分加热溶解，调节 pH，分装，每瓶 225mL，121℃高压灭菌 15min。

③ 血琼脂平板

成分：豆粉琼脂（pH7.4～7.6）100mL，脱纤维羊血（或兔血）5～10mL。

制法：加热溶化琼脂，冷却至 50℃，以无菌操作加入脱纤维羊血，摇匀，倾注平板。

④ Baird-Parker 琼脂平板

成分：胰蛋白胨 10.0g，牛肉膏 5.0g，酵母膏 1.0g，丙酮酸钠 10.0g，甘氨酸 12.0g，氯化锂（$LiCl \cdot 6H_2O$）5.0g，琼脂 20.0g，蒸馏水 950mL。

pH 7.0±0.2

增菌剂的配法：30%卵黄盐水 50mL 与经过除菌过滤的 1%亚碲酸钾溶液 10mL 混合，保存于冰箱内。

制法：将各成分加到蒸馏水中，加热煮沸至完全溶解，调节 pH，分装每瓶 95mL，

121℃高压灭菌 15min。临用时加热溶化琼脂，冷至 50℃，每 95mL 加入预热至 50℃的卵黄亚碲酸钾增菌剂 5mL 摇匀后倾注平板。培养基应是致密不透明的。使用前在冰箱贮存不得超过 48h。

⑤ 脑心浸出液肉汤（BHI）

成分：胰蛋白质胨 10.0g，氯化钠 5.0g，磷酸氢二钠（$NaH_2PO_4 \cdot 12H_2O$）2.5g，葡萄糖 2.0g，牛心浸出液 500mL。

pH 7.4±0.2

制法：加热溶解，调节 pH，分装 16mm×160mm 试管，每管 5mL 置 121℃，15min 灭菌。

⑥ 兔血浆

取柠檬酸钠 3.8g，加蒸馏水 100mL，溶解后过滤，装瓶，121℃高压灭菌 15min。

兔血浆制备：取 3.8%柠檬酸钠溶液一份，加兔全血四份，混好静置（或以 3000r/min 离心 30min），使血液细胞下降，即可得血浆。

⑦ 磷酸盐缓冲液

成分：磷酸二氢钾（KH_2PO_4）34.0g，蒸馏水 500mL

pH 7.2

制法：（贮存液）称取 34.0g 的磷酸二氢钾溶于 500mL 蒸馏水中，用大约 175mL 的 1mol/L 氢氧化钠溶液调节 pH 至 7.2，用蒸馏水稀释至 1000mL 后贮存于冰箱。（稀释液）取贮存液 1.25mL，用蒸馏水稀释至 1000mL，分装于适宜容器中，121℃高压灭菌 15min。

⑧ 营养琼脂小斜面

成分：蛋白胨 10.0g，牛肉膏 3.0g，氯化钠 5.0g，琼脂 15.0～20.0g，蒸馏水 1000mL。

pH 7.2～7.4

制法：将除琼脂以外的各成分溶解于蒸馏水内，加入 15%氢氧化钠溶液约 2mL 调节 pH 至 7.2～7.4。加入琼脂，加热煮沸，使琼脂溶化，分装 13mm×130mm 管，121℃高压灭菌 15min。

⑨ 革兰染色液

结晶紫染色液

成分：结晶紫 1.0%，95%乙醇 20.0mL，1%草酸铵水溶液 80.0mL。

制法：将结晶紫完全溶解于乙醇中，然后与草酸铵溶液混合。

革兰碘液

成分：碘 1.0g，碘化钾 2.0g，蒸馏水 300mL。

制法：将碘与碘化钾先行混合，加入蒸馏水少许充分振摇，待完全溶解后，再加蒸馏水至 300mL。

沙黄复染液

成分：沙黄 0.25g，95%乙醇 10.0mL，蒸馏水 90.0mL。

制法：将沙黄溶解于乙醇中，然后用蒸馏水稀释。

染色法

a. 涂片在火焰上固定，滴加结晶紫染液，染 1min，水洗。

b. 滴加革兰碘液，作用 1min，水洗。

c. 滴加 95%乙醇脱色约 15～30s，直至染色液被洗掉，不要过分脱色，水洗。

d. 滴加复染液，复染 1min，水洗，待干，镜检。

⑩ 无菌生理盐水

成分：氯化钠 8.5g，蒸馏水 1000mL。

制法：称取 8.5g 氯化钠溶于 1000mL 蒸馏水中，121℃高压灭菌 15min。

7. 评分标准

考核内容	分值	考核记录(以"√"表示)		得分
准备(10 分)				
物品摆放及酒精擦手	4	摆放的物品影响操作，−2 分		
		未用酒精擦手，−2 分		
培养基	6	配置的量不准确，−3 分		
		未灭菌，−3 分		
样品处理(10 分)				
无菌取样	2	外源性污染，−2 分		
准确称取	2	称量有误差，−2 分		
合理均质	2	未均质完全，−2 分		
酒精灯附近区域操作	2	未在酒精灯附近区操作，−2 分		
操作熟练程度	2	熟练，−0 分		
		一般，−1 分		
		不熟练，−2 分		
培养(20 分)				
增菌培养	10	时间温度合理，+10 分		
		时间合理、温度不当，−5 分		
		温度合理、时间不当，−5 分		
分离培养	10	增菌液划线接种到 Baird-Parker 平板，+5 分		
		增菌液划线接种到血平板，+5 分		
鉴定(45 分)				
染色、镜检	20	接种环的使用 2 分		
		涂片 1 分		
		固定 1 分		
		染色试剂的使用 1 分		
		初染 1 分		
		媒染 1 分		
		脱色 1 分		
		复染 1 分		
		水洗、干燥 1 分		
		操作熟练程度 1 分		

续表

考核内容	分值	考核记录(以"√"表示)		得分
鉴定(45分)				
染色、镜检	20	显微镜摆放、载玻片放置1分		
		观察操作(低倍至高倍、粗细调节、滴加油、图像清晰)5分		
		显微镜清洗1分		
		操作熟练程度2分		
观察溶血	10	溶血圈判断不准确,-10分		
血浆凝固酶试验	15	操作流程不正确,-5分		
		结果判断不准确,-10分		
原始记录及报告(10分)				
观察现象记录清楚	5	观察现象与记录不一致、不清楚、有涂改,-5分		
报告结果规范、正确	5	不清楚、不正确、有涂改,-4分		
		每改1次,-1分		
文明操作(5分)				
实验后台面整理	3	整理但不够整洁,-2分		
		未整理,-3分		
器皿破损	2	破损,-2分		
共用(　　　　)分钟 开始:________ 结束:________	0	提前,不加分不扣分		
		按时,不加分不扣分		
		超时:每超1分钟,-1分(最多-5分)		
合计				

注:1. 扣分补充说明:每大项中的小项考核点除特殊说明外不重复扣分,在每大项中不可倒扣分。
2. 擅自涂改实验的原始记录,以作弊计,得0分。

项目四　食品中检测的其他微生物项目

序号	测定项目	检测国标	分离、培养
1	沙门菌	GB/T 4789.4—2010	划线接种,亚硫酸铋琼脂平板,DHL琼脂平板
2	志贺菌	GB/T 4789.4—2012	划线接种,HE琼脂平板或SS琼脂平板,麦康凯琼脂平板或伊红和美蓝琼脂平板
3	副溶血性弧菌	GB/T 4789.7—2008	氯化钠琼脂平板,嗜盐菌选择性琼脂平板
4	溶血性链球菌	GB/T 4789.11—2003	液体接种,葡萄糖肉浸液肉汤;划线接种,血平板
5	肉毒梭菌及肉毒毒素	GB/T 4789.12—2003	卵黄琼脂平板
6	霉菌和酵母	GB/T 4789.12—2010	马铃薯-葡萄糖琼脂附加抗生素,高盐察氏培养基或孟加拉红培养基
7	双歧杆菌	GB/T 4789.34—2012	双歧杆菌琼脂平板
8	乳酸菌	GB/T 4789.35—2010	MRS培养基

模块九　色谱-质谱联用技术（选修）

质谱法可以进行有效的定性分析，但对复杂有机化合物的定量分析却无能为力；而色谱法对有机物是一种有效的分离和分析方法，特别适合于有机化合物的定量分析，但其定性分析比较困难。因此将二者有效结合将为研究者提供一个进行复杂化合物高效的定性定量分析的工具。这种将两种或多种方法结合起来的技术称为联用技术。

任务一　色谱-质谱联用技术操作

质谱法是通过对被测样品离子的质荷比的测定来进行分析的一种分析方法。被分析的样品在真空条件下电离成离子，同时发生某些化学键有规律的断裂，生成具有不同质量的带正电荷的离子，这些离子经质量分析仪，按质荷比 m/z（离子质量 m 与其所带电荷数 z 之比）的大小被分离、收集并记录，形成质谱图。根据质谱图提供的信息可进行有机物及无机物的定性和定量分析、复杂化合物的结构分析、样品中各种同位素比的测定及固体表面的结构和组分分析等。

一般质谱给出的数据有两种形式：棒图（即质谱图）和表格（即质谱表）。质谱图是以质荷比为横坐标，相对强度为纵坐标构成的，一般将原始质谱图上最强的离子峰定为基峰，其相对强度定为 100%，其他离子峰以对基峰的相对百分值表示。质谱表是用表格形式表示的质谱数据，质谱表中有两项，分别给出质荷比及相对强度对应的数值。质谱图直观地反映了整个分子的质谱全貌，而质谱表则可以准确地给出精确的 m/z 值及相对强度值。

质谱中的离子和离子峰包括以下几类。分子离子：由样品分子丢失一个电子而生成的带正电荷的离子，$z=1$ 的分子离子的 m/z 就是该分子的相对分子质量（质谱中相对分子质量是以组成分子的元素中天然丰度最大的同位素或轻同位素的相对原子质量为基础计算的）。分子离子是质谱中所有离子的起源，它在质谱图中所对应的峰为分子离子峰。碎片离子：由分子离子裂解产生的所有离子。碎片离子是和分子解离的方式有关的，可以根据碎片离子来推断分子结构。重排离子：经过重排反应产生的离子，其结构并非原分子中所有。在重排反应中，化学键的断裂和生成同时发生，并丢失中性分子或碎片。同位素离子：当分子中有同种元素不同的同位素时，此时的分子离子由多种同位素离子组成，不同同位素离子峰的强度与同位素的丰度成正比。母离子与子离子：任何一个离子（分子离子或碎片离子）进一步裂解生成质荷比较小的离子，前者称为后者的母离子（或前体离子），或者后者称为前者的子离子。分子离子是母离子的特例。质谱分析中，若能确定两离子间的这种“母子”关系，将有助于推导化合物的结构。多电荷离子：一个分子丢失一个以上电子形成的离子称为多电荷离子。在正常电离条件下，有机化合物只产生单电荷或双电荷。在质谱图中，双电荷离子的峰再现在单电荷离子的 1/2 质量处。

项目一　气相色谱-质谱联用（GC-MS）

质谱法具有灵敏度高、定性能力强等优点，但测定时对样品纯度要求较高，定量分析也较为复杂；气相色谱法则具有分离效率高、定量分析简便等特点，但定性能力相对较弱。因此，若将两种方法联用，既可发挥色谱法的分离能力，又能发挥质谱法的高鉴别能力。此时，气相色谱仪是质谱仪的理想“进样器”，试样经色谱分离后以纯物质形式进入质谱仪，随后便可充分发挥质谱法的特长。同时，质谱仪是气相色谱仪的理想“检测器”，FID、TCD 和 ECD 等检测器的使用都有其局限性，质谱仪却几乎能对全部化合物检出，灵敏度也较高。

目前，已开发的 GC-MS 技术的应用主要有：多组分混合物中未知组分的定性鉴定；判断化合物分子结构；可准确地测定未知组分的分子量；修正色谱分析的错误判断；可以鉴定出部分分离甚至未分离开的色谱峰等。

一、GC-MS 仪器结构

GC-MS 主要由 3 部分组成：色谱部分、质谱部分和数据处理系统。色谱部分和一般的色谱仪基本相同，包括柱箱、汽化室和载气系统，也带有分流、不分流进样系统，程序升温系统，压力、流量自动控制系统等。质谱仪部分可以是磁式质谱仪、四级质谱仪，也可以是飞行时间质谱仪和离子阱。目前使用最多的是四级质谱仪。数据处理系统，即计算机系统，自动完成 GC-MS 的主要操作，如利用标准样品（一般用 FC-43）校准质谱仪，设置色谱和质谱工作条件，数据收集和处理以及库检索等。

接口是实现 GC-MS 联用的关键装置，起到传输试样，匹配色谱仪和质谱仪工作气压（工作流量）的作用。因为色谱仪一般在常压下工作，而质谱仪需要高真空。但是对于填充柱和毛细管柱，接口又不相同。色谱柱为填充柱时，其接口装置为分子分离器，作用是将色谱载气去除，使样品气进入质谱仪；当色谱柱为毛细管柱时，则可将毛细管直接插入质谱仪离子源，接口只起保护插入段毛细管柱和控制温度的作用。

GC-MS 联用仪一般以氦气作载气，其原因是：①He 的电离电位 24.6eV，为气体中最高（H_2 和 N_2 为 15.8eV），相对来说难以电离，不会因气流不稳而影响色谱图的基线；②He的分子量只有 4，与其他组分分子分离较易；③He 的质谱峰很简单，主要在 m/z4 处出现，不干扰后面的质谱峰。

二、工作原理

有机混合物由色谱柱分离后经接口进入离子源被电离成离子，离子在进入质谱的质量分析器前，在离子源与质量分析器之间，有一个总离子流检测器，以截取部分离子流信号。实际上，总离子流强度的变化正是流入离子源的色谱组分变化的反映，因而总离子流强度与时间或扫描数变化曲线就是混合物的色谱图，称为总离子流色谱图（TIC）。另一种获得总离子流图的方法是利用质谱仪自动重复扫描，由计算机收集，计算并再现出来，此时总离子流检测系统可省略。对 TIC 图上的每个峰，可同时给出对应的质谱图，由此推测每个色谱峰的结构组成。在相同条件下，由 GC-MS 得到的 TIC 图与普通气相色谱仪得到的色谱图大体相同。各个峰的保留时间、峰高、峰面积可作为相应的定性和定量参数。

三、定性分析

得到质谱图后可通过计算机检索对未知化合物进行定性。检索结果可以给出几个可能的化合物，并以匹配度大小顺序排列出这些化合物的名称、分子式、相对分子质量、结构式等。如果匹配度比较好，比如 90 以上（最好为 100），那么可认为这个化合物就是欲求的未知化合物。但是检索中要注意下述问题：①要检索的化合物在谱库中不存在，计算机挑选了一些结构相近的化合物，匹配度可能都不太好，此时决不能选择一个匹配度相对好的作为检

索结果，这样会造成错误。②检索出的几个化合物，匹配度都很好，说明这几个化合物可能结构相近。此时也不能随便选取某一个作为结果，应利用其他辅助鉴定方法，进行进一步判断，如色谱保留指数。③本底或其他组分影响，或质谱中弱峰未出现，质谱质量不高，检索结果的匹配度可能也不高，不容易准确定性。此种情况下应尽量设法扣除本底，减少干扰，提高色谱和质谱的信噪比，以提高质谱图的质量，增加检索的可靠性。④检索结果只能看作是一种可能性，匹配度大小只能表示可能性大小，不会绝对正确。所以，为了分析结果的可靠，最好是有了初步结果后，再根据这些结果找来标准样品进行核对。

四、定量分析

GC-MS 定量分析方法类似于色谱法的定量分析。由 GC-MS 得到的总离子流色谱图或质量色谱图，其色谱峰面积与相应组分的含量成正比，若对某一组分进行定量测定，可采用色谱分析法中的归一化法、外标法、内标法等进行。与色谱法定量不同的是，GC-MS 法除可利用总离子流色谱图进行定量之外，还可以利用质量色谱图进行定量，这样可以最大限度地去除其他组分的干扰。质量色谱图是用一个质量的离子做出的，其峰面积与总离子流色谱图有较大差别，在进行定量分析时，峰面积和校正因子等都要使用质量色谱图。

项目二　液相色谱-质谱联用（LC-MS）

液相色谱的定性能力更弱，因此能实现液相色谱和质谱的联用，其意义将更明显。但是，液相色谱因为本身的一些特点，使其与质谱实现联用又存在着比 GC-MS 大得多的困难。需要解决的问题主要包括两个方面：①液相色谱流动相对质谱工作条件的影响以及质谱离子源的温度对液相色谱分析试样的影响；②液相色谱的分析对象主要是难挥发和热不稳定物质，这与质谱仪常用的离子源要求试样汽化是不相适应的。只有解决上述矛盾才能实现联用，接口装置是关键，其主要作用是去除溶剂并使样品离子化。

早期使用过的接口装置有传送带接口、热喷雾接口、离子束接口等十余种，这些装置都存在一定的缺点，因而没有得到广泛应用。20 世纪 80 年代以后，LC-MS 的研究出现大气压化学电离（APCI）接口、电喷雾电离（ESI）接口、粒子束（PB）接口等技术后才有突破性发展。但是目前 LC-MS 还没有一种像 GC-MS 拥有的普适性接口技术。因此，对于一个从事多方面工作的现代化实验室，需要具备几种 LC-MS 接口技术，以适应 LC 分离化合物的多样性。

一、大气压电离质谱（API-MS）

在大气压条件下使分析物电离，然后将离子引入质量分析器（四级滤质器）进行质谱分析。由于离子化是在室温下进行，因此不存在试样的热解现象。电离方法有多种，ESI 和 APCI 为两种最受重视并已商品化的技术。

1. 电喷雾电离接口（ESI）

LC-ESI-MS 是近年来发展最快、应用最广的 LC-MS 技术。试样由六通阀进样，经 LC 柱分离后，LC 流出液流经金属毛细管喷嘴，在毛细管和对电极板之间施加 3～8kV 电压，使流出液（试样溶液）形成高度分散的带电扇状喷雾。此在大气压条件下形成的离子，在电位差的驱使下（当然也有压力差的作用）通过一干燥 N_2 气帘进入质谱仪（四级杆或飞行时间）的真空区。气帘的作用是：使雾滴进一步分散，以利溶剂蒸发；阻挡中性的溶剂分子，而让离子在电压梯度下穿过，进入质谱。由于溶剂快速蒸发和气溶胶快速扩散，会促进形成分子-离子聚合体而降低离子流，气帘可增加聚合体与气体碰撞的概率，促使聚合体分解。

碰撞可能诱导离子碎裂，提供化合物的结构信息。

ESI是迄今最温和的电离方法，谱图主要给出与准分子离子有关的信息，其中重要的是产生大量多电荷离子，故可用以测定蛋白质和多肽等生化大分子化合物的分子质量，最大分子质量可测到200000。ESI解离最适宜的流量是5～200μL/min。如果试样量过小，如毛细管电泳的微小流量或珍贵的生物试样，则可用专门的微流量接口。ESI技术一般不适用于非极性化合物的分析。

2. 大气压化学电离接口（APCI）

目前广泛应用于LC-MS的APCI接口称为热气动喷雾接口。LC流出液经中心毛细管被雾化气和辅助气喷射进入加热的常压环境中（100～120℃），通过加热喷雾形成的雾滴，虽可有离子直接蒸发进入气相，但由于没有ESI那样的条件，直接蒸发成气态的分析物离子的数量不足以给出质谱信号，因此在APCI中，分析物的电离主要通过化学电离的途径。APCI主要产生的是单电荷离子，它所分析的化合物的相对分子质量通常小于1000。APCI主要用来分析中等极性化合物，有些分析物由于结构或极性方面的原因，用ESI不能产生足够强的离子，可采用APCI增加离子产率，可认为APCI是ESI的补充。

二、定性分析

与GC-MS类似，LC-MS也可以通过采集质谱得到总离子流色谱图。此时得到的总离子流色谱图与由紫外检测器得到的色谱图可能不同。因为有些化合物没有紫外吸收，用普通液相色谱分析不出峰，但用LC-MS分析时会出峰。电喷雾是一种软电离源，通常很少或没有碎片，谱图上只有准分子离子，因而只能提供未知化合物的分子量信息，不能提供结构信息。单靠LC-MS很难完成定性分析。为了得到未知化合物的结构信息，必须使用串联质谱仪，将准离子通过碰撞活化得到其子离子谱，然后解释离子谱来推断结构。

三、定量分析

用LC-MS进行定量分析，基本方法与普通液相色谱法相同。但由于色谱分离方面的问题，一个色谱峰可能包含几种不同组分，如仅靠峰面积定量，会给定量分析带来误差。因此，对于LC-MS定量分析不采用总离子色谱图，而是采用与待测组分相对应的特征离子得到的质量色谱图。不相关的组分不出峰，从而减少组分间的相互干扰。然而，有些样品体系十分复杂，即使利用质量色谱图，仍然有保留时间相同、分子量也相同的干扰组分存在。为了消除干扰，最好的办法是采用串联质谱法的多反应监测技术。

任务二 实训项目

项目一 食品中邻苯二甲酸酯的测定

邻苯二甲酸酯类化合物旧称酞酸酯（phthalic acid esters，PAEs），是邻苯二甲酸的一类重要衍生物，为无色透明液体，难溶于水，易溶于甲醇、乙醇、乙醚等有机溶剂，难挥发且具较高脂溶性，属于中等极性物质。其一般化学结构是由一个刚性平面芳香环和两个可塑的非线性脂肪侧链组成，两个侧链基团可相同，也可不同。

目前，邻苯二甲酸酯被大量用作塑料的增塑剂和软化剂，另外还普遍用作驱虫剂、杀虫剂的载体以及化妆品、合成橡胶、润滑油、印刷油墨的添加剂等等。这样一个广泛的应用，使得邻苯二甲酸酯可以多种渠道进入人体，例如可混入食物、空气和其他物质中，通过进

食、呼吸、皮肤接触等进入人体，对人体产生危害。目前，世界卫生组织已将邻苯二甲酸酯类公告为一种环境荷尔蒙，它具有雌性荷尔蒙作用，在体内会干扰人体内分泌系统，如使男性精子数量减少、活动能力低下，干扰男性生殖道的正常发育，增加女性患乳腺癌的概率等等。美国和欧盟针对邻苯二甲酸酯类建立了相应的规范，以减少邻苯二甲酸酯类对人体造成进一步的危害。

为了控制邻苯二甲酸酯的摄入，必须先对其实现准确测定。邻苯二甲酸酯的检测方法主要有气相色谱法（GC）、液相色谱法（LC）、红外光谱法（IR）、薄层色谱法（TLC）和分光光度法等。近年来，随着色谱联用技术的发展，气相色谱-质谱联用和液相色谱-质谱联用也越来越多地被用于PAEs的分析中。塑料中邻苯二甲酸二辛酯（DEHP）和邻苯二甲酸二正辛酯（DnOP）的测定方法主要为色谱法，其中多数为气相色谱法。美国环保总局采用气相色谱-电子捕获定量-质谱定性法测定水中DEHP；我国环保总局采用液相色谱法（HJ/T 72—2001）测定水质中的邻苯二甲酸酯类。2008年我国制定了食品中邻苯二甲酸酯的GC-MS方法（GB/T 21911—2008）。

1. 原理

各类食品提取、净化后经气相色谱-质谱联用仪进行测定。采用特征选择离子检测扫描模式（SIM），以碎片的丰度比定性，标准样品定量离子外标法定量。

2. 试剂

除另外说明外，本标准所用水均为全玻璃重蒸水，试剂均为色谱纯（或重蒸分析纯，贮存于玻璃瓶中）。

（1）正己烷。

（2）乙酸乙酯。

（3）环己烷。

（4）石油醚　沸程30～60℃。

（5）丙酮。

（6）无水硫酸钠　优级纯，于650℃灼烧4h，冷却后贮于密闭干燥器中备用。

（7）16种邻苯二甲酸酯标准品　邻苯二甲酸二甲酯（DMP）、邻苯二乙酸二乙酯（DEP）、邻苯二甲酸二异丁酯（DIBP）、邻苯二甲酸二丁酯（DBP）、邻苯二甲酸二（2-甲氧基）乙酯（DMEP）、邻苯二甲酸二（4-甲基-2-戊基）酯（BMPP）、邻苯二甲酸二（2-乙氧基）乙酯（DEEP）、邻苯二甲酸二戊酯（DPP）、邻苯二甲酸二己酯（DHXP）、邻苯二甲酸丁基苄基酯（BBP）、邻苯二甲酸二（2-丁氧基）乙酯（DBEP）、邻苯二甲酸二环己酯（DCHP）、邻苯二甲酸二（2-乙基）己酯（DEHP）、邻苯二甲酸二苯酯（DMP）、邻苯二甲酸二正辛酯（DNOP）、邻苯二甲酸二壬酯（DNP）［纯度参见实验说明（2）］。

（8）标准贮备液　称取上述各种标准品（精确至0.1mg），用正己烷配制成1000mg/L的贮备液，于4℃冰箱中避光保存。

（9）标准使用液　将标准贮备液用正己烷稀释至浓度为0.5mg/L、1.0mg/L、2.0mg/L、4.0mg/L、8.0mg/L的标准系列溶液待用。

3. 仪器

（1）气相色谱-质谱联用仪（GC-MS）。

（2）凝胶渗透色谱分离系统（GPC）　玉米油与邻苯二甲酸二（2-乙基）己酯的分离度不低于85%（或可进行脱脂的等效分离装置）。

(3) 分析天平　感量0.1mg和0.01g。

(4) 离心机　转速不低于4000r/min。

(5) 旋转蒸发器。

(6) 振荡器。

(7) 涡旋混合器。

(8) 粉碎机。

(9) 玻璃器皿　所用玻璃器皿洗净后，用重蒸水淋洗3次，丙酮浸泡1h，在200℃下烘烤2h，冷却至室温备用。

4. 分析步骤

(1) 试样制备　取同一批次3个完整独立包装样品（固体样品不少于500g，液体样品不少于500mL），置于硬质全玻璃器皿中，固体或半固体样品粉碎混匀，液体样品混合均匀，待用。

(2) 试样处理

① 不含油脂试样　量取混合均匀液体试样5.0mL（含CO_2试样需先除气），加入正己烷2.0mL，振荡1min，静置分层（如有必要时盐析或于4000r/min离心5min），取上层清液进行GC-MS分析。

称取混合均匀固体或半固体试样5.00g，加适量水（视试样水分含量加水，总水量约50mL），振荡30min，摇匀，静置过滤，取滤液25.0mL，加入正己烷5.0mL，振荡1min，静置分层（如有必要时盐析或于4000r/min离心5min），取上层清液进行GC-MS分析。

② 含油脂试样　称取混合均匀纯油脂试样0.50g（精确至0.1mg），用乙酸乙酯∶环己烷（体积比1∶1）定容至10mL，涡旋混合2min，0.45μm滤膜过滤，滤液经凝胶渗透色谱装置净化[参见实验说明（3）]，收集流出液，减压浓缩至2.0mL，进行GC-MS分析。

称取混合均匀含油脂试样0.50g（精确至0.1mg）于具塞三角瓶中，加入20mL石油醚涡旋混合2min，静置后提取石油醚层，再用石油醚成分洗涤三角瓶中的残渣3次，每次10mL，合并提取液经无水硫酸钠（10g）过滤，将滤液减压浓缩至干，用乙酸乙酯∶环己烷（体积比1∶1）定容至10mL，涡旋混合2min，0.45μm滤膜过滤，滤液经凝胶渗透色谱装置净化，收集流出液，减压浓缩至2.0mL，进行GC-MS分析。

(3) 空白试验　试验中使用的试剂按试样处理步骤处理后，进行GC-MS分析。

(4) 测定

① 色谱条件

色谱柱：HP-5MS石英毛细管柱[30m×0.25mm（内径）×0.25μm]或相当型号色谱柱；

进样口温度：250℃；

升温程序：初始柱温60℃，保持1min，以20℃/min升温至220℃，保持1min，再以5℃/min升温至280℃，保持4min；

载气：氦气（纯度≥99.999%），流速1mL/min；

进样方式：不分流进样；

进样量：1μL。

② 质谱条件

色谱与质谱接口温度：280℃；

电离方式：电子轰击源（EI）；

监测方式：选择离子扫描模式（SIM），监测离子参见实验说明（4）；

电离能量：70cV；

溶剂延迟：5min。

（5）定性确证　在上述给出的仪器条件下，试样待测液和标准品的选择离子色谱峰在相同保留时间处（±0.5%）出现，并且对应质谱碎片离子的质荷比与标准品一致，其丰度与标准品相比应符合：相对丰度>50%时，允许±10%偏差；相对丰度20%～50%时，允许±15%偏差；相对丰度10%～20%时，允许±20%偏差；相对丰度≤10%时，允许±50%偏差，此时可定性确证目标分析物。各邻苯二甲酸酯类化合物的保留时间、定性离子和定量离子参见实验说明（4）。各邻苯二甲酸酯类化合物标准物质的GC-MS选择离子质谱图参见实验说明（5）。

（6）定量分析　本标准采用外标校准曲线法定量测定。以各邻苯二甲酸酯化合物的标准溶液浓度为横坐标，各自的定量离子的峰面积为纵坐标，作标准曲线线性回归方程，以试样的峰面积与标准曲线比较定量。

5. 结果计算

邻苯二甲酸酯化合物的含量按下式进行计算

$$X=\frac{(c_i-c_0)VK}{m}$$

式中　X——试样中某种邻苯二甲酸酯含量，mg/kg或mg/L；

c_i——试样中某种邻苯二甲酸酯峰面积对应的浓度，mg/L；

c_0——空白试样中某种邻苯二甲酸酯峰面积对应的浓度，mg/L；

V——试样定容体积，mL；

K——稀释倍数；

m——试样质量或体积，g或mL。

计算结果保留3位有效数字。

6. 精密度

不含油脂试样中邻苯二甲酸酯的含量在0.05～0.2mg/kg范围时，本方法在重复性条件下获得两次独立测定结果的绝对差值不得超过算术平均值的30%；在0.2～20mg/kg范围时，本方法在重复性条件下获得两次独立测定结果的绝对差值不得超过算术平均值的15%。

含油脂试样中邻苯二甲酸酯的含量在1.5～4.0mg/kg范围时，本方法在重复性条件下获得两次独立测定结果的绝对差值不得超过算术平均值的30%；在4.0～400mg/kg范围时，本方法在重复性条件下获得两次独立测定结果的绝对差值不得超过算术平均值的15%。

7. 实验说明

（1）本方法适用于食品中16种邻苯二甲酸酯类物质含量的测定。含油脂样品中各邻苯二甲酸酯化合物的检出限为1.5mg/kg，不含油脂样品中各邻苯二甲酸酯化合物的检出限为0.05mg/kg。

(2) 16种邻苯二甲酸酯标准品纯度（见表8.2）。

表8.2 16种邻苯二甲酸酯标准品纯度

序号	中文名称	纯度/%
1	邻苯二甲酸二甲酯	≥99.0
2	邻苯二甲酸二乙酯	≥98.5
3	邻苯二甲酸二异丁酯	≥99.9
4	邻苯二甲酸二丁酯	≥99.6
5	邻苯二甲酸二(2-甲氧基)乙酯	≥97.7
6	邻苯二甲酸二(4-甲基-2-戊基)酯	≥98.2
7	邻苯二甲酸二(2-乙氧基)乙酯	≥98.0
8	邻苯二甲酸二戊酯	≥96.2
9	邻苯二甲酸二己酯	≥98.0
10	邻苯二甲酸丁基苄基酯	≥99.0
11	邻苯二甲酸二(2-丁氧基)乙酯	≥96.0
12	邻苯二甲酸二环己酯	≥99.9
13	邻苯二甲酸二(2-乙基)己酯	≥99.6
14	邻苯二甲酸二苯酯	≥98.0
15	邻苯二甲酸二正辛酯	≥95.0
16	邻苯二甲酸二壬酯	≥98.2

(3) 凝胶渗透色谱分离参考条件

① 凝胶渗透色谱柱，300mm×25mm（内径）玻璃柱，Bio Beads (S-Xs)，200～400目，25g。

② 柱分离度，玉米油与邻苯二甲酸二（2-乙基）己酯的分离度>85%。

③ 流动相，乙酸乙酯+环己烷（1+1）。

④ 流速，4.7mL/min。

⑤ 流出液收集时间，5.5～16.5min。

⑥ 检测器，254nm，UV。

(4) 邻苯二甲酸酯类化合物定量和定性选择离子表（见表8.3）。

(5) 邻苯二甲酸酯类化合物标准物质的GC-MS选择离子色谱图（图8.7）。16种邻苯二甲酸酯类的出峰顺序依次为：邻苯二甲酸二甲酯（DMP）、邻苯二乙酸二乙酯（DEP）、邻苯二甲酸二异丁酯（DIBP）、邻苯二甲酸二丁酯（DBP）、邻苯二甲酸二（2-甲氧基）乙酯（DMEP）、邻苯二甲酸二（4-甲基-2-戊基）酯（BMPP）、邻苯二甲酸二（2-乙氧基）乙酯（DEEP）、邻苯二甲酸二戊酯（DPP）、邻苯二甲酸二己酯（DHXP）、邻苯二甲酸丁基苄基酯（BBP）、邻苯二甲酸二（2-丁氧基）乙酯（DBEP）、邻苯二甲酸二环己酯（DCHP）、邻苯二甲酸二（2-乙基）己酯（DEHP）、邻苯二甲酸二苯酯、邻苯二甲酸二正辛酯（DNOP）、邻苯二甲酸二壬酯（DNP）。

表 8.3　邻苯二甲酸酯类化合物定量和定性选择离子表

序号	中文名称	保留时间/min	定性离子及其丰度比	定量离子	辅助定量离子
1	邻苯二甲酸二甲酯	7.79	163：77：135：194(100：18：7：6)	163	77
2	邻苯二甲酸二乙酯	8.65	149：177：121：222(100：28：6：3)	149	177
3	邻苯二甲酸二异丁酯	10.41	149：223：205：157(100：10：5：2)	149	223
4	邻苯二甲酸二丁酯	11.17	149：223：205：121(100：6：4：2)	149	223
5	邻苯二甲酸二(2-甲氧基)乙酯	11.51	59：149：193：251(100：33：28：14)	59	149、193
6	邻苯二甲酸二(4-甲基-2-戊基)酯	12.26	149：251：167：121(100：6：4：2)	149	251
7	邻苯二甲酸二(2-乙氧基)乙酯	12.59	45：72：149：221(100：85：46：2)	45	72
8	邻苯二甲酸二戊酯	12.95	149：237：219：167(100：22：5：3)	149	237
9	邻苯二甲酸二己酯	15.12	104：149：76：251(100：96：91：8)	104	149、76
10	邻苯二甲酸丁基苄基酯	16.28	149：91：206：238(100：72：23：4)	149	91
11	邻苯二甲酸二(2-丁氧基)乙酯	16.74	149：223：205：278(100：14：9：3)	149	223
12	邻苯二甲酸二环己酯	17.40	149：167：83：249(100：31：7：4)	149	167
13	邻苯二甲酸二(2-乙基)己酯	17.65	149：167：279：113(100：29：10：9)	149	167
14	邻苯二甲酸二苯酯	17.78	225：77：153：197(100：22：4：1)	225	77
15	邻苯二甲酸二正辛酯	20.06	149：279：167：261(100：7：2：1)	149	279
16	邻苯二甲酸二壬酯	22.60	57：149：71：167(100：94：48：13)	57	149、71

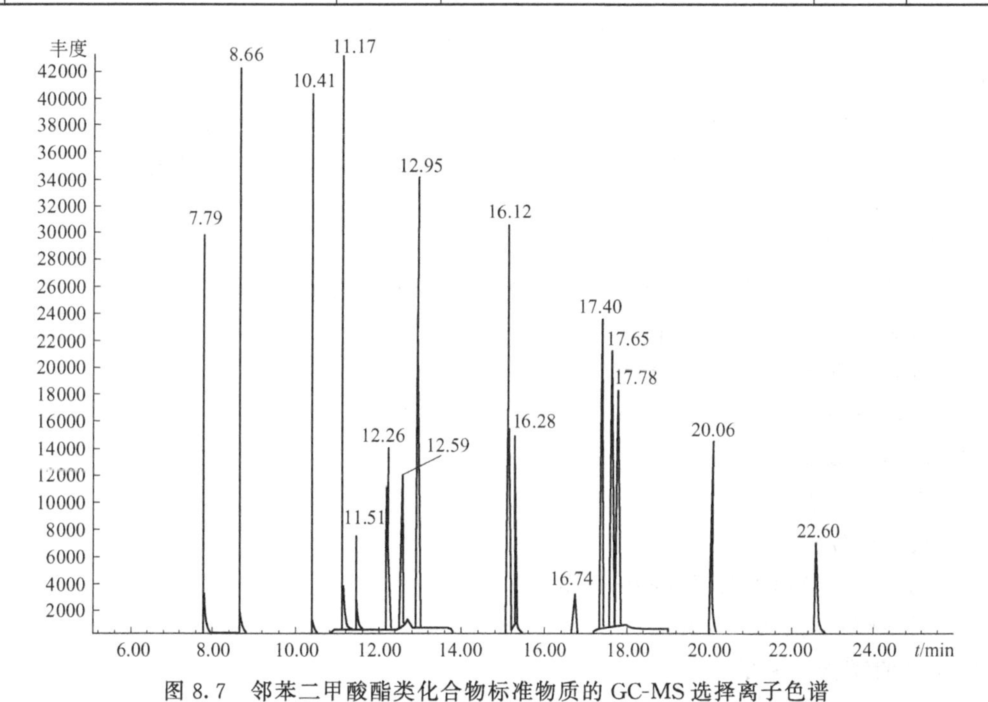

图 8.7　邻苯二甲酸酯类化合物标准物质的 GC-MS 选择离子色谱

项目二　食品中罗丹明 B 的测定

罗丹明 B（Rhodamine B），又称玫瑰红 B、碱性玫瑰精，俗称花粉红，是一种人工合成碱性荧光染料，常温条件下为绿色结晶或红紫色粉末，几乎无异味，易溶于水、乙醇，微溶于丙酮、氯仿、盐酸和氢氧化钠溶液，水溶液为蓝红色，稀释后有强烈荧光。其主要用途包括：工业染色，如蚕丝、腈纶、羊毛等染色，日晒牢度可达2～3级；制备色淀颜料，与磷钨钼酸作用生成色淀，用于制造油漆、图画等颜料；也可作为食品和某些金属的分析试剂，如光度测定金、镓、汞、锑（Ⅴ）、铊（Ⅲ），荧光测定锰、钴，作为氧化还原指示剂用以滴定锡、锑、铌、钽的沉淀剂。罗丹明B也曾用作食品添加剂，后来研究表明，罗丹明B会引致小鼠皮下组织生肉瘤，被怀疑为致癌物，因此，现在食品工业中已不允许用罗丹明B着色。SN/T 2430—2010为进出口食品中罗丹明B的检测方法。

1. 原理

用乙酸乙酯-环己烷提取试样中的罗丹明B，经凝胶色谱净化系统净化，用液相色谱-质谱/质谱仪测定和确证，外标峰面积法定量。

2. 试剂和材料

除特殊注明外，所有试剂均为分析纯，水为二次蒸馏水。

(1) 甲醇　色谱纯。

(2) 甲酸　色谱纯。

(3) 乙酸乙酯-环己烷溶液（1+1，体积比）　将乙酸乙酯和环己烷等体积混合。

(4) 0.2%甲酸　取2.0mL甲酸，用水定容至1000mL。

(5) 罗丹明B标准品　分子式$C_{28}H_{31}ClN_2O_3$，CAS编号为81-88-9，纯度≥99.0%。

(6) 罗丹明B标准贮备液　准确称取适量罗丹明B标准品，用甲醇配制成浓度为100μg/mL的标准贮备液。此溶液在0～4℃避光保存。

(7) 空白样品提取液　采用空白样品，按照测定步骤的（1）和（2）进行提取和净化后得到的溶液。

(8) 标准工作溶液　根据需要用空白样品提取液将标准贮备液稀释成5.0ng/mL、10.0ng/mL、20.0ng/mL、50.0ng/mL、100.0ng/mL的标准工作溶液。置于0～4℃避光保存。

(9) 0.22μm微孔滤膜　有机系。

3. 仪器和设备

(1) 高效液相色谱-质谱/质谱仪　配电喷雾离子源（ESI）。

(2) 电子天平　感量为0.01g和0.1mg。

(3) 凝胶色谱净化系统（GPC）。

(4) 组织捣碎机。

(5) 超声波清洗器。

(6) 涡旋混合器。

(7) 旋转蒸发仪。

(8) 离心机　转速不低于5000r/min。

(9) 具塞塑料离心管　50mL。

4. 试样的制备与保存

(1) 试样制备

① 腊鱼、腊肉、香肠、辣椒粉、葱头　取有代表性样约500g，腊鱼、腊肉、香肠需去皮，用组织捣碎机捣碎，装入洁净容器作为试样，密封并做好标识，于－18℃下保存。

② 果酱、辣椒油、饼干　取有代表性样品约500g，搅拌均匀后装入洁净容器内密封并做好标识，于0～4℃下保存。

③ 话梅　取可食部分约 500g，用组织捣碎机捣碎，装入洁净容器作为试样，密封并做好标识，于 0～4℃下保存。

④ 糖果　取约 500g 糖果，硬糖内用滤纸，外层用塑料纸包好，然后用锤子锤碎；软糖用剪刀剪碎后，各自混合后装入洁净容器内密封并做好标识，于 0～4℃下保存。

⑤ 果汁饮料　取有代表性样约 500mL，混匀后装入洁净容器内密封并做好标识，于0～4℃下保存。

（2）试样的保存　制样操作过程中应防止样品受到污染或发生残留物含量的变化。

5. 测定步骤

（1）提取

① 腊鱼、腊肉、香肠、果汁、果酱、葱头、糖果、话梅、辣椒粉及饼干　称取 2.0g 样品（精确至 0.01g）于 50mL 离心管中，准确加入 25mL 乙酸乙酯-环己烷溶液，于涡旋混合器上混合提取 2min，再超声提取 15min 后，于 4000r/min 离心 5min，上清液过 0.22μm 微孔滤膜后作待净化液。

② 辣椒油　称取 2.0g 样品（精确至 0.01g）于 25mL 容量瓶中，加入 20mL 乙酸乙酯-环己烷溶液，超声提取 15min 后，用乙酸乙酯-环己烷溶液定容。取 15mL 溶液过 0.22μm 微孔滤膜后作待净化液。

（2）净化　取 10mL 待净化液于 GPC 样品管中，用 GPC 进行净化［见实验说明（2）］，收集洗脱液，于 40℃下旋转蒸发至干。残渣用 1.0mL 40%甲醇水定容，过 0.22μm 微孔滤膜，供 HPLC-MS/MS 测定或确证。

（3）测定

① 液相色谱-质谱/质谱条件

a. 色谱柱　C_{18}柱，100mm×2.1mm（内径），1.7μm，或相当者。

b. 流动相　甲醇+0.2%甲酸，梯度洗脱程序如下表。

时间/min	甲醇/%	0.2%甲酸/%
0	30	70
1.00	30	70
3.00	90	10
5.00	90	10
6.00	30	70

c. 流速　0.20mL/min。

d. 柱温　35℃。

e. 进样量　10μL。

f. 离子源　电喷雾离子源。

g. 扫描方式　正离子。

h. 检测方式　多反应监测（MRM）。

i. 质谱/质谱参考条件　参见后文实验说明（3）。

② 液相色谱-质谱/质谱测定和确证　按照上述液相色谱-质谱/质谱条件测定样液和标准工作溶液，外标法测定样液中罗丹明 B 含量。样品中待测物含量应在标准曲线范围之内，如果含量超出标准曲线范围，应用空白样品提取液进行适当稀释。在上述色谱条件下，罗丹

明 B 的质量色谱峰保留时间约为 4.3min。标准品的多反应监测离子色谱图参见后文实验说明（4）。在相同实验条件下，样品与标准工作液中待测物质的质量色谱峰相对保留时间在 2.5%以内，并且在扣除背景后的样品质量色谱图中，所选择的离子对均出现，同时与标准品的相对丰度允许偏差不超过如下规定范围，则可判断样品中存在对应的被测物。

相对丰度(基峰)/%	相对离子丰度最大允许误差/%
>50	±20
>20～≤50	±25
>10～≤20	±30
≤20	±50

（4）空白试验　空白样品按上述测定步骤进行。

6. 结果计算

绘制标准曲线，按照下式计算试样中罗丹明 B 的含量

$$X=\frac{(c-c_0)V}{m\times1000}$$

式中　X——试样中罗丹明 B 的含量，mg/kg；

c——由标准曲线得到的样液中罗丹明 B 的浓度，ng/mL；

c_0——由标准曲线得到的空白试样中罗丹明 B 的浓度，ng/mL；

V——样液最终定容体积，mL；

m——最终样液所代表的试样质量，g。

7. 测定低限、回收率

（1）测定低限　液相色谱-质谱/质谱法的测定低限为 0.005mg/kg。

（2）液相色谱-质谱/质谱法的测定回收率如下。

序号	基质	添加水平/(mg/kg)	回收率/%
1	腊鱼	0.005	88.0～107.5
		0.010	82.8～101.5
		0.025	84.4～105.9
2	腊肉	0.005	76.5～108.0
		0.010	79.8～104.3
		0.025	78.6～106.3
3	香肠	0.005	80.5～103.5
		0.010	80.8～110.3
		0.025	83.4～101.2
4	辣椒粉	0.005	85.5～102.5
		0.010	86.5～104.3
		0.025	85.5～100.5
5	辣椒油	0.005	82.0～112.1
		0.010	77.0～107.3
		0.025	83.2～108.5

续表

序号	基质	添加水平/(mg/kg)	回收率/%
6	果酱	0.005	80.5～104.5
		0.010	71.8～101.0
		0.025	77.1～97.6
7	果汁饮料	0.005	76.5～102.0
		0.010	74.3～96.3
		0.025	78.1～94.6
8	饼干	0.005	81.0～104.0
		0.010	73.3～98.3
		0.025	76.4～99.2
9	糖果	0.005	78.5～103.0
		0.010	78.8～102.5
		0.025	85.6～101.4
10	话梅	0.005	84.0～108.5
		0.010	84.5～103.0
		0.025	82.4～103.1
11	葱头	0.005	89.5～112.0
		0.010	79.8～104.3
		0.025	85.2～106.8

8. 实验说明

(1) 本方法适用于腊鱼、腊肉、香肠、果汁、果酱、辣椒粉、辣椒油、糖果、话梅、葱头及饼干中罗丹明 B 的测定和确证。

(2) GPC 参考条件 凝胶色谱净化系统 Accuprep (J2)，凝胶柱规格 400mm×25mm（内径），色谱柱填料 Bio Beads S X3 (38～75μm)，流动相：乙酸乙酯-环己烷（1+1），流速：5mL/min，收集时间：9～19min。

(3) 质谱参考条件 毛细管电压：1.0kV。离子源温度：110℃，脱溶剂气温度：400℃，锥孔气流量（N_2）：45L/h，脱溶剂气流量（N_2）：600L/h，碰撞气流速（Ar）：0.22mL/min，碰撞室压力（Ar）：$5.86e^{-3}$ (mbar)，定性离子对、定量离子对、锥孔电压、碰撞能量、驻留时间如下。

化合物	母离子(*m/z*)	子离子(*m/z*)	锥孔电压/V	碰撞能量/eV	驻留时间/s
罗丹明 B	443	399①	60.0	46	0.20
		355	60.0	50	0.20

① 离子为定量离子；对于不同质谱仪，仪器参数可能存在差异，测定前应将质谱参数优化到最佳。

（4）罗丹明B标准溶液的多反应监测离子色谱图（图8.8）。

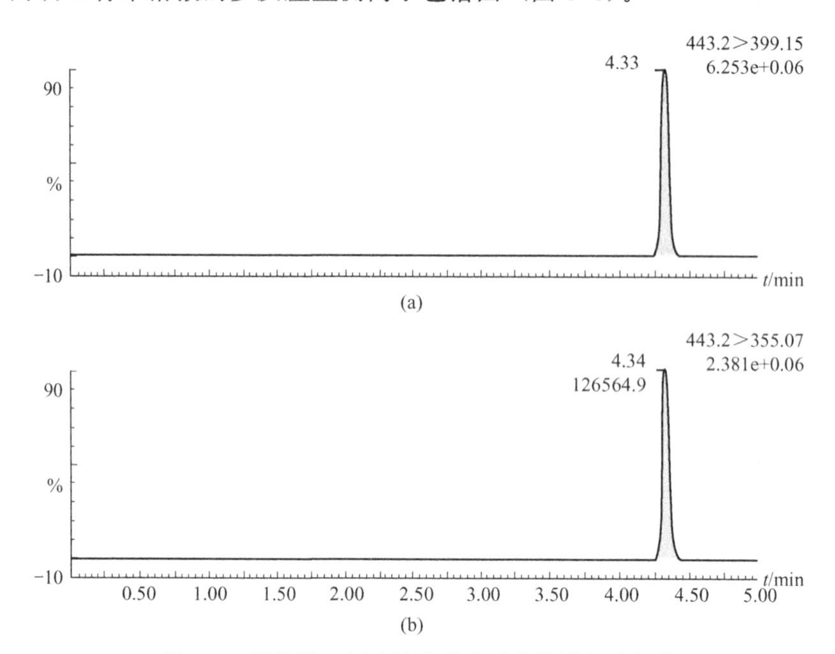

图8.8 罗丹明B标准溶液的多反应监测离子色谱

参 考 文 献

[1] 魏明奎，段鸿斌. 食品微生物检验技术. 北京：化学工业出版社，2008.
[2] 尹凯丹，张奇志. 食品理化分析. 北京：化学工业出版社，2008.
[3] 章银良. 食品检验教程. 北京：化学工业出版社，2006.
[4] 周光理. 食品分析与检验技术. 北京：化学工业出版社，2010.
[5] 夏玉宇. 化验员实用手册. 北京：化学工业出版社，1999.
[6] 马金才，包志华，葛亮. 应用化学基础实验. 北京：化学工业出版社，2007.
[7] 李克安. 分析化学教程. 北京：北京大学出版社，2005.
[8] 武汉大学. 分析化学. 第4版. 北京：高等教育出版社，2005.
[9] 南京大学. 大学化学实验. 北京：高等教育出版社，2002.
[10] 王芃，许泓. 食品分析操作训练. 北京：中国轻工业出版社，2008.
[11] 李发美. 分析化学. 北京：人民卫生出版社，2011.
[12] 王波. 化学分析操作技术. 北京：化学工业出版社，2008.
[13] 赵红霞. 应用化学基础. 北京：高等教育出版社，2010.
[14] 南京大学. 无机及分析化学. 北京：高等教育出版社，2004.
[15] 康臻. 食品分析与检验. 北京：中国轻工业出版社，2010.
[16] 王锋. 现代仪器分析. 北京：中国轻工业出版社，2010.
[17] 姚进一，胡克伟. 现代仪器分析. 北京：中国农业出版社，2009.
[18] 王泽伟. 化验员新技术与操作规范化实用大全. 天津：天津电子出版社，2005.
[19] 贾春晓. 现代仪器分析技术及其在食品中的应用. 北京：中国轻工业出版社，2005.
[20] 方惠群，于俊生，史坚. 仪器分析. 北京：科学出版社，2002.
[21] 朱明华，胡坪. 仪器分析. 第4版. 北京：高等教育出版社，2008.
[22] 贾春晓. 现代仪器分析技术及其在食品中的应用. 北京：中国轻工业出版社，2005.
[23] [美] 尼尔森. 食品分析实验指导. 杨严俊译. 北京：中国轻工业出版社，2009.
[24] 孙毅坤. 气相色谱速查手册. 北京：人民卫生出版社，2011.
[25] 于世林. 图解高效液相色谱技术与应用. 北京：科学出版社，2009.
[26] GB/T 12456—2008《食品中总酸的测定》.
[27] GB/T 5009.7—2008《食品中还原糖的测定》.
[28] GB 5009.3—2010《食品中水分的测定》.
[29] GB 5009.4—2010《食品中灰分的测定》.
[30] GB/T 14772—2008《食品中粗脂肪的测定》.
[31] GB 5009.33—2010《食品中亚硝酸盐与硝酸盐的测定》.
[32] SC/T 3025—2006《水产品中甲醛的测定》.
[33] GB/T 5009.34—2003《食品中亚硫酸盐的测定》.
[34] GB/T 5009.13—2003《食品中铜的测定》.
[35] GB 5009.12—2010《食品中铅的测定》.
[36] GB/T 5009.29—2003《食品中山梨酸、苯甲酸的测定》.
[37] GB/T 5009.19—2008《食品中有机氯农药多组分残留量的测定》.
[38] GB/T 22110—2008《食品中反式脂肪酸的测定》.
[39] GB/T 22388—2008《原料乳与乳制品中三聚氰胺检测方法》.
[40] GB/T 5009.35—2003《食品中合成着色剂的测定》.
[41] GB 4789.2—2010《食品微生物学检验　菌落总数测定》.
[42] GB 4789.3—2010《食品微生物学检验　大肠菌群计数》.
[43] GB 4789.10—2010《食品微生物学检验　金黄色葡萄球菌检验》.
[44] GB/T 21911—2008《食品中邻苯二甲酸酯的测定》.
[45] SN/T 2430—2010《进出口食品中罗丹明B的检测方法》.